新一代信息通信技术支撑新型能源体系建设
——双新系列丛书

电力传感技术
发展报告 2024

中国电力科学研究院有限公司
中国能源研究会信息通信专业委员会　组编
中国能源研究会电力传感和智能分析专业委员会

中国水利水电出版社
www.waterpub.com.cn
·北京·

内 容 提 要

　　随着"大云物移智链"等新一代信息通信技术的快速发展，能源革命与数字革命相融并进，电力企业正加速向数字化转型。在新型基础设施建设和电力企业数字新基建的推动下，电力信息通信领域的科技创新不断涌现，作为电力信息通信领域的专业研究机构，中国能源研究会信息通信专业委员会与中国能源研究会电力传感和智能分析专业委员会于 2020 年推出《电力传感技术发展报告 2020》，并于 2024 年推出《电力传感技术发展报告 2024》，围绕电力行业数字化、网络化、智能化转型升级，从宏观政策环境、技术发展现状及存在的问题、业务应用现状及技术需求分析、关键技术及重点研发方向、基于专利的企业技术创新力评价、新技术产品与应用解决方案、技术产业发展建议等方面展开研究，以技术结合实际案例的形式多视角、全方位展现传感技术和电力行业融合发展带来的创新和变革，为电力行业向能源互联网转型，以及融合创新提供重要参考依据。

　　本报告能够帮助读者了解电力信息通信技术发展现状和趋势，给电力工作者和其他行业信息通信技术相关工作的研究人员和技术人员在工作中带来新的启发和认识。

图书在版编目（CIP）数据

电力传感技术发展报告. 2024 ／ 中国电力科学研究院有限公司，中国能源研究会信息通信专业委员会，中国能源研究会电力传感和智能分析专业委员会组编. -- 北京 ： 中国水利水电出版社，2024. 10. -- ISBN 978-7-5226-2886-8

Ⅰ. TM7；TP212.6

中国国家版本馆CIP数据核字第2024PT2654号

书　　名	电力传感技术发展报告 2024 DIANLI CHUANGAN JISHU FAZHAN BAOGAO 2024
作　　者	中国电力科学研究院有限公司 中国能源研究会信息通信专业委员会　组编 中国能源研究会电力传感和智能分析专业委员会
出版发行	中国水利水电出版社 （北京市海淀区玉渊潭南路 1 号 D 座　100038） 网址：www.waterpub.com.cn E-mail：sales@mwr.gov.cn 电话：（010）68545888（营销中心）
经　　售	北京科水图书销售有限公司 电话：（010）68545874、63202643 全国各地新华书店和相关出版物销售网点
排　　版	中国水利水电出版社微机排版中心
印　　刷	天津嘉恒印务有限公司
规　　格	184mm×260mm　16 开本　16.25 印张　385 千字
版　　次	2024 年 10 月第 1 版　2024 年 10 月第 1 次印刷
印　　数	0001—2000 册
定　　价	**128.00 元**

凡购买我社图书，如有缺页、倒页、脱页的，本社营销中心负责调换

《电力传感技术发展报告2024》编委会

主　　编　郭经红

副 主 编　鞠登峰　仝　杰　杜　君　白敬强

编　　委　安春燕　雷煜卿　梁　云　陈　川　陆　阳　黄　辉

李春龙　张梓平　张志峰　黄　杰　高鸿坚　梁先锋

臧志成　梁志琴　陈姗姗　刘　静　白　巍　胡　军

齐　波　黄　猛　韦海荣　田　兵　杜立晨　谢丽莎

范丽丽　黄丽红　张春雷　何丽娜　王宇飞　黄毕尧

王　妍　李建岐　苏　澜　张国治　张明皓　宋　睿

王兰若　王冠鹰　程宇心　朱煦然　邓　辉　杨智豪

钱　森　高志东　曾鹏飞　高海峰　芦　倩　孙宏棣

主 编 单 位　中国电力科学研究院有限公司

中国能源研究会信息通信专业委员会

中国能源研究会电力传感和智能分析专业委员会

副主编单位　北京智芯微电子科技有限公司

中国电机工程学会智能感知专业委员会

参 编 单 位　中能国研（北京）电力科学研究院

清华大学能源互联网创新研究院

华北电力大学

湖北工业大学

南京导纳能科技有限公司

EPTC电力信息通信专家工作委员会

未来，更为清洁的电力将作为推动经济发展、增进社会福祉和改善全球气候的主要驱动力，其重要性将会日益凸显，清洁的电力能源终将实现对终端化石能源的深度替代。数字化是适应能源革命和数字革命相融并进趋势的必然选择。当前，新能源装机容量及发电量增长迅速，电动汽车、智能空调、轨道交通等新兴负荷快速增长，未来电网将面临新能源高比例渗透和新兴负荷大幅度增长带来的冲击波动，电网逐步演变为源、网、荷、储、数、碳等多重因素耦合的，具有开放性、不确定性和复杂性的新型网络，传统的电网规划、建设和运行方式将面临严峻挑战，迫切需要构建以新一代信息通信技术为关键支撑的能源互联网，通过电力、能源和信息产业的深度融合，加快源、网、荷、储多要素相互联动，实现从"源随荷动"到"源荷互动"的转变。

近年来，随着智能传感、5G、大数据、人工智能、区块链、网络安全等新一代信息通信技术与能源电力深度融合发展，打造清洁低碳、安全高效、数字智能、普惠开放的新型能源体系成为发展的必然趋势，新一代信息通信技术将助力发电、输电、变电、配电、用电和调度等产业链上下游各环节实现数字化、智能化和网络化，带动电工装备制造业升级、电力能源产业链上下游共同发展，有效促进技术创新、产业创新和商业模式创新。

《电力传感技术发展报告2024》适合能源、电力行业从业者，以及信息化建设人员，帮助他们深度了解电力行业数字化转型升级的关键技术及典型业务应用场景；适合企业管理者和国家相关政策制定者，为支撑科学决策提供参考；适合关注电力信息通信新技术及发展的人士，有助于他们了解技术发展动态信息；可以给相关研究人员和技术人员带来新的认识和启发；可供高等院校、研究院所相关专业的学生学习参考。

　　《电力传感技术发展报告 2024》得到了国家重点研发计划"智能传感器"专项"高灵敏度 MEMS 磁敏感元件及传感器""耦合磁电自供能磁场敏感元件及传感器"，以及国务院国资委中央企业未来产业启航行动纳米制造领域 MEMS 制造技术方向研发任务"适应电力复杂工况的 MEMS 磁敏传感器及可靠性评测技术研究"等项目的资助。

　　由于编者水平所限，难免存在疏漏与不足之处，恳请读者谅解并指正。

编者

2024 年 6 月

目 录

第1章
概述

1.1 基本术语

传感器（Sensor）是一种物理设备，通常由敏感组件和转换组件组成，能够探测、感受外界的信号、物理条件（如光、热、湿度）或化学组成（如烟雾），并将探知的信息传递给其他设备（如单片机 MCU、处理器 CPU 等）。本质上传感器是从一个系统接受功率，以另一种形式将功率送到第二个系统中的器件，其作用是将一种能量转换成另一种能量形式，所以又称为换能器（Transducer）。

电力传感器（Power Sensor）是面向电力应用场景需求，能够探测、感知电力系统节点及设备、运行状态及环境关键信息并传递给后续设备的传感器。狭义的电力传感器指传感器件本身，仅包含敏感组件和转换组件部分；广义的电力传感器可以指具有完整功能的传感装置，除传感器件本身外，还包括与传感器件协同的供能、信号处理与控制、数据存储与通信等后端功能单元，又称电力智能传感器。

1.2 产品分类

电力传感器可以从多个维度进行分类，包括被测对象量特征、传感器研制及工作涉及的关键工艺与技术原理、传感器适用的电力应用场景等。

1.2.1 按被测对象量特征分类

1.2.1.1 电气量传感器

利用电气量传感器测量的对象包括磁场、电流、电场、电压、功率和相位、高频电磁场及电磁波等。

1. 磁场

通常针对输电线路以及变压器、电抗器等感抗类设备产生磁场的测量，也是电流测量的中间参量。目前，电力传感领域具有一定实用性的磁场传感器件采用了电磁感应线圈、磁通门、磁阻效应、磁光效应等技术原理，其中磁光效应还可细分为基于法拉第磁光效应（Faraday Effect）或克尔效应（Kerr Effect）的磁光偏振传感器和基于光纤磁致伸缩效应的光纤干涉传感器，此外还有核磁共振效应和超导量子干涉效应等较为前沿的磁场传感技术原理。

2. 电流

电流是电力系统最基本电气量，包括工频交流电流、中高频谐波及暂态电流、直流电流等。可以采用采样电阻、电磁感应、磁场传感、电流热效应等多种技术原理传感器件用于电流测量，在实际应用中根据电流传感器形态特点通常将其分为电磁式电流互感器和电子式电流互感器，其中电子式电流互感器又可以细分为磁光效应电流互感器、有源线圈型电流互感器、铁芯线圈磁通调制型电流互感器以及微型化电流互感器。

（1）电磁式电流互感器：基于电磁感应原理，是目前用量最大的电流传感器，主要用于工频交流电流测量。

（2）电子式电流互感器是一种配电装置，主要包括：

1）磁光效应电流互感器：包括基于法拉第效应（Faraday Effect）或克尔效应（Kerr Effect）的磁光偏振传感器，以及基于光纤磁致伸缩效应的光纤干涉传感器，具有可测量直流、无须电源供能的优点。

2）有源线圈型电流互感器：包括罗氏线圈型、低功率线圈型、罗氏线圈与低功率线圈组合型、罗氏线圈与分流器组合型电流互感器，可用于中高频谐波及暂态电流的测量。

3）铁芯线圈磁通调制型电流互感器：基于电磁感应原理，通过铁芯线圈磁通调制可实现直流电流的测量。

4）微型化电流互感器：包括霍尔效应和磁阻效应电流传感器，具有微型化、可用于从直流到高频暂态的全频率范围电流测量的优点，其中磁阻效应电流传感器相比霍尔效应传感器具有更优的测量性能。

3. 电场

通常针对输电线路等各种电力设备产生的电场进行测量，也可以是电压测量的中间参量；目前电力传感领域具有一定实用性的电场传感器件采用了电光效应、静电感应效应、逆压电效应等技术原理，其中电光效应又可细分为基于泡克尔斯效应（Pockels Effect）的晶体传感器和光纤传感器及基于电光克尔效应的光纤传感器，而静电感应效应和逆压电效应电场传感器通常可采用 MEMS 工艺制备成微型化的传感器件。

4. 电压

电力系统最基本电气量，包括工频交流电压、中高频谐波及暂态电压、直流电压等；可以采用电容、阻容或电感式分压器、电磁感应、电场传感等多种技术原理传感器件用于电压测量，在实际应用中根据电压传感器形态特点通常将其分为电磁式电压互感器和电子式电压互感器。

（1）电磁式电压互感器：基于电磁感应原理，是目前用量最大的电压传感器，主要用于工频交流电压测量。

（2）电子式电压互感器：包括电容、阻容、电感式分压型电压互感器，部分类型可用于实现暂态及直流电压的测量。

5. 功率和相位

功率和相位是电流、电压波形测量数据的衍生信息；可以采用软件算法进行推算，也可以采用功率变送器等硬件器件实现，在很多应用场景中需要依赖 GPS、网络授时等技术进行较为精准的时间同步。

6. 高频电磁场及电磁波

通常针对各种电力设备电晕、局放产生的高频电磁场/波（包括输电线路的无线电干扰等）进行测量。目前，主要采用基于高频接收天线及后端信号处理装置的传感器件进行高频电磁场及电磁波测量。

1.2.1.2 状态量传感器

利用状态量传感器测量的主要对象包括应变/形变；应力/压力/拉力/扭矩；振动、声波；位移、速度、加速度；倾角；转速、转角；开关状态量等。

（1）应变/形变：通常针对各种电力设备内部部件自身，以及不同部件连接或接触界面上的应变/形变进行测量，也是其他多种机械及运动量传感的中间参量；可以采用电阻式、电容式、电磁感应式、半导体压阻效应、压电效应材料、碳纳米管材料、磁致伸缩材料、铁电驻极体、非晶态合金、分布式光纤、光纤光栅、声表面波（SAW）等多种技术原理传感器件用于应变/形变测量。

（2）应力/压力/拉力/扭矩：通常针对各种电力设备内部不同部件连接或接触界面上的应力/压力/拉力/扭矩进行测量；可以采用应变/形变传感器进行测量，由应变/形变测量数据进行推算获得相关的应力/压力/拉力/扭矩数据。

（3）振动、声波：通常针对发电机、变压器、电动机等具有显著机械振动特性的各种电力设备进行振动测量，针对由于设备机械振动或者电晕引起的可听噪声以及局放等产生的超声波进行声波测量；振动、声波本质上是具有一定周期特性的机械运动/机械波，可以采用应变/形变传感器件进行测量，得到具有周期性往复变化特性的数据。

（4）位移、速度、加速度：通常针对各种电力设备的直线运动部件（例如断路器触头、发生风偏或舞动的导线）进行位移、速度、加速度测量；对于运动范围明确、传感器件可在固定位置安装的被测对象，可以采用与应变/形变传感器（用于较小幅度位移测量）类似的电阻式、电感式、电容式、电磁感应式、电涡流式等多种技术原理的位移传感器用于较大幅度位移的测量，进而根据位移数据推算速度和加速度；对于运动范围不确定、传感器件整体也同步运动的被测对象，可以采用电容式、压电式等类型的应变/形变传感器件，或者是热感应式加速度传感器首先测量得到加速度信息，进而在初速度已知（通常为零速度）的前提下通过积分推算出线速度和直线位移。

（5）倾角：通常针对可能发生倾覆的输电线路杆塔等电力设备进行倾角测量；倾角传感器的核心是加速度传感器，利用倾角传感器在静止状态下由重力加速度确定的重力垂直轴与传感器灵敏轴之间的夹角可以推算得到倾斜角；为了避免非静止状态下倾角传感器的测量误差，目前主流采用3轴加速度传感器和3轴陀螺仪组合的传感器件用于倾角测量。

（6）转速、转角：通常针对各种电力设备的旋转运动部件（例如发电机、电动机等）进行转速、转角测量；目前主流技术原理都是将转动相关参量转换为光信号或者磁性信号的变化之后，利用光通量或磁场传感器进行间接测量。

（7）开关状态量：通常针对各种电力设备中具有打开、闭合两种不同状态的可操作部件进行开关状态量测量；类似转速、转角传感技术。目前主流技术原理也是将开关状态量转换为电信号、磁信号或者光信号的变化之后，利用电磁量、光通量传感器进行间接测量。

1.2.1.3 环境量传感器

利用环境量传感器测量的主要对象包括温度、湿度、气体、液位、气压、海拔、风向、风速、距离等。

（1）温度：通常用于环境温度以及各种电力设备局部发热状况的实时监测或定时测量。目前，有传统的热电偶、热电阻、半导体集成热传感器，以及 PTC 热敏铁电陶瓷、形状记忆合金/聚合物、分布式光纤、光纤光栅、声表面波（SAW）等多种技术原理的传感器件可以用于温度测量，也可以借助红外成像仪进行远距离测温。

（2）湿度：通常用于环境湿度以及各种对水分敏感的电力设备内部湿度的实时监测或定时测量；目前有采用碳膜、硅膜、金属氧化陶瓷等的湿敏电阻，采用高分子薄膜（聚苯乙烯、聚酰亚胺、酪酸醋酸纤维等）的湿敏电容，以及电解质型、重量型、光强型、声表面波（SAW）等多种技术原理的传感器件可以用于湿度测量，其中高分子湿敏电容传感器最为常用。

（3）气体：通常用于 GIS 设备涉及的 SF_6，以及变压器油色谱涉及的 H_2、O_2、CO_2、CH_4、C_2H_2、C_2H_4、C_2H_6 等各种类型气体的检测。目前，采用热调制半导体式、电化学式、声表面波（SAW）、光电式等多种技术原理的传感器件用于单组分气体的检测，采用光谱法、色谱法、质谱法、光谱色谱联用法、色谱质谱联用法用于多组分气体的检测。

（4）液位：通常用于对充油类设备内部油位状态，以及接地装置、电缆等电力设备是否被积水浸泡状态进行监测；类似于前述开关状态量传感器，可将水位状态转换为电信号变化进行测量。

（5）气压、海拔：通常用于电力设备所处地理环境中的气压、海拔的测量；可以采用各种基于通用压力传感技术原理的气压传感器进行气压大小的测量，进而根据气压数据推算获得海拔高度数据。

（6）风向、风速：通常用于电力设备所处环境空间中风向和风速的测量；可以采用各种通用的转角、转速传感器件进行风向、风速的测量。

（7）距离：通常用于对输电线路走廊等电力设备形成潜在威胁的外来侵入物（例如不断长高的树木等）所处位置的相对距离，以及导线弧垂等进行测量；可以采用红外、超声波、激光等各种技术原理的测距仪进行距离测量。

1.2.1.4 行为量传感器

行为量传感器测量的对象包括图像、视频等。

（1）图像：通常用于对变电设备本体外观、隐患测距、树木测距、鸟害识别、智慧终端、施工外破机械监测等。图像监测传感器传输的数据类型为图片，原始图片大小通常为 4～6MB，压缩图像大小为 1.5MB，图片上传周期通常为 12h 一次。

（2）视频：通常用于发电厂、变电站、输电线路等的安防监控、设备及运行环境状态监测。用于安防监控的视频监测终端通常是"7×24h"工作，用于设备及运行环境状态监测的视频传感器通常支持录制一特定时长的视频。

1.2.2 按技术原理分类

1.2.2.1 电磁感应类传感器

基于电磁感应原理的传感器主要包括电磁式电流传感器、有源线圈型电子式电流互感器（包括罗氏线圈型、低功率线圈型）、铁芯线圈磁通调制型直流电流互感器、电磁式电压互感器、高频电磁场/波接收天线等。

1.2.2.2 光学器件类传感器

光学器件类传感器总体上可以分为光学晶体器件、分布式光纤和光纤光栅几大类传感器，可基于法拉第效应（Faraday Effect）、克尔效应（Kerr Effect）、泡克尔斯效应（Pockels Effect）等技术原理，广泛用于磁场/电流、电场/电压、应变/形变、应力/压力/拉力、振动、温度、气体等状态量的信息感知。

1.2.2.3 声学类传感器

声学类传感器指声波传感器，是把外界声场中的声信号转换成电信号的传感器。按照检测声波的频率可分为可听声波传感器（20Hz～20kHz）、超声波传感器（20kHz～300MHz）、微波传感器（＞300MHz）等。按照传感器原理可分为电阻变换型、电磁变换型、压电声波传感器、静电声波传感器（电容式等）、表面声波传感器等。

1.2.2.4 敏感材料类传感器

敏感材料类传感器通常利用某些物质材料/器件本身固有的物理或化学性质的变化而实现信号变换，常用敏感材料包括各种半导体材料、金属材料、陶瓷材料、无机晶体材料、有机高分子材料等，已广泛用于制备霍尔效应磁场/电流传感器、逆压电效应电场传感器、多类型状态量传感器，以及温度、湿度、气体传感器等。

1.2.2.5 MEMS工艺类传感器

MEMS工艺制备的传感器通常采用了各种敏感材料，因此与敏感材料类传感器具有很高的重合度。MEMS传感器具有微型化的显著优势，已广泛用于制备巨磁阻磁场传感器、静电感应效应与逆压电效应电场传感器、多类型状态量传感器、多类型声表面波（SAW）传感器件等。其中声表面波（SAW）传感器件采用不同敏感材料，可用于测量各种机械及运动量、温度、湿度、气体成分等。

1.2.3 按应用场景分类

1.2.3.1 电源侧传感器

电源侧传感器应用场景主要包括传统的火电、水电、核电发电厂以及集中式风电、光伏新能源发电站。在电源侧使用的传感器有：

（1）全场景通用传感器：包括电流、电压、功率、相位等。

（2）风电设备相关传感器：包括风机转速、凸轮开关量、（塔筒、机舱、叶片、主轴、齿轮箱、发电机）振动、叶片变形、扭矩、压力、位移等。

（3）光伏设备相关传感器：包括光伏板倾角、测污等。

（4）地理环境相关传感器：包括环境温度、湿度、风速、风向、光辐照强度、气压等。

1.2.3.2　电网侧传感器

电网侧传感器应用场景主要包括变电站、换流站内各种设备以及架空输电线路和电缆输电线路。电网侧传感器包括以下传感器设备及检测内容：

（1）全场景通用传感器：包括电流、电压、功率、相位（例如同步向量测量PMU）等。

（2）局部放电相关传感器：局部放电是多种电力设备的共性问题，用于局部放电检测的有直接测量传感器或间接测量传感器，检测内容包括：

1）基于高频脉冲电流传感的高频局放检测。

2）基于电磁波传感的特高频局放检测。

3）基于电磁波传感的暂态地波局放检测。

4）基于声波传感的超声波局放检测。

5）基于紫外成像的局放检测。

6）基于薄膜透气法或抽真空取气法进行油气分离、采用单组分或多组分气体传感的油色谱/油中溶解气体在线监测（DGA）。

7）基于光纤传感的局放监测。

（3）变电站/换流站相关传感器：包括变压器、电抗器等感抗类设备，套管、电容器等容性设备，以及 GIS、断路器/开关、避雷器等其他类型的设备，以及周边环境的各种关键状态量。

1）感抗类设备：包括变压器铁芯接地电流、夹件接地电流、绕组温度、绕组变形、有载分接开关、油位、顶/底油温、油中微水，以及变压器/电抗器振动波谱、噪声、声学指纹等。

2）容性设备：包括电容量、相对介电损耗、套管末屏电流、形变等。

3）GIS 设备：SF_6 气体、压力、水分等。

4）断路器/开关：分合闸线圈电流、机械特性、触头/接头温度等。

5）避雷器：包括泄漏电流、容性电流、三次谐波电流等。

6）周边环境量：包括环境温度、湿度、噪声、烟雾、气体、门磁、安防（图像/视频监控）等。

（4）架空输电线路相关传感器：包括线路走廊整体、导线、金具、杆塔、绝缘子、外部地理环境等各种关键状态量。

1）线路走廊整体：包括电场、磁场、无线电干扰、可听噪声，直流线路的离子流场，以及搭载于巡线无人机的视频、红外、紫外成像仪等。

2）导线：包括温度、拉力、弧垂、微风振动、大风舞动、覆冰等，其中弧垂在线监测可采用角度传感器、温度传感器或者激光测距等技术原理。

3）金具：包括温度、螺丝松动等。

4）杆塔：包括位移、倾斜、基础沉降、鸟窝（基于视频图像）等。

5）绝缘子：包括积污、外形破损（基于视频图像）等。

6）外部地理环境：包括山火（基于红外监测）、微气象（温度、湿度、风力、雨量、光照强度等）、现场污秽度、树木障碍等。

（5）电缆输电线路相关传感器：包括电缆温度、形变、护层接地电流以及水浸（水位）、井盖等。

1.2.3.3 配电侧传感器

配电侧传感器应用场景主要包括架空配电线路和电缆配电线路以及开关柜、配电变压器等。

（1）全场景通用传感器：包括电流、电压、功率、相位等。

（2）架空配电线路相关传感器：包括故障指示器等。

（3）电缆输电线路相关传感器：包括电缆温度、形变、护层接地电流以及水浸（水位）、井盖等。

（4）开关柜：断路器分合闸线圈电流、机械特性、触头/接头温度等。

1.2.3.4 用户（负荷）侧传感器

用户侧传感器应用场景主要包括智能电表、电能质量、充电站/桩、分布式能源、分布式储能等。

（1）全场景通用传感器：包括电流、电压、功率、相位等。

（2）分布式能源：类同于前述电源侧集中式风电、光伏新能源发电设备。

1.2.3.5 储能侧传感器

储能侧传感器主要用于对内阻、电压、电流、温度、绝缘等电池运行状态监测，实现对电池状态剩余电量、电池健康状态的分析和评估，进而确保电池组安全、稳定、可靠、高效、经济地使用。

（1）全场景通用传感器：包括电流、电压等。

（2）电池容量及剩余电量：内阻传感器、温度传感器等。

1.2.3.6 资产侧传感器

资产侧传感器主要用于对发、输、变、配、用等电力环节所涉及的全部物资进行全寿命周期管理，进而提升资产使用周期、降低使用成本，满足电力企业发展需求。

（1）资产标识：无线射频识别（RFID）电子标签等。

（2）资产定位与追踪：资产定位传感器等。

第 2 章
宏观政策环境分析

2.1 国家及行业政策导向

随着智能网联时代的到来和泛在感知的推动，传感器作为重要的感知基础，正处于快速发展阶段，在智能网联汽车、智能电网、智能制造、智慧医疗、VR/AR、机器人/无人机等领域发展中发挥着关键作用。

全球传感器产业竞争日趋激烈，技术更新迭代速度加快，产品集成化、微型化、智能化发展趋势明显，智能传感器已成为传感器技术的一个主要发展方向，代表着一个国家的工业及技术科研能力。然而中国传感器产业的总体水平较发达国家仍有显著差距，亟须在传感器关键领域打破国外垄断的困境，实现核心技术自主可控，提升产业的国际竞争力。在此背景下，我国在《中华人民共和国国民经济和社会发展第十四个五年规划和 2035 年远景目标纲要》、"数字中国"、"制造强国"战略、《智能传感器产业三年行动指南（2017—2019 年）》（工信部电子〔2017〕288 号）等政策中明确表示支持传感器产业发展，各地政府如上海、重庆、杭州、合肥、郑州、长沙、苏州、无锡等地也纷纷出台相应的政策支持，促进地方传感器产业的发展，通过资金、房租、参展、认证、人才等多方面予以财政奖励和支持，争相打造国际化的传感器产业园区。

2.1.1 政策推动传感器企业创新创业高质量发展

我国发布了《关于促进中小企业健康发展的指导意见》（2019）、《关于支持打造特色载体推动中小企业创新创业升级的实施方案》（财建〔2018〕408 号）、《关于发布支持打造大中小企业融通型和专业资本集聚型创新创业特色载体工作指南的通知》（工信厅联企业函〔2019〕92 号）等相关文件，有助于构建传感器创新创业的产业生态环境，助力传感器企业专业化高质量发展。

2.1.2 政策支持打造行业专精特新"小巨人"企业

专精特新"小巨人"企业是"专精特新"中小企业的佼佼者，是专注于细分市场、创新能力强、市场占有率高、掌握关键核心技术、质量效益优的排头兵企业。截至 2023 年 6 月，我国累计已培育 9000 余家国家级专精特新"小巨人"企业，超六成属于工业"四基"（工业领域的关键基础材料、核心基础零部件（元器件）、先进基础工艺、产业技术基础）领域，其在创新能力、国际市场开拓、经营管理水平、智能转型等方面得到了提升发展，对于改善目前传感器产业多品种小批量、产品分散性大、产业集中度不高、企业规模偏小、专业化及龙头企业偏少的局面起到了积极的推动作用。

2.1.3 MEMS 和传感器入选中国工业强基工程

围绕《工业强基工程实施指南（2016—2020 年）》"一条龙"应用计划，以上下游需求和供给能力为依据，以应用为导向，依托三方机构，针对重点基础产品、工艺，梳理产业链重要环节，遴选各环节承担单位，加快工业强基成果推广应用，促进整机（系统）和基础技术互动发展，建立产业链上中下游互融共生、分工合作、利益共享的一体化组织新模式，着力去瓶颈、补短板，促进制造业创新发展和提质增效，2019 年 MEMS 和传感器成为工业强基六大重点产品、工艺"一条龙"应用计划支持的领域之一。

我国传感器产业主要政策见表 2-1。

表 2-1 我国传感器产业主要政策

颁布时间	颁布主体	政策名称	文件号	关键词（句）
2024 年	工业和信息化部、教育部、科技部、交通运输部、文化和旅游部、国务院国资委、中国科学院	关于推动未来产业创新发展的实施意见	工信部联科〔2024〕12 号	智能传感
2023 年	中共中央、国务院	《数字中国建设整体布局规划》		数字基础设施
	国家能源局	《关于加快推进能源数字化智能化发展的若干意见》		感知体系、感知技术、智能终端
	工业和信息化部、国家发展改革委、教育部、财政部、中国人民银行、税务总局、金融监管总局、中国证监会	关于加快传统制造业转型升级的指导意见	工信部联规〔2023〕258 号	
	工业和信息化部、国家发展改革委、教育部、财政部、国家市场监督管理总局、中国工程院、国家国防科技工业局	智能检测装备产业发展行动计划（2023—2025 年）	工信部联通装〔2023〕19 号	智能检测
2022 年	工业和信息化部、教育部、科技部、人民银行、银保监会、能源局	《关于推动能源电子产业发展的指导意见》	工信部联电子〔2022〕181 号	传感物联、传感类器件
2021 年		中华人民共和国国民经济和社会发展第十四个五年规划和2035年远景目标纲要		传感器
2019 年	工业和信息化部、国家广播电视总局、中央广播电视总台	《超高清视频产业发展行动计划（2019—2022 年）》	工信部联电子〔2019〕56 号	CMOS 图像传感器
	工业和信息化部	《关于促进制造业产品和服务质量提升的实施意见》	工信部科〔2019〕188 号	智能传感器

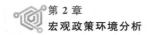

续表

颁布时间	颁布主体	政策名称	文件号	关键词（句）
2018 年	工业和信息化部	《关于加快推进虚拟现实产业发展的指导意见》	工信部电子〔2018〕276 号	传感器、感知交互技术
	工业和信息化部	《车联网（智能网联汽车）产业发展行动计划》	工信部科〔2018〕283 号	复杂环境感知、姿态感知
2017 年	工业和信息化部、国家发展改革委、科技部	《汽车产业中长期发展规划》	工信部联装〔2017〕53 号	车用传感器、环境感知
	工业和信息化部	《促进新一代人工智能产业发展三年行动计划（2018—2020 年）》	工信部科〔2017〕315 号	智能传感器
	工业和信息化部	《智能传感器产业三年行动指南（2017—2019 年)》	工信部电子〔2017〕288 号	智能传感器
2016 年	国务院	《"十三五"国家科技创新规划》	国发〔2016〕43 号	智能感知、微纳制造
	工业和信息化部、国家发展改革委、财政部	《机器人产业发展规划（2016—2020 年）》	工信部联规〔2016〕109 号	传感器、触觉传感器
	国务院	《"十三五"国家战略新兴产业发展规划》	国发〔2016〕67 号	智能传感器、惯性导航

2.2　产业环境分析

2009 年 11 月，我国率先在江苏无锡成立了国家传感网创新示范区。截至 2018 年 6 月已经建立了江苏无锡、浙江杭州、福建福州、重庆南岸区、江西鹰潭 5 个物联网特色的新型工业化产业示范基地。2020 年 7 月，工业和信息化部发布了《2019—2020 年度物联网关键技术与平台创新类、集成创新与融合应用类示范项目名单》，包含 40 个关键技术与平台创新类示范项目和 81 个集成创新与融合应用类示范项目，并要求各地工业和信息化主管部门及项目推荐单位结合"新型基础设施"建设规划布局和工作实际，在技术创新、应用落地、政府服务等方面对入选项目加大支持力度，协助做好上下游企业对接，加强实施效果跟踪，推进优秀成果推广应用，深化物联网与实体经济融合，更好地推动产业集成创新和规模化发展。

2019 年 7 月，河南省印发的《关于支持郑州建设国家中心城市的若干意见》明确提出"建设中国（郑州）智能传感谷，并支持创建国家级智能传感器创新中心，推进 MEMS 微机电系统研发中试平台建设"。以郑州高新区为核心，谋划 3～4km² 的智能传感器产业小镇，打造智能传感器材料、智能传感器系统、智能传感器终端"三个产业集群"，发展环境传感器、智能终端传感器、汽车传感器"三个特色产业链"，推动智能传感器产业规模化、特色化、差异化、高端化发展。2019 年 11 月，在 2019 世界传感器大会上发布的《中国（郑州）智能传感谷规划》明确提出两个目标："打造千亿级产业集群，2025 年传感器产业规模达到 1000 亿元；建设传感器小镇，构建'一谷多点'的产业空间布局，同时形成良好的产业生态环境和有效的集聚手段。"

2019 年 12 月，上海智能传感器产业园启动会暨重点项目签约仪式在上海嘉定工业区举行，会上同时发布了 39 条扶持政策，并进行了 32 个重点项目签约。该产业园着眼于弥补智能传感器短板，重点聚焦智能硬件、智能驾驶、智能机器人、智慧医疗、智慧教育等应用领域，发展基于 MEMS 半导体工艺，涵盖力、光、声、热、磁、环境等类目的智能传感器产业。

2020 年 5 月，位于宝鸡渭滨区的西部传感器产业园按照"经营主体、政府主推，发挥优势、压力为主，需求牵引、服务龙头，集群发展、园区承载"的总体思路，集传感器创新研发、集成应用、高端制造、贸易集散、展览展示于一体，引领集聚中航宝成、秦川宝仪、烽火电子、麦克传感等 40 余家传感器企业，形成了从膜片、线缆、壳体、芯体、敏感元件到变送器的完整产业链。

2.3 电力企业战略方向

2.3.1 国家电网有限公司

2020 年 3 月，国家电网有限公司将"具有中国特色国际领先的能源互联网企业"作为公司战略目标。其中，"能源互联网"是方向，代表电网发展的更高阶段，将先进信息通信技术、控制技术与先进能源技术深度融合应用，具有泛在互联、多能互补、高效互动、智能开放等特征的智慧能源系统。电力传感技术贯穿发、输、变、配、用各个环节，是获取电网运行状态及运行环境的基础，赋予电网触觉、听觉和视觉，电力传感器和由此构成的传感网是能源互联网的重要基础设施之一，能够有效支撑能源互联网的建设。

在此背景下，国家电网有限公司将"全力推进电力物联网高质量发展"作为 2020 年重点工作任务之一，从迭代完善顶层设计、持续夯实基础支撑、赋能电网建设运营、推动"平台＋生态"几个方面明确了工作要求、责任人及责任单位。电力传感是电力物联网的基础和核心，"全力推进电力物联网高质量发展"中的各项工作部署均离不开电力传感产业的支撑。与此同时，国家电网有限公司进行了一系列工作部署。首先，将开展智能传感器重点专题研究作为加快落实能源互联网技术研究框架的重点任务之一。其次，在 2020 年设备管理部重点工作中指出：深化红外、局部放电等检测技术应用，加快变电站设备集中监控系统建设；推进重点输电线路通道可视化建设；推动台区智能融合终端建设与应用；加快制定智能设备技术标准，融合油色谱、局放、压力等先进实用智能传感技术，统一智能设备接口规范，实现设备状态全面感知、在线监测、主动预警和智能研判等。最后，将推进智慧物联体系建设应用作为其一项重要工作，旨在促进感知层资源和数据共享。国家电力调度通信中心也提出：全面推广用电信息采集系统配变停复电信息、准实时负荷、历史负荷接入调配技术支撑系统年内配变有效感知率达到 70% 以上。

2024 年，国家电网有限公司再次强调：围绕打造数智化坚强电网，须实现对电网全环节全链条全要素灵敏感知和实时洞悉、网络结构动态优化、生产运行精准控制、用户行为智能调节。国家电网有限公司将推动数智化坚强电网建设作为 2024 年重点工作之一，且在全面推进重点工作中强调"聚焦新能源发电集群协同控制、调度智能辅助决策、设备运行态势智能感知、灾害预警与主动防御、数字化配电网、新型储能调节控制、车网互动、源网荷储数碳互动等应用场景，打造一批示范工程，扎实推进数智化坚强电网建设"；在强化数字化智能化支撑中强调"优化采集感知布局，加强计算推演服务，巩固提升云平台、企业中台等数智化基础支撑能力"。

数智化坚强电网及能源互联网建设利好电力传感产业，国家电网有限公司新战略目标的实施和落地应用将给电力传感产业带来前所未有的发展机遇，不仅能够极大地增加市场份额，而且对于提升中国基础材料和器件、高端传感器研发能力，以及完善产业链结构有积极的促进作用。

2.3.2　中国南方电网有限责任公司

2018 年 12 月，中国南方电网有限责任公司对"南方电网公司物联网技术与应用发展专项规划项目"进行公开招标，并于 2019 年 2 月公布招标结果。该项目拟在全面调研物联网技术和应用的政策背景、发展趋势、面临机遇与挑战的基础上，构建科学合理的物联网技术体系，确定中国南方电网有限责任公司物联网应用的建设原则以及技术路线。同时，明确物联网技术应用的范围，构建包括标准规范、组织结构、人才队伍等在内的物联网管理体系。

2019 年 5 月，中国南方电网有限责任公司印发了《公司数字化转型和数字南网建设行动方案（2019 年版）》，提出了"4321"建设方案，即建设电网管理平台、客户服务平台、调度运行平台、企业级运营管控平台四大业务平台，建设南网云平台、数字电网和物联网三大基础平台，实现与国家工业互联网、数字政府及粤港澳大湾区利益相关方的两个对接，建设完善公司统一的数据中心，最终实现"电网状态全感知、企业管理全在线、运营数据全管控、客户服务全新体验、能源发展合作共赢"的"数字南网"。

中国南方电网有限责任公司在 2024 年初出台了七大举措包括：①推动清洁能源供给；②打造数字电网关键载体；③构建绿色互动消费模式；④加快多元储能协同发展；⑤完善电力市场体制机制；⑥强化技术装备科技创新；⑦加强点面结合示范引领。力争到2025 年全面完成电网数字化转型，建成初步具备"清洁低碳、安全充裕、经济高效、供需协同、灵活智能"基本特征的新型电力系统。

数字终端、传感器通过通信网络、数字处理平台形成可供信息系统使用的数据资源是数字化的基础，电力传感在"数字南网"建设中扮演着不可或缺的作用。

第 3 章
电力传感技术发展现状分析

3.1 电力传感器标准现状分析

3.1.1 电力传感器基础通用标准分析

3.1.1.1 国内标准化情况

20 世纪 60 年代，我国开始传感技术的研究与开发，时至今日已经在传感器机理、材料、设计、制造、检测及推广应用方面获得了长足的进步，对应的传感器标准和检测能力形成基本体系，很多机构、专业团队、高校、研究院所都建立了实验室，能够开展相关产品通用性能、专业性能试验。针对电力行业就已经制定形成了传感器国家标准、电力行业标准和电网企业标准。电力传感器基础通用标准梳理及分析见表 3-1，类型包括基础规范（通用术语、分类与代码、图形符号、信息模型、电磁电气等）、试验与检测、传感器网络、智能传感器、MEMS 传感器、半导体传感器及物理量传感器等。随着传感器技术的发展，越来越多的新型传感器被安装和部署到更多的场景中，针对电力领域的传感器产品分类、命名、功能、性能、安全、测试、应用场景、校准方法、试验方法、可靠性要求、安装设置，以及传感器与其他终端设备、系统平台的连接技术、通信接口和互操作、专用场景技术要求等标准也将纳入进来。

表 3-1 电力传感器基础通用标准梳理及分析

序号	技术类型	标准名称	标准类别	标准号	内 容 概 述
1	基础规范	传感器通用术语	国家标准	GB/T 7665—2005	规范了传感器的产品名称和性能特性
2		传感器分类与代码	国家标准	GB/T 36378—2018	分为 3 部分：第 1 部分：物理量传感器；第 2 部分：化学量传感器；第 3 部分：生物量传感器。规范给出了传感器的分类方法、编码方法以及具体的代码及说明
3		传感器图用图形符号	国家标准	GB/T 14479—1993	规范了传感器的图形符号
4		传感数据分类与代码	国家标准	GB/T 36962—2018	规定了传感数据的分类、编码方法和代码表
5		电力物联网传感器信息模型规范	行业标准	DL/T 1732—2017	规范了电力系统中物联网传感器信息模型的建模要求、服务及配置方法

序号	技术类型	标准名称	标准类别	标准号	内 容 概 述
6	基础规范	无线传感器网络设备电磁电气基本特性规范	行业标准	DL/T 2065—2019	规范了电力系统无线传感器网络设备的电磁兼容性指标、电气特性指标及测试方法等内容
7		电力物联网传感器信息模型规范	企业标准	Q/GDW 11214—2014	规范了电力系统中物联网传感器信息模型的建模要求、服务及配置方法
8		无线传感器网络设备电磁电气基本特性规范	企业标准	Q/GDW 1857—2013	规范了电力系统无线传感器网络设备的电磁兼容性指标、电气特性指标及测试方法等内容
9	试验与检测	电工电子产品环境试验	国家标准	GB/T 2421、GB/T 2423、GB/T 2424	该系列标准提供环境试验、严酷程度的基础信息，评价产品在实际使用、运输和储存过程中的性能
10		电磁兼容试验和测量方法	国家标准	GB/T 17626	规范了电气和电子设备（装置和系统）在其电磁环境中的试验和测量技术
11		压力传感器性能试验方法	国家标准	GB/T 15478—2015	规定了压力传感器性能的试验条件、试验项目及试验方法
12		电力传感器的检验	国家标准	GB/T 33010—2016	规定了力传感器性能的试验条件、试验项目及试验方法
13		集成电路CMOS图像传感器测试方法	国家标准	GB/T 43063—2023	描述了具有线性光电响应特性的线阵、面阵和时间延迟积分（TDI）CMOS图像传感器参数及其测试方法
14		气体绝缘金属封闭开关设备局放传感器现场检验规范	企业标准	Q/GDW 11282—2014	规定了气体绝缘金属封闭开关设备特高频局部放电传感器现场检验的通用技术要求、检验用设备、检验项目、检验方法、检验结果处理以及检验周期等内容
15	传感器网络	信息技术传感器网络	国家标准	GB/T 30269	参考 ISO/IEC 29182，使用重新起草法形成本系列标准。分为10部分：第1部分，参考体系结构和通用技术要求；第2部分，术语；第3部分，通信与信息交换；第4部分，协同信息处理；第5部分，标识；第6部分，信息安全；第7部分，传感器接口；第8部分，测试；第9部分，网关；第10部分，中间件
16		电力无线传感器网络信息安全指南	企业标准	Q/GDW 1939—2013	本技术文件描述了电力系统的无线传感器网络感知层和网关设备应用具备的安全机制和实施措施。本标准适用于指导无线传感器网络的业务系统的信息安全的设计、实现、产品测试和采购等
17	智能传感器	智能传感器	国家标准	GB/T 33905	本系列标准共分为5部分，详细内容为：第1部分 总则；第2部分 物联网应用行规；第3部分 术语；第4部分 性能评定方法；第5部分 检查和例行试验方法。规定了总则、术语、传感器性能评定方法、检查项目和例行试验方法等，提出了智能传感器设计、测试原则性的要求
18		物联网总体技术 智能传感器接口规范	国家标准	GB/T 34068	规范了智能传感器接口方面的术语、定义、系统构成、数据格式和通信接口

序号	技术类型	标准名称	标准类别	标准号	内容概述
19	智能传感器	物联网总体技术智能传感器特性与分类	国家标准	GB/T 34069—2017	规定了物联网领域中涉及的智能传感器特性，并给出了智能传感器分类指南
20		物联网总体技术智能传感器可靠性设计方法与评审	国家标准	GB/T 34071	规定了智能传感器设计过程中的可靠性设计以及对可靠性设计进行评审的方法和要求
21	传感器网络	信息技术面向需求侧变电站应用的传感器网络系统总体技术要求	国家标准	GB/T 37727—2019	规定了面向需求侧变电站应用的传感器网络系统的总体技术要求，包括传感结点要求、数据汇聚结点要求、网关要求和系统服务平台管理要求
22	MEMS传感器	MEMS 电场传感器通用技术条件	国家标准	GB/T 35086—2018	MEMS电场传感器通用技术条件规定了传感器原材料、结构组成、技术要求、试验项目和方法、检验规则、包装、存储和运输。适用于 MEMS 电场传感器的研制、生产和采购，其他类型的电场传感器可参照使用
23		MEMS 高 g 值加速度传感器性能试验方法	国家标准	GB/T 33929—2017	规定了 MEMS 高 g 值加速度传感器的电气性能和基本性能的术语和定义、试验条件、试验项目和方法
24		微机电系统（MEMS）技术传感器用 MEMS 压电薄膜的环境试验方法	国家标准	GB/T 44513—2024	描述了在环境应力（温度和湿度）、机械应力和应变下，评估 MEMS 压电薄膜材料耐久性的试验方法，以及用于质量评估的试验条件。具体描述了在温度、湿度条件和外加电压下测量被测器件耐久性的试验方法和试验条件
25	半导体传感器	半导体器件 第 14-1 部分：半导体传感器总则和分类	国家标准	GB/T 20521—2006	本部分规范了半导体制造的传感器总则、分类方法等，其他相关标准有第 2 部分：霍尔元件，第 3 部分：压力传感器
26	多种物理量传感器	硅电容式压力传感器	国家标准	GB/T 28854—2012	规定了硅电容式压力传感器的术语和定义、分类与命名、基本参数、要求、试验方法、检验规则及标志、包装、运输及贮存
27		硅基压力传感器	国家标准	GB/T 28855—2012	规定了硅基压力传感器的术语和定义、分类与命名、基本参数、要求、试验方法、检验规则和标志、包装、运输及贮存
28		硅压阻式动态压力传感器	国家标准	GB/T 26807—2011	规定了硅压阻式动态压力传感器的分类与命名、基本参数、要求、检验方法、检验规则及标志、包装、运输和贮存
29		直流差动变压器式位移传感器	国家标准	GB/T 28857—2012	规定了直流差动变压器式位移传感器的术语和定义、产品分类、基本参数、要求、试验方法、检验规则、标志、使用说明书、包装和贮存
30		称重传感器	国家标准	GB/T 7551—2008	规定了称重传感器的分类与命名、基本参数、要求、检验方法、检验规则及标志、包装、运输和贮存
31		磁电式速度传感器通用技术条件	国家标准	GB/T 30242—2013	规定了磁电式速度传感器的分类与型号命名、要求、试验方法、检验规则、包装和贮存

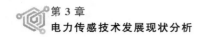
续表

序号	技术类型	标准名称	标准类别	标准号	内 容 概 述
32	多种物理量传感器	电容式湿敏元件与湿度传感器总规范	国家标准	GB/T 15768—1995	规定了电容式湿敏元件与湿度传感器的分类与型号命名、要求、试验方法、检验规则、包装和贮存
33		电阻应变式压力传感器总规范	国家标准	GB/T 18806—2002	规定了电阻应变式压力传感器的分类与型号命名、要求、试验方法、检验规则、包装和贮存
34		光纤传感器 第1部分：总规范	国家标准	GB/T 18901.1—2002	涉及传感应用的光纤、光纤件和光纤组件的规范
35		光电式日照传感器	国家标准	GB/T 33702—2017	规定了光电式日照传感器的产品组成、技术要求、试验方法、检验规则、校准/测试周期、标识、包装、运输和贮存
36		故障路径指示用电流和电压传感器或探测器		GB/T 41135—2021	本系列标准共发布了2个部分。第1部分：通用原理和要求，规定故障路径指示器和配电单元的最低要求（即最低性能指标）和相应的分类与试验（功能性试验和通信试验除外）。第2部分：系统应用，根据应用最广泛的配电系统架构和故障拓扑，描述了故障期间的电气现象和电力系统反应，以此定义了故障指示器（FPI）和配电单元（DSU）（包括FPI、DSU的电流和/或电压传感器）的功能性要求
37		电力光纤传感器通用规范	行业标准	DL/T 1894—2018	规定了电力行业使用的光纤传感器的通用要求、通用性能要求、检验方法及产品检验

3.1.1.2 国际标准化情况

涉及传感器标准化工作的国际组织主要有国际标准化组织（ISO）、国际电工技术委员会（IEC）、半导体工艺和设备技术委员会（SEMI）、电气和电子工程师协会（IEEE）等。目前我国参与和跟踪研究的传感器国际标准化工作主要集中在IEC，包括IEC TC47/SC47E半导体分技术委员会，IEC TC47/SC47F MEMS分技术委员会，IEC TC124可穿戴器件和技术标准化委员会，IEC TC49频率控制、选择和探测用压电、介电与静电器件及相关材料标准化技术委员会，ISO/TC108工作组开展的振动与冲击传感器磁灵感度测试方法等。

国际传感器标准以上机构制定了大量的国际传感器标准，相关部分国际传感器标准梳理及分析见表3-2。

表 3-2　　　　　　　　　　部分国际传感器标准梳理及分析

序号	技术类型	标准号	标准类别	标 准 名 称
1	术语定义	IEC 62047-1：2016	国际标准	半导体器件　MEMS　第1部分：术语和定义
2	通用技术要求	IEC 61757-1-1998	国际标准	纤维光学传感器 第1部分：总规范
3		IEC 62047-4：2008	国际标准	半导体器件　MEMS　第4部分：通用规范
4	试验测试	ISO 16063	国际标准	振动与冲击传感器的校准方法　系列
5		IEC 60747-14-11	国际标准	半导体器件　第14-11部分：半导体传感器，用于测量紫外线、光线和温度的、基于声表面波的集成传感器测量方法
6		IEC 62047-29	国际标准	半导体器件　MEMS　第29部分：室温下的导电薄膜的机电弛豫试验方法
7		IEC 62047-30	国际标准	半导体器件　MEMS　第30部分：MEMS压电薄膜电子机械转换特性测量方法

序号	技术类型	标准号	标准类别	标 准 名 称
8	试验测试	IEC 62047-31	国际标准	半导体器件 MEMS 第31部分：MEMS分层材料界面粘附能测试方法 四点弯曲测试法
9		IEC 62047-36	国际标准	半导体器件 MEMS 第36部分：MEMS压电薄膜环境和电气强度试验方法
10		IEC 62047-35	国际标准	半导体器件 MEMS 第35部分：可弯曲变形的柔性或可折叠的MEMS的抗破坏稳定性的标准试验程序
11		IEC 62047-32	国际标准	半导体器件 MEMS 第32部分：MEMS谐振器振动非线性测试方法
12		IEC 62047-33	国际标准	半导体器件 MEMS 第33部分：MEMS压阻式压力敏感器件
13		IEC 62047-34	国际标准	半导体器件 MEMS 第34部分：圆片级MEMS压阻式压力敏感器件测试方法

在电力物联传感标准方面，ISO 17800—2017对智能电网设备信息模型进行了规范，涉及需求响应、负荷监测、负载控制等；IEEE 1379-2000对变电站中远程终端设备和智能电子设备之间数据通信进行了建议规范；2019年，IEEE成立P2815工作组，正在组织编制智能配变终端技术规范国际标准。

在传感网络标准方面，ISO/IEC JTC1"SGSN传感器网络研究组"开展传感器网络标准化研究；ISO/IEC JTC1 SC6分技术委员会侧重系统间远程通信和信息交换。中国牵头制定的电力线通信已经形成了IEEE 1901.1面向智能电网的中频电力线通信相关标准。

3.1.2 电力终端技术规范分析

3.1.2.1 变电领域终端标准现状分析

变电侧传感器终端标准梳理及分析见表3-3。

表3-3 变电侧传感器终端标准梳理及分析

序号	技术类型	标准名称	标准类别	标准号	内 容 概 述
1	高压测试设备技术条件	高电压测试设备通用技术条件 第1部分：高电压分压器测量系统	行业标准	DL/T 846.1	规定了交流、直流及交直流两用的高电压测试系统的产品分类、技术要求、测试方法、检验规则、标志、包装、运输和贮存等要求
2		高电压测试设备通用技术条件 第2部分：冲击电压测试系统	行业标准	DL/T 846.2	规定了冲击测量系统应满足的要求、冲击测量系统及其组件的认可和校核方法以及系统被证实满足本部分要求的程序

序号	技术类型	标准名称	标准类别	标准号	内容概述
3	高压测试设备技术条件	高电压测试设备通用技术条件第3部分：高压开关综合测试仪	行业标准	DL/T 846.3	规定了高压开关综合测试仪的术语和定义、技术要求、测试方法、检验规则、铭牌、包装、运输和贮存等要求
4		高电压测试设备通用技术条件第4部分：脉冲电流法局部放电测量仪	行业标准	DL/T 846.4	规定了脉冲电流法局部放电测量仪的术语和定义、技术要求、测试方法、检验规则、铭牌、包装、运输和贮存等要求
5		高电压测试设备通用技术条件第5部分：六氟化硫微量水分仪	行业标准	DL/T 846.5	规定了六氟化硫微量水分仪的术语和定义、技术要求、测试方法、检验规则、铭牌、包装、运输和贮存等要求
6		高电压测试设备通用技术条件第6部分：六氟化硫气体检测仪	行业标准	DL/T 846.6	规定了六氟化硫气体检测仪的术语和定义、技术要求、测试方法、检验规则、铭牌、包装、运输和贮存等要求
7		高电压测试设备通用技术条件第7部分：绝缘油介电强度测试仪	行业标准	DL/T 846.7	规定了绝缘油介电强度测试仪的术语和定义、技术要求、测试方法、检验规则、铭牌、包装、运输和贮存等要求
8		高电压测试设备通用技术条件第8部分：有载分接开关测试仪	行业标准	DL/T 846.8	规定了有载分接开关测试仪的术语和定义、技术要求、测试方法、检验规则、铭牌、包装、运输和贮存等要求
9		高电压测试设备通用技术条件第9部分：真空开关真空度测试仪	行业标准	DL/T 846.9	规定了真空开关真空度测试仪的术语和定义、技术要求、测试方法、检验规则、铭牌、包装、运输和贮存等要求
10		高电压测试设备通用技术条件第10部分：暂态地电压局部放电测试仪	行业标准	DL/T 846.10	规定了暂态地电压局部放电测试仪的术语和定义、技术要求、测试方法、检验规则、铭牌、包装、运输和贮存等要求
11		高电压测试设备通用技术条件第11部分：特高频局部放电检测仪	行业标准	DL/T 846.11	规定了特高频局部放电检测仪的术语和定义、技术要求、测试方法、检验规则、铭牌、包装、运输和贮存等要求
12		高电压测试设备通用技术条件第12部分：电力电容测试仪	行业标准	DL/T 846.12	规定了电力电容测试仪的术语和定义、技术要求、测试方法、检验规则、铭牌、包装、运输和贮存等要求

序号	技术类型	标准名称	标准类别	标准号	内 容 概 述
13	变电设备监测装置技术规范	变电设备在线监测装置技术规范 第1部分：通则	行业标准	DL/T 1498.1—2016	本系列标准包括5部分，变电设备在线监测装置用于变电设备如变压器、电容器、高压开关、铁芯接地电流等进行状态监测，本系列标准规定了变电设备在线监测装置的技术条件、试验方法以及试验项目等内容
14		变电设备在线监测装置技术规范 第2部分：变压器油中溶解气体在线监测装置	行业标准	DL/T 1498.2—2016	
15		变电设备在线监测装置技术规范 第3部分：电容型设备及金属氧化物避雷器绝缘在线监测装置	行业标准	DL/T 1498.3—2016	
16		变电设备在线监测装置技术规范 第4部分：气体绝缘金属封闭开关设备局部放电特高频在线监测装置	行业标准	DL/T 1498.4—2017	
17		变电设备在线监测装置技术规范 第5部分：变压器铁芯接地电流在线监测装置	行业标准	DL/T 1498.5—2017	
18		变电设备在线监测装置通用技术规范	企业标准	Q/GDW 1535—2015	规定了变电设备在线监测装置的工作条件、技术要求、试验、检验规则、标示、包装、运输、贮存等内容
19		变电设备在线监测系统技术导则	企业标准	Q/GDW 534—2010	规定了变电设备在线监测系统的总体要求、功能要求、配置原则、数据传输、供电电源及安装要求等内容
20		变电站测控装置技术规范	企业标准	DL/T 1512—2016	规定了变电站测控装置的工作条件、技术要求、试验、检验规则、标示、包装、运输、贮存等内容
21		智能变电站110kV合并单元智能终端集成装置技术规范	企业标准	Q/GDW 1902—2013	规定了智能变电站110（66）kV合并单元智能终端集成装置的硬件配置、功能要求、技术指标、安装要求以及技术服务等内容
22		变电设备光纤温度在线监测装置技术规范	企业标准	Q/GDW 11478—2015	规定了光纤温度在线监测装置的系统组成、技术要求、试验项目及要求、检验规则、标示、包装、运输、贮存等内容

续表

序号	技术类型	标准名称	标准类别	标准号	内 容 概 述
23	电力设备带电检测仪表规范	电力设备带电检测仪器技术规范 第1部分：带电检测仪器通用技术规范	企业标准	Q/GDW 11304.1—2015	
24		电力设备带电检测仪器技术规范 第5部分：高频法局部放电带电检测仪器技术规范	企业标准	Q/GDW 11304.5—2015	
25		电力设备带电检测仪器技术规范 第4-1部分：油中溶解气体分析带电检测仪器技术规范（气相色谱法）	企业标准	Q/GDW 11304.41—2015	
26		电力设备带电检测仪器技术规范 第4-2部分：油中溶解气体分析带电检测仪器技术规范（光声光谱法）	企业标准	Q/GDW 11304.42—2015	本系列规范共计21部分，规定了电力设备带电检测技术规范，包含成像、油中气体、高频法局放、特高频法局放、接地电流、设备绝缘、超声波法、瓷绝缘子、SF_6气体、暂态地电压法、开关设备、变压器、电抗器等设备或检测方法
27		电力设备带电检测仪器技术规范 第3部分：紫外成像仪技术规范	企业标准	Q/GDW 11304.3—2015	
28		电力设备带电检测仪器技术规范 第7部分：电容型设备绝缘带电检测仪器技术规范	企业标准	Q/GDW 11304.7—2015	
29		电力设备带电检测仪器技术规范 第8部分：特高频法局部放电带电检测仪技术规范	企业标准	Q/GDW 11304.8—2015	
30		电力设备带电检测仪器技术规范 第11部分：SF_6气体湿度带电检测仪器技术规范	企业标准	Q/GDW 11304.11—2014	

序号	技术类型	标准名称	标准类别	标准号	内容概述
31	电力设备带电检测仪表规范	电力设备带电检测仪器技术规范 第15部分：SF_6气体泄漏红外成像法带电检测仪器技术规范	企业标准	Q/GDW 11304.15—2015	本系列规范共计21部分，规定了电力设备带电检测技术规范，包含成像、油中气体、高频法局放、特高频法局放、接地电流、设备绝缘、超声波法、瓷绝缘子、SF_6气体、暂态地电压法、开关设备、变压器、电抗器等设备或检测方法
32		电力设备带电检测仪器技术规范 第17部分：高压开关机械特性检测仪器技术规范	企业标准	Q/GDW 11304.17—2014	
33		电力设备带电检测仪器技术规范 第18部分：开关设备分合闸线圈电流波形带电检测仪器技术规范	企业标准	Q/GDW 11304.18—2015	
34	SF_6压力和水分监测装置技术规范	断路器和气体绝缘金属封闭开关设备六氟化硫气体压力及水分在线监测装置技术规范	企业标准	Q/GDW 11557—2016	规定了断路器和气体绝缘金属封闭开关设备SF_6气体压力及水分在线监测装置的技术要求、试验项目及要求、检验规则、安装、验收、标志、包装、运输、贮存等要求，用以规范断路器和气体绝缘金属封闭开关设备SF_6气体压力及水分在线监测装置的接入安全性，保障装置可靠运行，装置的技术性能。本标准适用于40.5～1100kV断路器及气体绝缘金属封闭开关设备SF_6气体压力及水分在线监测装置
35	测控终端安全测评技术规范	嵌入式电力测控终端设备的信息安全测评技术指标框架	企业标准	Q/GDW/Z 1938—2013	本指导性技术文件确立了电力系统中嵌入式测控终端设备的信息安全技术指标。本指导性技术文件适用于指导本地或远程嵌入式测控设备的信息安全测评。典型的电力测控终端设备有远程传输单元（RTU）、测控智能电子装置、保护智能电子装置、可编程逻辑控制器（PLC）、配网自动化终端（DTU）、集中器、综合监测单元、状态监测代理（CMA）
36	变电设备监测装置检验规范	变电设备在线监测装置检验规范 第1部分：通用检验规范	行业标准	DL/T 1432.1—2015	本系列标准包括6部分，变电设备在线监测装置用于变电设备如变压器、电容器、高压开关等进行状态监测，本系列标准规定了变电设备在线监测装置检测的技术条件、试验方法以及试验项目等内容
37		变电设备在线监测装置检验规范 第2部分：变压器油中溶解气体在线监测装置	行业标准	DL/T 1432.2—2016	

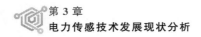

续表

序号	技术类型	标准名称	标准类别	标准号	内容概述
38	变电设备监测装置检验规范	变电设备在线监测装置检验规范 第3部分：电容型设备及金属氧化物避雷器绝缘在线监测装置	行业标准	DL/T 1432.3—2016	本系列标准包括6部分，变电设备在线监测装置用于变电设备如变压器、电容器、高压开关等进行状态监测，本系列标准规定了变电设备在线监测装置检测的技术条件、试验方法以及试验项目等内容
39		变电设备在线监测装置检验规范 第4部分：气体绝缘金属封闭开关设备局部放电监测装置	企业标准	DL/T 1432.4—2017	
40		变电设备在线监测装置检验规范 第5部分：气体绝缘金属封闭开关设备特高频法局部放电在线监测装置	企业标准	Q/GDW 1540.5—2014	
41		变电设备在线监测装置检验规范 第6部分：变压器特高频局部放电在线监测装置	企业标准	Q/GDW 1540.6—2015	
42	互感器技术规范	互感器	国家标准	GB/T 20840	本系列标准分10部分，适用于供电测量仪表或电气保护装置使用。第1部分：通用技术要求，第2部分：电流互感器，第3部分：电磁式电压互感器，第4部分：组合互感器，第5部分：电容式电压互感器，第6部分：电流互感器暂态特性，第7部分：电子式电压互感器，第8部分：电子式电流互感器，第9部分：电子式互感器补充要求，第10部分：低功率独立式电流互感器
43		电力用电流互感器使用规范	行业标准	DL/T 725	规定了电力用电流互感器的术语和定义、使用条件、基本分类、技术要求、结构与选型要求、试验、标志、使用期限、包装、运输、贮存等内容
44		电力用电压互感器使用规范	行业标准	DL/T 726	规定了电力用电压互感器的术语和定义、使用条件、基本分类、技术要求、结构与选型要求、试验、标志、使用期限、包装、运输、贮存等内容
45		互感器技术规范	企业标准	121332	本系列标准分6部分，第1部分：通用，第2部分：电流互感器，第3部分：电磁式电压互感器，第4部分：电容式电压互感器；第5部分：电子式电压互感器；第6部分：具备谐波测量功能的电容式电压互感器

序号	技术类型	标准名称	标准类别	标准号	内 容 概 述
46	现场终端单元技术规范	远程终端单元(RTU)技术规范	国家标准	GB/T 34039—2017	规定了远程终端单元(RTU)的术语和定义,工业环境适应性及安全要求、功能要求、使用条件、基本分类、技术要求、结构与选型要求、试验、标志、使用期限、包装、运输、贮存等内容
47		电力系统同步相量测量装置通用技术条件	行业标准	DL/T 280—2012	规定了电力系统同步相量测量装置的技术要求及对标志、包装、运输、贮存的要求
48	电缆局放测量技术规范	6kV～35kV电缆振荡波局部放电测量系统	行业标准	DL/T 1575—2016	规定了6～35kV电缆振荡波局部放电测量系统的组成、使用条件、性能要求、检验方法、检验规则,以及标志、包装、运输、贮存
49	套管监测	电容式套管末屏电流一体化传感单元技术规范	企业标准	Q/GDW 12235—2022	规定了电容式套管末屏电流一体化传感单元的组成、技术要求、试验项目及要求、检验规则、标志、包装、运输与贮存
50	通信协议、接口	远动设备及系统 第5部分:传输规约	行业标准	DL/T 634	第101篇:基本远动任务配套标准 第104篇:采用标准传送协议子集的IEC 60870-5-101网络访问 适用于具有串行比特编码数度据传输的远动设备和系统,用以对地理广域过程的监视和控制
51		变电站的通信网络与系统	IEC标准	IEC 61850	规范了数据的命名、数据定义、设备行为、设备的自描述特征和通用的配置语言
52		远动通信规约	IEC标准	IEC 60870-5	协议包含IEC 60870-5-101、IEC 60870-5-102、IEC 60870-5-103、IEC 60870-5-04远动通信规约
53	网络及设备	信息技术面向需求侧变电站应用的传感器网络系统总体技术要求	国家标准	GB/T 37727—2019	规定了面向需求侧变电站应用的传感器网络系统的总体技术要求,包括传感结点要求、数据汇聚结点要求、网管要求和系统服务平台管理要求
54		变电站设备物联网通信架构及接口要求	国家标准	GB/T 37548—2019	规定了变电站设备物联网体系架构、通信架构、感知设备通信接口、安全防护要求
55		输变电设备物联网微功率无线网通信协议	企业标准	Q/GDW 12020—2019	规定了输变电设备物联网传感终端微功率无线接入协议,包括通信网络拓扑与协议栈结构、物理层协议规范和媒体接入控制层协议规范
56		输变电设备物联网节点设备无线组网协议	企业标准	Q/GDW 12021—2019	规定了输变电设备物联网的无线组网协议,规定了总体架构、物理层协议规范、MAC层协议规范和网络层协议规范
57		输变电设备物联网无线传感器通用技术规范	企业标准	Q/GDW 12082—2021	规定了输变电设备物联网无线传感器的类型、命名、标识、技术要求、试验、检验规则、标志、包装、运输与贮存等要求
58		输变电设备物联网无线节点设备技术规范	企业标准	Q/GDW 12083—2021	规定了输变电设备物联网无线节点设备的功能要求、技术要求、试验方法、检验规则和标志、包装、运输、贮存的要求
59		输变电设备物联网无线传感器通信模组技术规范	企业标准	Q/GDW 12084—2021	规定了输变电设备物联网无线传感器通信模组的分类与组成、技术要求、试验方法、型式试验、标志、包装、运输、贮存等要求

3.1.2.5 用电领域终端标准现状分析

用电侧传感器终端标准梳理及分析见表 3-4。

表 3-4 用电侧传感器终端标准梳理及分析

序号	技术类型	标准名称	标准类别	标准号	内容概述
1	电能量测终端标准	高压直流输电系统直流电流测量装置	国家标准	GB/T 26216.1—2010	规定了±800kV 及其以下电压等级直流输电用电子式直流电流测量装置的额定值、设计与结构和试验等方面的内容。本标准适用于安装在±800kV 及以下电压等级直流输电系统直流极母线、双十二脉动换流阀组中点（如果适用）母线及中性母线的电子式直流电流测量装置
2		电能计量装置现场检验规程	行业标准	DL/T 1664—2016	规范了电能计量装置的性能要求、检验要求、检验方法及检验结果的处理进行了规范
3		数字化电能计量装置现场检测技术规范	行业标准	DL/T 1665—2016	规定了数字化电能计量装置现场检测的计量性能要求、检测设备与条件、检测内容及方法、检测结果处理与判定、检测周期
4		计量用低压电流互感器	行业标准	DL/T 2032—2019	规定了 0.4kV 计量用低压电流互感器的技术要求、结构要求、试验方法、检测规则、包装、运输与贮存
5		计量现场作业终端技术规范	企业标准	Q/GDW 11117—2017	规定了计量现场手持设备的机械性能、适应环境、功能、电气性能、抗干扰、安全性及可靠性等技术要求，以及试验方法和管理系统的接口协议。适用于国家电网有限公司计量现场手持设备的设计、制造、检验、使用和验收
6		电力用户用电信息采集系统通信协议	企业标准	Q/GDW 1376	本系列标准分为三部分，第 1 部分：主站与采集终端通信协议，第 2 部分：集中器本地通信模块接口协议，第 3 部分：采集终端远程通信模块接口协议。标准规范了终端远程通信的行数据传输的帧格式、数据编码及传输规则
7		厂站电能量采集终端技术规范	企业标准	Q/CSG 11109001—2013	本标准适用于中国南方电网有限责任公司厂站电能量采集终端（以下简称"厂站终端"）的招标、验收等工作，包括技术指标、功能要求、机械性能、电气性能、适应环境、抗干扰及可靠性等方面的技术要求以及验收等要求
8		计量自动化终端上行通信规约	企业标准	Q/CSG 11109004—2013	通信规约适用于计量终端与主站进行点对点的或一主多从的数据交换方式，规范了设备之间的物联连接、通信链路及应用技术规范
9		配变监测计量终端技术规范	企业标准	Q/CSG 11109007—2013	本标准规范了配变监测计量终端的结构要求、技术指标、性能指标等主要技术要求，适用于配变监测计量终端的规划、设计、采购、建设、运维、验收和检测工作

序号	技术类型	标准名称	标准类别	标准号	内 容 概 述
10	电能量测终端标准	计量自动化终端外形结构规范	企业标准	Q/CSG 11109006—2013	本标准规范了计量终端的外形、结构、材料、尺寸等，适用于计量终端的设计、生产和检测等
11		计量用互感器技术规范	企业标准	Q/GDW 10572	本系列标准分4部分，第1部分：低压电流互感器，第2部分：10kV～35kV电流互感器，第3部分：10kV～35kV电压互感器，第4部分：三相组合式互感器
12		智能电能表用磁开关传感器技术规范	企业标准	Q/GDW 12089—2020	规定了智能电能表用磁开关传感器的分类、技术要求、试验方法和检验规则
13	电力能效终端	电力能效监测系统技术规范	国家标准	GB/T 31960—2015	本系列标准分为13项，规定了企业能效采集终端、集中器、主站等设备和网络的技术要求、通信协议等。第1部分：总则，第2部分：主站功能，第3部分：通信协议，第4部分：子站功能设计，第5部分：主站设计导则，第6部分：电力能效信息集中与交互终端技术条件，第7部分：电力能效监测终端技术条件，第8部分：安全防护规范，第9部分：系统检验规范，第10部分：电力能效监测终端检验，第11部分：电力能效信息集中于交互终端，第12部分：建设规范，第13部分：现场手持设备技术规范
14		工业企业能源计量数据集中采集终端通用技术条件	国家标准	GB 29872—2013	规定了工业企业能源计量数据集中采集终端（以下简称"数据集中采集终端"）的技术要求、验收方法和验收规则。本标准适用于安装在工业企业，通过内部网络与能源计量仪表连接，获取各种能源的计量数据，完成数据累计、存储，并与能源计量数据公共平台中的能源数据中心进行数据交换的数据集中采集终端
15		负荷管理终端技术规范	企业标准	Q/CSG 11109002—2013	适用于中国南方电网有限责任公司负荷管理终端（以下简称"终端"）的招标、验收等工作，它包括技术指标、功能要求、机械性能、电气性能、适应环境、抗干扰及可靠性等方面的技术要求以及验收等要求
16	智能家居	智能家居自动控制设备通用技术要求	国家标准	GB/T 35136—2017	规定了家庭自动化系统中家用电子设备自主协同工作所涉及的术语和定义、缩略语、通信要求、设备要求、控制要求和安全要求等。本标准适用于智能家居电子设备的自动控制要求
17		物联网智能家居 设备描述方法	国家标准	GB/T 35134—2017	规定了物联网智能家居设备的描述方法、描述文件的格式要求、功能对象类型、描述文件元素的定义域和编码、描述文件的使用流程和功能对象数据结构。本标准适用于智能家居系统中的所有家居设备，包括家用电器、照明系统、水电气热计量表、安全及报警系统和计算机信息设备、通信设备等

序号	技术类型	标准名称	标准类别	标准号	内 容 概 述
18		物联网智能家居 图形符号	国家标准	GB/T 34043—2017	规定了物联网智能家居系统图形符号分类以及系统中智能家用电器类、安防监控类、环境监控类、公共服务类、网络设备类、影音娱乐类、通信协议类的图形符号
19	智能家居	智能家居系统	行业标准	DL/T 1398	本系列标准分为 3 部分，第 1 部分：总则，第 2 部分 功能规范，第 3-1 部分：家庭能源网关技术规范，第 3-2 部分：智能交互终端技术规范，第 3-3 部分：智能插座技术规范，第 3-4 部分：家电监控模块技术规范，第 4-1 部分：通信协议-主站与网关通信，第 4-2 部分：通信协议-家庭能源网关下行通信。规定了智能家居系统架构和智能家居系统标准构成，适用于智能家居系统的设计、使用和检验
20		智能家居设备与电网间的信息交互接口规范	企业标准	Q/GDW 722—2012	规定了智能家居设备与电网连接间信息交互参考模型与分层结构、信息交互内容、应用层接口协议及安全等，用以指导智能家居设备与电网间的信息交互接口的设计及开发
21	微功率无线网络	工业无线网络 WIA 规范	国家标准	GB/T 26790	本系列规范分为 8 部分，规定了 WIA 系统结构与通信、协议一致性测试、互操作测试、产品通用条件和规范。详细内容：第 1、第 2 部分：用于过程自动化和工厂自动化的系统结构和通信规范、第 3、第 4 部分：WIA-PA 协议一致性测试；第 5、第 6 部分：WIA-PA 互操作测试规范；第 7、第 8 部分：WIA 通用要求和总体规范

3.2 电力传感器评价技术现状分析

传感器质量和技术水平既影响传感器的选择和使用，更直接决定系统的功能和质量，因而正确评价传感器的质量非常关键。传感器技术是依检测对象而技术各异的独立、专门的技术，且传感器品种繁多，涉及的技术广泛，要全面评价传感器的质量好坏也比较困难。

目前传感器的质量和性能通常可概括为基本参数指标、环境参数指标、通信指标、可靠性指标和其他使用相关指标五类指标。

（1）基本参数指标。这是与传感器自身性能关联的指标，诸如量程指标、灵敏度指标、精度指标、动态性能指标等。

1）量程指标：包括量程范围、过载能力等。

2）灵敏度指标：包括灵敏度、满量程输出、分辨力、输入输出阻抗等。

3）精度指标：包括精度（误差）、重复性、线性、滞后、灵敏度误差、阈值、稳定性、漂移等。

4）动态性能指标：包括固有频率、阻尼系数、频响范围、频率特性、时间常数、上升时间、响应时间、过冲量、衰减率、稳态误差、临界速度、临界频率等。

（2）环境参数指标。这类指标与传感器的环境适应能力相关，确保传感器的可靠运行。

1）温度指标：包括工作温度范围、温度误差、温度漂移、灵敏度温度系数、热滞后等。

2）抗冲振指标：包括各向冲振容许频率、振幅值、加速度、冲振引起的误差等。

3）其他环境参数：包括抗潮湿、抗介质腐蚀、抗电磁场干扰能力等。

（3）通信指标。反映传感器数据自动上传及在线配置能力，提高传感器的自动化水平。

1）通信性能指标：包括通信速率、通信时延、发送功率、接收灵敏度、通信距离、丢包率等。

2）协议一致性指标：包括与标准协议/设备的互通能力。

（4）可靠性指标。反映传感器的整体运行性能，通常用功耗性能、工作寿命、可靠度、平均无故障时间、保险期、疲劳性能、绝缘电阻、耐压、抗弧性能等描述。

（5）其他指标。与传感器的应用对象、传感器外部连接、应用便捷性等相关。

1）使用方面：包括供电方式（直流、交流、频率、波形等）、电压幅度与稳定度、功耗、各项分布参数等。

2）结构方面：包括外形尺寸、重量、外壳、材质、结构特点等。

3）安装连接方面：包括安装方式、馈线、电缆等。

目前传感器的质量和性能指标通过上述五方面指标来描述，主要通过相应的试验和检测进行评价。

第 4 章
电力传感业务应用现状及技术需求分析

4.1　发电领域

发电领域传感监测主要围绕发电设备，如各类电机中的定转子温度、转速和振动情况等。传统针对发电领域机械运动量及电磁量的传感器发展已较为成熟，但随着发电规模的扩大以及智能电网的发展，对发电领域传感器有了更高的要求。希望其具备高精度、高灵敏度的同时还能满足智能诊断的要求，因此，采用光纤光学原理制作的传感器也被逐渐用于发电领域的监测中来。

4.1.1　电气量传感器

4.1.1.1　业务应用现状

在发电领域广泛用到的电气量传感器包括电流传感器和电压传感器。目前国内市场上，用于发电领域的互感器，近 90％以上仍是传统的电磁式互感器产品。电流传感器用途广泛，主要应用于变频器、DC/DC 变换器、电机控制器、不间断电源、开关电源、过程控制和电池管理系统等产品，涉及传统工业、风能和太阳能等新能源各个领域。基于电磁感应、分压分流、霍尔效应等原理的电学参量测量装置，在高电压大电流测量方面，普遍存在安全性、可靠性差，绝缘结构复杂，不能同时兼顾高精度、大动态范围和宽频域的测量等特点，这些不足以使传统电磁式测量装置成为制约发电领域状态检测和故障诊断的技术瓶颈。

4.1.1.2　技术需求分析

随着发电规模的增大，传统电磁式互感器已难以满足新一代发电领域状态检测、故障诊断、在线监测等发展的需要。而且随着智能电网发展，对发电领域的电流传感器也提出了更高的要求，降低体积及重量、克服传统互感器的电磁干扰和磁饱和问题、更好地动态响应及智能诊断等，相应的电子式及光纤互感器成为研究的重点。

此外，应用于发电领域的电压传感器，同应用于电力系统其他领域的电压传感器相同，其主流发展趋势都是传感准确化、传输光纤化和输出数字化，主要就是光学电压互感器的应用。光学电压互感器基于全新的测量原理，在集成一体化、智能化、安全性、可靠性方面具有突出的优势，在未来的智能电网建设中具有广阔的应用空间。

4.1.2 状态量传感器

4.1.2.1 业务应用现状

在发电领域广泛用到的状态量传感器主要包括转速传感器和振动传感器。其中转速传感器包括磁电式转速传感器、磁敏式转速传感器和速度解码器等，振动传感器分为磁电型、电涡流型、压电型等。基于以上原理的机械及运动量等参量测量装置，在发电机参量测量方面，普遍存在可靠性差，绝缘结构复杂，工作环境恶劣等特点，而且对于其中的振动传感器，存在难以同时兼顾高精度、大范围和宽频域的测量等特点。除此之外，不同类型的传感器还有各自的缺点，比如磁电式振动传感器活动部件易损坏，低频响应不好。一般速度传感器在10Hz以下，将产生较大的振幅和相位误差。电涡流振动传感器，当测量振动物体材料不同时，影响传感器线性范围和灵敏度，需要重新标定。压电式振动传感器，其安装方法和导线敷设方式，对测量结果有较大的影响，特别是对汽轮发电机来说，其工作频率范围显得太高，标定困难。

4.1.2.2 技术需求分析

随着智能电网发展，对传感器提出了更高的要求，实现高精度、大范围和宽频域测量的同时须满足智能诊断需求，相应的数字式速度、振动传感器成为研究的重点。对于发电机参量的检测，主要是为了进行状态检测以及故障诊断，虽然以上介绍的速度、振动传感器仍然存在诸多缺点，但这些缺点不是制约诸多发电机状态检测以及故障诊断的技术瓶颈。为了更好地进行状态检测以及故障诊断，其中较重要的发电机振动技术发展的主要趋势如下：

（1）采用有限元分析法，建立发电机组的有限元模型，进行模态分析，得到其振型及频率，在设计时主动避开现场振源频率，避免共振。

（2）基于多场耦合的发电机振动研究，得到转动部件在空气或水中的模态和频率，应用动态断裂力学预测零部件的疲劳破坏。

（3）将振动测试与故障诊断有机结合在一起，确保设备运行安全、可靠。

4.1.3 光纤光学传感器

4.1.3.1 业务应用现状

早在2000年，德国西门子公司就采用光纤光栅传感器对发电机中的定子和引线进行了温度测量，之后便打开了利用光纤传感器对电机温度进行测量的大门。紧接着，参考航天飞船机翼光纤光栅监测的研究经验，将光纤光栅应变传感器粘贴在风机叶片不同位置，测量叶片旋转情况下不同位置的弯矩变化，进而评估叶片的安全可靠性，研究人员还对光纤光栅叶片监测系统的设计、布置和参数选择提出了有益的建议。目前该技术已经在欧洲部分风力发电场推广使用，具有良好的前景。

除了上述说到的利用光纤传感器进行温度应变的测量，考虑到大型汽轮机的全部级都在湿蒸汽状态下工作，湿蒸汽中大量水滴运动，撞击汽轮机叶片，甚至引发叶片断裂事故。浙江大学的盛德仁等在理论推导测量湿度模型的研究基础上，利用涂敷湿膨胀材料技术，将测量湿度的问题转换为微应变测量，利用光纤光栅传感器灵敏度高、抗电磁干扰以及准分布测量的优点获得了汽轮机中湿蒸汽中湿度的分布规律，这一技术尚无用于市场的案例。

4.1.3.2　技术需求分析

光纤光栅发电机电极温度监测已经逐渐进入到实际应用阶段，但在应用过程中需要考虑光纤光栅埋入的成活率。为实现温度的分布式测量，同时减少光纤引线，光纤光栅在埋入电机过程中通常采用串联方式，如果一个光纤光栅损坏，那么从这个光纤光栅开始到远端的所有光纤光栅温度传感器都将无法工作，因此光纤光栅的埋入方式是下一步需要研究的主要内容。

相比于温度和振动应变测量，利用光纤光栅进行其他状态量的监测具有一定的难度，因此发电机风冷系统气流速度以及汽轮机中湿蒸汽中湿度两项研究目前还处于试验研制阶段，在大范围的推广使用之前还需要对传感器的可靠性、重复性、灵敏度以及安装方式等问题进行深入探索。

在电机监测领域，温度监测的问题目前已经基本解决，未来的研究应主要侧重于电机振动测量方面。对于应变测量来说，如果传感器使用黏结剂安装方式，在长期振动环境下，黏结剂可能出现疲劳导致长期可靠性下降，下一步的研究应着力于改进光纤布喇格光栅传感器安装方式，采用点焊等方式提高传感器的长期运行稳定性。

4.2　输电领域

输电领域传感监测主要围绕输电线路及输电杆塔展开，针对输电线路的舞动拉力、弧垂和覆冰情况，以及杆塔倾斜等，利用传统机械运动量传感器和光纤光学传感器进行在线感知与测量。此外，时有发生的局部放电现象也会影响输电线路的正常运行，电容耦合传感器、压电传感器或高频电流传感器凭借各自不同的特点，在不同工况下都得到了广泛的应用。

4.2.1　状态量传感器

4.2.1.1　业务应用现状

输电领域里进行机械及运动量测量的传感器主要包括舞动拉力传感器、导线弧垂在线监测、覆冰压力传感器等。这类物理量监测手段相似，一般为压电式力传感器、光学图像监控或光纤应变传感器。压电式力传感器多采用压电晶片制成，对拉力或压力进行直接测量。而基于图像监控的输电线路覆冰监测系统则历史较长，技术成熟，价格适中，其采用图像监控器拍摄输电线路的覆冰情况，然后借助网络将拍摄的图片传输到监测变电站内，最后在监控计算机上通过图像处理的方法获得输电线路覆冰厚度。

4.2.1.2　技术需求分析

首先，利用图像监控的传感器精度较低，只能用于输电线路相关监测量的定性分析；其次，当镜头被覆盖时，获得的图像质量很差；最后，采用图像监控的传感技术往往采用无线传输的方式，传输速度受限，不能实现及时远程视频监控。而采用光纤进行输电线路机械及运动量测量精度较高，抗干扰能力强，是较为理想的监测手段，今后的主要研究重点是面向架空输电线路导线、OPGW 地线等长距离应用场景，研究超长距离的分布式应力应变、加速度等状态监测技术，在状态监测数据基础上开展输电线路覆冰状态监测、线路舞动、受激振动以及线路障碍、线路设备缺陷等输电线路监测工作。

4.2.2　光纤光学传感器

4.2.2.1　业务应用现状

在输电领域，利用光纤光学传感器主要进行温度、应变、杆塔倾斜等方面的测量，目前在四个细分技术领域得到广泛关注，分别为光学晶体传感技术、光纤光栅传感技术、分布式光纤传感技术及光学图像传感技术。输电领域主要是光学图像传感技术。基于光学图像传感技术的传感器具有重要的特性，如电磁抗扰性、电气隔离、非接触、宽动态范围和多路复用功能，并且结构紧凑、重量轻，可在恶劣条件下正常工作，包括高振动、极热、噪声、潮湿、腐蚀性或爆炸性环境，还能和其他器件结合，实现输电领域的全线监测。

而在光纤传感技术方面，有不少学者和公司将光纤光栅传感器粘贴在导线表面，测量舞动情况下的导线应变，进而获得导线舞动频率，将光纤光栅传感器带入了导线舞动监测领域。利用同样的思路，将光纤光栅传感器用于导线覆冰压力检测，实现了利用一根光纤对上百公里范围内线路的分布式监测和预警。此外，由于覆冰、暴雨等原因可能导致输电线路杆塔倾斜，目前也将光纤传感技术用于输电线路杆塔监测，通过设计应变传感器布置方案，对解调系统和组网方式进行研究。国网富达科技发展有限责任公司应用光纤布喇格光栅应变传感器进行了部分杆塔的倾斜测量，对传感器的安装方式和可靠性进行了试验。

4.2.2.2　技术需求分析

随着技术的发展，利用光纤光栅技术将可以实现对导线温度、环境静态和动态荷载的实时测量，达到对动态增容、导线覆冰、导线舞动等输电线路状态监测的目的。在这一过程中，需要研制开发污秽传感器、舞动传感器等新型测量仪器。此外，由于输电线路距离多为数十千米至上百千米，如何防止引入大量的传感器导致的末端返回光强过低，部分传感器无法正常工作的情况，以及如何优选传感器类型、传感器安装位置和组网方式，组建合理可靠的光网是亟待解决的问题。

在输电线路监测领域，FBG 用于输电线路导线温度、覆冰监测等方面的研究已比较成熟。现有导线舞动测量方法还只能测量导线舞动频率，不能准确获得导线舞动振幅和轨迹，因此下一步应研究微体积光纤光栅加速度传感器，记录导线舞动时的加速度情况，根据测量数据获得导线舞动的关键参数。

相比其他领域的监测，光纤光栅输电线路在线监测面临监测距离长的问题，因此在未来的研究中，应研究光纤光栅传感器的布置和复用方式，减少光纤连接时的损耗，同时提高光纤光栅解调仪的输出功率，以进一步扩大监测范围。同时，针对电力电缆场景的状态监测，探索基于光纤的多参量共纤同步检测技术，解决电力电缆本体温度、局放、电磁场、电应力等参量的一体化监测问题。

4.2.3　局部放电检测传感器

4.2.3.1　业务应用现状

针对输电线路的局部放电检测，市场上常用的检测方法包括超高频法、差分法、超声波法和高频电流法。使用的方法不同，所用到的传感器类型也不同，主要集中在电容耦合传感器、压电传感器以及高频电流传感器等。电容耦合传感器一般用在差分法检测中，其将两个电容耦合传感器分别放置于电缆两端的屏蔽层上，再将两个电容传感器用一个测量阻抗连接构成回路，从局部放电产生的信号中耦合能量并直接得到电信号进行测量观察。压电传感器一般使用压电晶片作为试验传感器，分析电缆的绝缘状态。高频电流传感器一般检测带宽频段为 $100\mathrm{kHz}\sim20\mathrm{MHz}$，在电缆、变压器、开关柜等都得到广泛使用，其利用电感或电容耦合器进行耦合，对脉冲电流产生的电磁信号进行检测。

4.2.3.2　技术需求分析

利用电容耦合传感器的差分法简单易行，危险性较低，方便局部放电的检测，然而该方法在高频信号中衰减程度大，灵敏度低。超声波法所受外界干扰影响小，操作简单，但该方法使用到的压电传感器精确度不高，且不适合用于表面粗糙的设备。利用高频电流传感器的高频电流法操作简单，仪器安装简便，容易携带，抗干扰能力强，也得到了较为广泛的使用。但其复用性较差，针对长距离线路不能实现分布式监测。

4.3　变电领域

变电领域传感监测主要围绕变压器展开，除了针对线路中电压电流等电磁量的测量和局部放电现象的检测，还包括变压器内部的流速、压力、温度等物理量的测量，以及绕组变形、油中气体溶解等现象的在线监测。尽管待测量任务众多，但得益于光纤光学感知技术的发展，上述监测任务均可采用光纤光学类传感器实现。

4.3.1　电气量传感器

4.3.1.1　业务应用现状

变电领域常用的电气量传感器包括电流传感器和电压传感器。电流传感器包括电磁感应式电流互感器、全光纤电流传感器、磁光玻璃电流传感器、霍尔型电流传感器、罗氏线圈型电流传感器等。目前，国内市场上近 90% 以上的互感器仍是常规电磁式互感器产品，随着电网规模的增大和电压等级的提高，这种互感器显示出越来越多的不足，例如：绝缘要求比较复杂，从而导致体积大，造价高，维护工作量大。新型电流传感器成为发展趋势，例如：全光纤电流互感器从 2008 年开始应用，目前已经在很多变电站成功应用。

最早在变电领域使用并且目前仍占有重要市场份额的电压传感器是传统的电磁感应

式电流互感器和分压型电压传感器，随着变电站规模的增大和变电电压等级的提高，这种互感器显示出越来越多的、与电流传感器相同的不足。传统电压传感器已难以满足新一代电力系统在线检测等发展的需要，因此，我国在大力发展智能电网事业之时，也在寻求更理想的、更适合变电领域特点的新型电压传感器。2010年，北京航天时代光电公司在国内率先研制成功基于泡克尔斯效应的光学电压互感器并通过型式试验，并在多个变电站实现工程应用。

4.3.1.2 技术需求分析

目前国内市场上用于变电领域的互感器近90％以上的仍是常规电磁式互感器产品，对新型传感器应用总量不多，互感器应向着数字智能化、降低体积、更好的动态响应及范围发展。对于应用于变电领域的新型电气量传感器，其主要攻关方向如下：

（1）产业发展规范化建设。例如：光纤电压传感器的生产过程与电学原理的传统电压互感器生产过程不同，需要打造产品的设计、生产及工程应用的完整技术规范体系与行业标准。

（2）智能化。电力技术发展是向数字智能化输电设备方向进步，新型传感器也需要实现智能化，与之配合。

（3）运行维护管理规范化。新型电气量传感器由于制作原理和封装方式的不同，以往的管理规范已经不能完全适用，需要形成新型传感器的一系列运行管理方面的指导文件。

（4）高性能。变电领域中的电力设备是电力系统中的关键设备，对其电磁量进行监测尤为重要。新型电气量传感器在具有更好的动态响应能力的同时，体积小、重量轻也是其未来的发展方向。

4.3.2 光纤光学传感器

4.3.2.1 业务应用现状

变电领域采用光纤光学传感器主要用于绕组光纤测温、绕组光纤变形测量等，除此之外，利用光纤传感器进行电力设备内部压力、漏磁、超声和流速等参量的测量也在逐渐展开。利用光纤进行绕组温度检测技术一般有三种：一是在光纤末端加入荧光物质，经过一定波长的光激励后，荧光物质受激辐射出荧光能量并逐渐衰减，通过对衰减时间的测量，即可计算出测量点处的温度值；二是将半导体加入光纤的末端，当光源发出多重波长的光照射半导体时，其会在不同温度条件下将吸收特定波长的光，并将其余波长的光反射回去，通过对反射光的频谱检查，换算出测量点的温度值；三是利用光纤光栅传感器进行温度测量，该类传感器封装简单，信号衰减小，可以实现长距离测点集中监控。同时其既可以实现点监测，也可以实现多点式分布测量，已受到广泛使用。此外，当光纤发生形变时，其中心波长及反射光频谱都会发生变化，利用光纤实现绕组变形监测则是利用绕组变形时，紧贴在绕组上的光纤会发生微弯，通过监测光纤应变程度得到绕组变形情况，这一技术也相对比较成熟，得到了较为广泛的应用。

此外，在变电领域，光纤传感器也被用于变压器油中氢气测量，将聚酰亚胺作为增敏介质，提高了传感器的可靠性，同时通过使用磁控溅射技术使钯金属涂覆均匀，提高了传感器的灵敏度。这种传感器可以分布式的布置于变压器本体内，克服了现有变压器油中溶解气体分析测量系统反映时间慢、不能对故障定位的缺点，是变压器 FBG 监测未来的研究方向之一。同时，基于波分时分复用技术的多点光纤光栅变压器局放超声定位技术也得到了发展，通过波分复用技术，实现了 FBG 传感器位置的识别；通过时分复用技术，解决了仅靠单个 FBG 难以满足变压器内局放超声信号全范围检测的难题。这一技术实现了变压器有种局放超声信号的准分布式测量以及放电源的定位。

4.3.2.2 技术需求分析

利用光纤光学传感技术进行变电领域相关参量的测量已得到了相应的使用，但仍存在一些不足。在利用光纤进行绕组温度测量时，光强的不稳定往往会影响测量的准确性，这也是所有利用光强调制法制成的传感器所共同存在的问题；此外，变电领域设备类型复杂多样，内部空间狭窄，利用光纤光学传感器进行测量时要综合考虑各类因素对测量准确性的影响，同时，所使用的增敏元件要避免对电力设备内部物理场造成干扰，这都是光纤光学传感器用于变电领域需要解决的问题。

光纤布拉格光栅具有绝缘特性好、抗电磁干扰、可进行准分布式测量等优点，可直接放入变压器中，实现对监测量的准确测量与定位。但目前，除热点温度测量外，变压器的其他特征量如局部放电、油色谱分析、绕组变形等的成熟产品较少，没有相应的传感器和检测系统，没有充分发挥 FBG 分布式、波分复用的优点，导致监测成本较高。

4.3.3 局部放电检测传感器

4.3.3.1 业务应用现状

目前，变电设备局部放电检测方法大致可分为五种，但从现阶段现场实际应用的角度考虑，仅有超/特高频法和声波法是较为实用的方法。声波法是一种对电力设备很重要的非破坏性局部放电在线检测手段。相比于电测法，其具有很强的抗电磁干扰能力。此外，由于声波传播速度远小于电磁波速度，利用超声信号能够对局部放电进行准确定位。因此，声波法十分适用于现场电力设备局部放电检测。传统的声波法检测主要是使用压电陶瓷传感器，紧贴于设备外部对局部放电产生的声波进行检测传统的局部放电检测。这种方法操作简便，技术成熟。近年来，光纤声波传感器也开始受到广泛关注。相比于 PZT 传感器，光纤声波传感器具有绝缘性能好、抗电磁干扰性能优异、复用性能好等优势，得以逐渐取代传统的 PZT 传感器用于感知声信号。

4.3.3.2 技术需求分析

压电陶瓷传感器通过同轴电缆与信号采集装置连接，测量过程中对于外界强电磁环境的干扰很难完全避开；且灵敏度较低，难以满足电力系统局部放电超声检测需求；此外，压电陶瓷传感器复用性差，一个传感器需要对应配置一套检测、解调模块以区分各个传感器检测到的信号，故多点同步检测时布线复杂，成本较高。同样，由于局部放电产生的声信号幅值小、频率高、波长短，安装条件更为苛刻，目前的光纤超声传感器的性能仍无法满足使用要求。但随着许多物理机理和科学技术问题的逐渐突破，再加上光纤结构的多样化，以及日新月异的光电子技术，为光纤局部放电超声传感器的研制提供了创新空间。

4.4 配电领域

配电领域包括从降压配电变电站（高压配电变电站）出口到用户端这一段，测量对象以配电变压器为主，待测量包括电路中电压、电流及磁场，以及变压器内温度、压力等参量。所用的传感器类型及使用原理与变电领域类似，差别只是在于由于电压等级的不同，相应地传感器量程有所差异。

4.4.1 电气量传感器

4.4.1.1 业务应用现状

配电领域电气量传感器主要包括电流/电压传感器和磁场传感器。电流传感器和电压传感器只是原理不同，电力行业中最早使用并且目前仍占有重要市场份额的是电流传感器和电压传感器。现在新型电流/电压传感器的市场占比还比较少，其主要攻关方向为：优化设计与工艺、多功能测量技术以及向数字智能化设备方向发展。磁场传感器应用最多的为磁通门计传感器，精度高，最高可达 1ppm，可测量电流范围广，从几微安到几千安，性能优越，主要用于精密测量场合，这种类型传感器较昂贵并且很脆弱，在使用中一旦未给传感器供电情况下，通有被测电流，会造成传感器损坏。国外厂家以瑞士 LEM 为代表，占据大部分市场份额，国内一些厂家，如湖南银河电气可生产"零磁通调制"的磁通门传感器，可达到 800kHz 带宽，精度 1ppm，零漂 2ppm，温漂 0.1ppm/K，时漂 0.2ppm/month，噪声 10ppm。当前尚无行业标准或国家标准。

4.4.1.2 技术需求分析

随着智能电网的建设，以及电力企业对电力互联网、泛在电力物联网、透明电网的规划，对配电领域电气量传感器的要求逐步聚焦在以下几点：

（1）高灵敏度。被检测信号的强度越来越弱，需要传感器灵敏度得到极大提高，传感器精度最低 0.5 级，目标 0.1 级。

（2）温度稳定性。更多的应用领域要求传感器的工作环境越来越严酷，传感器必须具有很好的温度稳定性。

（3）抗干扰性。很多应用场景没有任何屏蔽，要求传感器本身具有很好的抗干扰性。

（4）微型化、集成化、智能化。需要芯片级的集成，模块级集成，产品级集成。

（5）高频特性。随着应用领域的推广，要求传感器的工作频率越来越高。

（6）低功耗。很多领域要求传感器本身的功耗极低，得以延长传感器的使用寿命。

4.4.2 光纤光学传感器

4.4.2.1 业务应用现状

配电领域中，经常将光纤传感技术用于温度、压力等测量。利用光的散射效应、波长调制等光学特征所制备的光纤传感器，通过光纤对各种特征量进行测量，目前光纤传感器还未完全成熟，市场应用占比较少。目前市场上获得成熟应用并且接受度较高的产品有：光纤光栅温度/压力/应变传感器、点式荧光光纤温度传感器产品、点式光纤 F-P 压力/温度/振动传感产品、光纤电流传感产品、光纤陀螺产品、分布式光纤拉曼测温系统、激光扫描仪、数码相机、红外热像仪等。这类传感器技术已相对成熟，也有较多使用先例。

4.4.2.2　技术需求分析

电力设备所处环境复杂，传统光纤光栅的增敏手段是利用对温度或应变敏感的材料，如聚合物或者金属，这些材料用于电力设备内部会产生一些影响传感器或电力设备正常工作的问题，这都限制了光纤光栅传感器在电力行业中的大规模应用。此外，光纤传感器在研究过程中很多元件都是线性理想化的，和实际应用存在一定的差距，因此，光通道中的非线性研究、抗干扰研究、保证实际检测动态范围的增大是实际应用中难以回避的问题。

4.5　用电领域

智慧能源服务是近年来用电领域低碳建设的新业态和新模式，使用智能电能表实现了分布式能源发电量及用电设备用电量的计量，通过智能断路器实现智能化用电监测，应用充电桩服务于日益增长的新能源汽车，采用多元负荷调控实现区域用电平衡和精细化管理。

4.5.1　智能用电测量

4.5.1.1　业务应用现状

随着智能电网的发展，电力系统规模逐步扩大，风能、太阳能等新能源发电端不断接入，开关电源、交直流换流装置、电弧炉、电焊机等非线性用电设备大量出现，造成电网运行环境愈发复杂多样化，因此对智能电表性能的要求不断提高。而现行智能电表在使用过程中逐渐暴露出了防窃电能力不强、电池钝化、通信不畅、运行抽检困难、用电负载影响电能表计量精度、电能表发热等问题。

TMR（Tunnel Magneto Resistance）元件是近年来工业开始应用的新型磁阻效应元件，利用其磁性多层膜材料的隧道磁阻效应对磁场进行感应，具有高频响、宽频谱、大动态等性能优势。TMR 独特的磁性隧道结构体系保证了其对弱磁场仍具有极高灵敏度，且体积较小，易于集成，尤其适合于全量程电流检测应用。基于 TMR 技术的电流传感芯片市场前景广阔。

在电流测量应用中，基于 TMR 技术的电流传感芯片具有以下显著优势：

（1）在直流、谐波分量存在情况下仍能保证较高的计量精度。

（2）在测量大电流时发热较小，因此在低功耗、低噪底、高线性度等性能方向具有巨大潜力。

4.5.1.2 技术需求分析

当前国内电能表中电流检测方式主要包括电阻分流器、电流互感器，罗氏线圈等主流技术。现有方式工艺成熟，价格便宜，但是存在电气隔离和功耗大的问题，从技术层面分析主流技术应用发展存在的问题归纳总结如下：

（1）电阻分流器：一次侧和二次侧不能有效电气隔离；电阻分流器有插入损耗，电流越大，损耗越大，体积也越大；电阻分流器工艺成熟，价格便宜，但是存在电气隔离和功耗大的问题。

（2）电流互感器：在工频电流下电流互感器测量精度高，占据电能表电流测量最大份额；电流互感器存在直流、谐波计量不准的问题。

（3）罗氏线圈：电流实时测量、响应速度快、不会饱和；计量误差大于0.5%；需外接积分电路，价格较贵；只能检测交流电流，应用于电表较少。

4.5.2 智能电能表

4.5.2.1 业务应用现状

智能电能表的应用最为广泛，目前智能电表基础设施在许多领先市场达到饱和，用于需求响应的传感器会成为智能传感器的第二大应用市场，此外，用于检测控制和数据采集、线索管理、能源存储和可再生能源的智能传感器应用也会迎来飞速增长。

4.5.2.2 技术需求现状

目前智能电能表电流传感器的应用中，主要有两大问题：一是锰铜过载发热，易引发安全隐患；二是铁芯互感器直流饱和，存在"跑冒滴漏"漏洞。国家电网有限公司即将引入的IR46新技术规范，对精度、量程、法制计量等方面有较大改动，预计会带来电流传感器的技术升级和产品结构变化，市场即将进入变革期。目前来看，TMR电流传感器因其精度高、易于集成等特点，将成为用电侧应用的发展趋势。

4.5.3 微型智能断路器

4.5.3.1 业务应用现状

对于现代需求的提升，传统断路器功能上逐渐无法满足日常生活中对用电安全的需求，智能断路器在传统断路器配电设备上进行升级，通过物联网技术实现对配电设备的运行数据进行处理，设备状态，预警、报警等智能化用电管理。集合传统断路器的功能于一身，升级为智能型断路器，电流、电压、用电量等数据信息用电平台实现断路器的智能化控制。

智能微型断路器是一款可以进行远程控制分合闸的断路器，能提供更及时的超额用电保护和电气火灾分析预警和报警，实现电压、电流、漏电流、温度、用电量以及各种用电故障报警信息的实时采集，并通过云平台进行统计比对、大数据分析等。

4.5.3.2 技术需求分析

根据微型智能断路器的结构、功能，微型智能断路器的发展趋势主要分为以下方面：

（1）信号采集：断路器在正常运行和动作时，必然伴随着各种物理量的变化，如热量、力、振动、位移、电气量等的变化。为了更好地检测装置的工作状态，需要根据应用场景选择合适的、更多的物理量进行检测。

（2）信号加工：采集到的信号是原始信号，原始信号可能含有干扰，原始信号可能不是反映工作状态的最本质的量，从原始信号中提取本征量，对信号中的噪声和干扰进行过滤。所以为了获得更准确、更可靠的物理量信息，需要在信号加工方面取得更好的进步。

（3）状态识别：目前对于断路器的状态识别，更多地依赖于人类对这种专业知识的了解。所以，为了更好地体现智能，需要对于智能系统的自学习、自完善能力加以改进。

（4）诊断决策：根据断路器实际运行状态，决定对当前断路器采取何种动作，这需要一系列流程。但在诊断出比较严重的状态发生时，必须采用更快的调整或动作来避免更大的损坏。

4.5.4 充电测量与控制

4.5.4.1 业务应用现状

充电桩能实现计时、计电度、计金额充电，可以作为市民购电终端。同时为提高公共充电桩的效率和实用性，今后将陆续增加一桩多充和为电动自行车充电的功能。2006年，比亚迪在深圳总部建成深圳首个电动汽车充电站。2008年，北京市奥运会期间建设了国内第一个集中式充电站，可满足 50 辆纯电动大巴车的动力电池充电需求。截至 2020年 6 月底，全国各类充电桩保有量达 132.2 万个，其中公共充电桩为 55.8 万个，数量位居全球首位。

电动汽车充电桩作为电动汽车的能量补给装置，其充电性能关系到电池组的使用寿命、充电时间。这也是消费者在购买电动汽车之前最为关心的一个方面。实现对动力电池快速、高效、安全、合理的电量补给是电动汽车充电器设计的基本原则，另外，还要考虑充电器对各种动力电池的适用性。

在政策和市场双重作用下，充电桩的经济效益初步形成，更多的社会资本争相介入，给充电桩产业注入活力，带动了充电基础设施的发展。

4.5.4.2 技术需求分析

随着全球环境的恶化和石油资源的缺乏，社会开始关注电动汽车的使用。在国家的大力支持下，各个汽车厂商纷纷响应国家号召，研制自己新能源电动汽车产品以求推向市场，电动汽车取得了长足的发展，在如此增速之下，庞大的市场保有量指日可待，但要达到期望水平，还远远不够。要广大消费者支持和使用电动汽车，必须从根本上着手解决充电问题，因此解决充电桩问题就迫在眉睫。目前充电桩主要存在以下问题：

（1）用电成本高、价格贵、安装复杂。对此，国家应出相应政策，调整充电桩电价费用，建议小区车位修建时预留所需的 380V 快充线，以求降低安装及使用成本。

（2）使用方式标准不统一，兼容性差，利用率低。政府应加大公共充电桩建设力度，占据市场主导地位，统一标准，其他企业跟风进行，加速市场统一。同时加快共享充电桩建设。

（3）管理不到位，损坏，占位严重。公共充电桩是一种共享的社会资源，现场无人管理，车主经常不规范使用充电桩以及部分人为破坏等因素使充电桩损毁严重，城市停车位紧张，在公共停车场的充电车位常常被燃油车霸占，导致很多电动车主只能"望桩兴叹"。对此，政府应尽快出台相关政策。

（4）充电桩自身安全性。公共充电桩属于社会资源，一般安装在人口较密集的城市，暴露在室外，需经受住气候的严峻考验，安全标准必须达到最高级别，且长期有专人维护，设备老化及时更换或拆除。国家应制定严格标准，防止不合格产品流入市场。

（5）布局不合理，分布不均，僵尸桩严重。为响应国家政策要求，"为建而建"的充电桩导致很多公共充电桩变成"僵尸桩"。为更好地解决"僵尸桩"问题，还需要政府部门出台政策规范。

（6）充电桩功率低。新能源汽车要真正成为人们绿色出行的交通工具，成功取代燃油车，必须提高新能源汽车的续航能力，降低新能源汽车的充电时长。

4.5.5　多元负荷调控

4.5.5.1　业务应用现状

负荷侧多元负荷的精细化用电感知、灵活调控、碳减排等工作有助于支撑新型电力系统实现"双碳"目标。以工业园区为例，据统计我国现有各类工业园区22000多个，工业园区作为需求侧重要主体则涵盖了大规模多元负荷，具有巨大的调控潜力。但是，基于关口表计的现有计量方式仅能测量工业园区整体用能情况；同时现有碳计量与碳足迹追踪技术仅聚焦于电源侧的绿能与灰能比例及追踪，利用电力潮流推算碳流在发输变配用等各环节的分布，从而忽略了负荷侧多元负荷在生产用电环节的碳排放。因此，难以准确获知园区内多元负荷的用能与碳排放详情。需要将工业园区用能感知及调控的对象从传统基于关口表计测量的园区整体进一步细化为关口表计之后的多元负荷，依据"微型电气量传感→多元负荷精准感知→多元负荷生产过程碳排放"的递进逻辑，逐步揭示以电核碳的多元负荷用能—碳排放耦合推演机理，并研究负荷侧精细化碳计量方法，基于磁敏电气量传感技术实现多元负荷的精细化用能感知与碳减排。

4.5.5.2　技术需求分析

根据新型电力系统中"网荷"友好互动的建设目标与业务需求，多元负荷用电感知与灵活调控领域的发展趋势主要分为以下方面：

（1）用电感知：针对工业园区、智慧社区、智能楼宇等需求侧典型场景，首先需要研究"传感—通信—计算—智能融合"的多元负荷感知调控物联体系；之后在兼顾多元负荷用电感知的准确性与经济性的前提下研究"最小化感知＋数字化推演"的用电感知技术路线，研发集成磁敏电流传感模组与多模通信模组的智能断路器；然后根据多元负荷用电相似性划分一系列关键负荷集群，利用智能断路器获取各个关键负荷集群中代表性负荷的用电感知数据,进而推演各个关键负荷集群内其他负荷的用电推演数据;最后生成多元负荷的感知-推演数据资产。

(2)灵活调控:以关键负荷集群作为多元负荷灵活调控的对象,计算并预测各个关键负荷集群的用电感知态势,推演各个关键负荷集群的调控潜力;依托多元负荷感知调控物联体系开展各个关键负荷集群的就地调控、远程调控、辅助调控等灵活调控,实现"网荷"高效互动。

(3)电-碳联测联控:以高精度、高可靠、低功耗、网络化、智能化的物联传感器为基础,研究"电气量-环境量"的全场景多元负荷特性集成建模;探索有限量测下的多元负荷用能与碳排放的耦合推演机理,实现基于以电核碳的园区多元负荷精细化碳计量与碳溯源;发挥电碳联测联控体系的规模化引导优势实现多元负荷电碳联合推演的碳排放协同调控。

4.6　储能领域

储能技术在能源互联网建设中占有重要地位,其储存形式多种多样,其中,电池储能已成为电力系统中直流电力系统及应急电源系统的重要组成部分,主要担负为电力系统中二次系统负载提供安全、稳定、可靠的电力保障,储能领域传感器主要围绕不同类型电池及超级电容的温度、剩余容量等影响储能健康状态的指标展开监测,随着电力系统可靠性的提高,如何在减少维护及检修工作量的同时,建立智能化的电池状态监测系统已经成为电力系统领域的热门课题之一。

4.6.1　内阻传感器

4.6.1.1　业务应用现状

内阻传感器主要用于储能领域下的 UPS 电源系统和蓄电池系统使用的控铅酸蓄电池及燃料电池的内阻检测,单体电池在一定的放电电流、放电量在 20％～80％ 之间时,电池容量和电池内阻倒数即电导之间存在一定关系。电池的内阻是当电流流过蓄电池内部所受到的阻力,一般可分为静态内阻和动态内阻,动态内阻只有在动态放电的条件下才能测出,随着蓄电池使用时间的增加,极板上活性物质的腐蚀、活性物质的脱落、连接条的腐蚀、极板的硫酸化、极板的变形、蓄电池失水等因素,将会造成蓄电池容量减小,内阻增大,电池的内阻已被公认为是一种迅速而又可靠的诊断电池健康状况的较为准确方法。但是大容量电池的欧姆内阻很小。其变化幅度就会更小,需要相当精度的内阻传感器,这是内阻检测的一大挑战。目前已经有越来越多的变电站蓄电池采用内阻检测手段,比如深圳供电局的变电站已经全部使用电池内阻监测。

4.6.1.2　技术需求分析

现使用的内阻测试方法主要有直流法、交流注入法及交流放电法等,其原理各异,优缺点并存,其优劣性在国际上也尚无定论,实际中直流法和交流法的测试装置都有采用,内阻监测系统的发展逐步趋向于设备的轻便小型化、高可靠性、远程控制等,同时由于电池状态监测的重要性，当电池处在较恶劣的环境时，内阻传感器需要有高电磁兼容的能力并能精确测量电池内阻。

4.6.2 电流传感器

4.6.2.1 业务应用现状

电池电量指示是储能电池的一项基本功能配置，电池监测功能可以准确测量剩余电池容量，为了有效估算电池消耗情况，高精度电池监测至关重要。电池的荷电状态主要估计方法有安时积分法、放电测试法、开路电压法、内阻法等，在这些方法中，由于安时积分法简单易行，应用广泛，该方法实时测量充入电池和从电池放出的能量，从而能够给出电池任意时刻的剩余电量。通过电流传感器即能实现电池容量监测，常用的电流测量仪器有分流器、互感器、霍尔电流传感器和光纤电流传感器，电池供电不适合使用互感器；分流器精度高，但对于某些环境中难以实现安装，光纤传感器因其高昂的价格也不适合用于电池电流的测量；霍尔传感器属于隔离测量，本身器件的故障不会影响到电池组的正常工作，可靠性和性价比较高，所以其广泛应用于储能电池的电流测量和容量监测。

4.6.2.2 技术需求分析

对于电力系统领域的储能设备，霍尔电流传感器面临的首要问题是抗电磁干扰，需要合理设计传感器的形状、位置及屏蔽技术，降低外部电磁场的干扰，提高其电磁兼容性能，同时传感器存在零位误差和温度误差问题，零位误差是指霍尔传感器无外加电流的情况下仍然会产生一定的输出电压；另外，霍尔元件控制电流产生的自激磁场引起的霍尔电势以及隔离运放的零漂同样将导致零位误差的出现，其特性参数会受到温度变化的影响，要对温度误差进行补偿，提高霍尔传感器的测量精度及可靠性仍然是一大研究方向。光纤电流传感器虽然成本较高，但其具有优越的抗电磁干扰的性能，非常适用于电力系统环境，降低光纤传感器的应用成本对现有光纤传感技术提出挑战。

4.6.3 温度传感器

4.6.3.1 业务应用现状

温度传感器广泛用于储能领域中电池单体温度测量，目前主要使用接触式测温传感器，分为自发式和可调节式的两种。自发式温度传感器不需要外界提供电源动力来检测温度信号，例如热电偶，但基本不用于燃料电池测温，其会增加接触电阻，增加燃料泄漏，可调节温度传感器如热敏电阻器要外界提供恒定的电压或电流来检测信号，电阻式温度检测器与传统温度传感器相比，是中低温区（−200～650℃）常用的一种温度检测器，广泛应用在微型燃料电池温度的测试中。

4.6.3.2 技术需求分析

传统的热电偶、热电阻测温方法以其技术成熟、结构简单、使用方便等特点，在未来温度测量领域中，依然能够广泛使用，在传感器结构改进方面，出现了薄膜温度传感器,它是随着薄膜技术的成熟而发展起来的新型微传感器,特别适合于电池小空间温度测量、表面温度的测量等场合,但目前相关应用还不多见。同时由于 MEMS 技术的发展,温度传感器的体积向着更小、性能更高方向发展,以便适用于越来越微型化的电池内部温度的测量,同时为降低干扰,提高精度,温度传感器正向着数字化、智能化、网络化、总线标准化、高可靠性方向发展。

4.7 资产管理领域

资产管理是贯穿于资产全寿命周期整个过程,良好的资产管理模式可以为资产全寿命周期管理提供可靠的信息,提高管理者的决策的准确性。资产管理领域传感器主要用于帮助对电力资产设备进行管理,在资产的采购、运行、维护及报废过程中获得资产设备的相关信息,完成数据快速准确采集,确保企业及时准确地掌握固定资产的实时状态信息。

资产管理领域涉及的传感器主要采用无线射频识别(Radio Frequency Identification,RFID),是一种非接触式的自动识别技术,基本原理是利用空间电磁波的耦合或传播进行通信,以达到自动识别被标识对象,获取标识对象相关信息、完成固定物质在管理过程中各个操作环节的标识数据信息采集。

4.7.1 业务应用现状

RFID 技术主要应用在电力系统资产管理、物流控制系统、定位系统等领域。在很多大型电力计量资产管理的应用中,RFID 技术已经得到广泛应用,主要是因为传统的计量资产管理完全依赖条形码管理流程记录了计量资产的身份编码,但是这种身份编码的更换比较麻烦,而且对于资产状态使用部门、使用人和责任人等经常变化的信息记录和更改需要花费大量的时间和人力。建立基于 RFID 技术的电子计量资产精细化管理应用系统就能够实现完善的动态物流管理模式,通过计量资产粘贴复合式电子标签,为所有的计量资产建立了唯一的标识,RFID 打印机可以打印 RFID 的电子标签,完成电子标签的初始化工作,通过后台数据把电子标签信息和计量资产之间产生身份信息的关联。

此外,RFID 技术在电力计量中心也得到广泛应用,电力计量中心承担着辖区内电能计量器生命周期的识别职能,无论是从采购、仓储、测试开始到最终的检测合格、配送安装和运行监控等,都对于城市网络改造和居民一户一表的工作效果起到了重要作用。将 RFID 技术用于电力计量中心后,相当于电表都有了条形码身份证,可以实现远程集约化管理,减少工人的工作量,提高管理效率。

4.7.2 技术需求分析

RFID 技术涉及无线射频、天线技术、芯片技术、无线数字传输技术和电磁波传播特性等方面。随着电力物联网技术的推广,越来越多电力资产与 RFID 结合,由于电力资产及应用环境的多样性,RFID 硬件设计与制造向着多功能、多接口、多制式,并向模块化、小型化、便携式、嵌入式方向发展。此外 RFID 标签的功能需要得到扩展，比如具备监控温度、气压和湿度的功能，同时 RFID 需要具备更加安全的性能，RFID 系统进行前端数据采集工作时，标签和读写器之间采用无线射频信号进行通信，如果没有可靠的安全保密措施，在系统采集数据时，数据很有可能被窃取甚至恶意篡改，对 RFID 安全保密技术，加密、编码、身份认证等技术进行研究十分必要。

第 5 章
关键技术及重点研发方向

5.1 先进电学传感技术

5.1.1 磁阻磁场/电流传感技术

1. 技术原理

在磁电阻技术基础上形成的一种电流传感技术，其核心是利用磁阻效应通过测量电流产生的磁场大小来间接测量电流。磁阻效应分为各向异性磁阻效应（AMR）、巨磁阻效应（GMR）和隧道磁阻效应（TMR）。在磁场的作用下，具有磁阻效应的单元其电阻将发生变化。通过将磁电阻单元形成电桥结构，可以将电阻变化转换成电压信号输出，通过外部的信号调理电路，输出电压即可以反映待测磁场以及电流的大小。几种磁阻效应基本原理如图 5-1 所示。

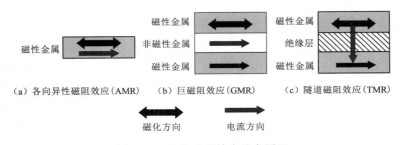

图 5-1 几种磁阻效应基本原理

由于采用探测磁场的方式来测量电流大小，在实际使用的过程中，对电流位置、电流角度、干扰磁场等影响因素都特别敏感，因此常采用磁阻芯片加开口磁环的方式来探测电流，以增加器件的准确性。按照加磁环后的工作原理，磁阻电流传感器分为开环传感器和闭环传感器。开环电流传感器的示意图如图 5-2（a）所示，电流产生的磁场经磁环的汇聚作用反馈至气隙处的磁阻芯片，磁阻芯片直接输出电压信号 U_{out}，在磁阻芯片的线性范围内，输出信号 U_{out} 的大小和电流的大小成正比，由 U_{out} 即可以得到电流的大小。闭环电流传感器的示意图如图 5-2（b）所示，在开环电流传感器的基础上，将芯片产生的一次信号，经过运放引入反馈线圈，在反馈线圈中形成反馈电流 I。反馈电流在磁环的气隙中形成与初始电流产生磁场相抵消的反馈磁场，使磁阻芯片工作在接近零磁通的状态，此时闭环传感器达到平衡状态，反馈电流与待测电流比值为反馈线圈的匝数，测试与反馈电流串联的采样电阻两端的电压大小即可以得到待测电流大小。

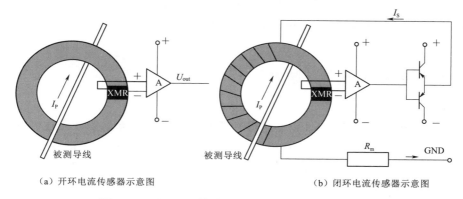

（a）开环电流传感器示意图　　　　　　　　（b）闭环电流传感器示意图

图 5-2　开环电流传感器和闭环电流传感器示意图

2. 研究现状

针对不同的应用需求，目前在磁电阻材料，磁阻芯片设计，磁环形状、材料设计，信号处理电路等方面均有研究方向。其中对材料和磁阻芯片的设计，以提高线性度和灵敏度为主要出发点，以 TMR 为例，目前有双钉扎结构、永磁偏置技术以及特殊的形状优化设计方法来提高线性度。通过设计磁环的形状、气隙大小等可以调节传感器的饱和磁化场，抗干扰性能等性能。通过选用铁氧体磁芯等材料，可以满足高频的电流探测需求。

3. 攻关方向

（1）抗电磁干扰技术。由于磁阻传感器主要通过测试磁场来反应电流的大小，无法直接区分环境磁场的来源，因此抗环境磁场干扰问题是磁阻传感器面临的一大难点，通常采用屏蔽、绝缘等技术来降低干扰磁场的影响。

（2）温度稳定性技术。由于磁阻传感器是以铁磁性材料为基础的技术，铁磁性材料随温度、湿度等气候条件的变化对磁阻传感器的性能影响较大，目前磁阻传感器的温度稳定性还有待进一步提高，需要采取温度补偿的方式降低其温度系数。

（3）芯片一致性问题。由于磁阻芯片采用全桥结构，需要各阻臂尽可能一致来降低芯片的零点，而由于其工艺限制，实际制作的磁阻芯片很难具有一致的零点，需要进一步提高磁阻芯片的一致性。

（4）自供电模块一体化，由于磁阻芯片是有源器件，需要额外的电源来供电，不利于其长期架设在输电线上，将其和取能模块作为整体来作为自供电传感模块，可以有效地解决这一问题。

4. 应用场景

（1）直流电流监测。相对于 TA，罗氏线圈等传统电流监测设备，磁阻电流传感器的一大优势在于可以进行直流电流监测，在目前直流配网中具有广阔的应用前景。

（2）暂态电流的监测。输电线路、变电站和换流站的电流监测对象主要包括正常直流、工频工作电流、谐波电流、工频过电流、短路电流、操作冲击电流和雷电冲击电流等各种不同大小、不同频率的电流种类，记录电路的暂态变化需要传感器具有量程广、频带宽的特点。磁阻传感器具有丰富的材料和器件设计体系，在量程和响应速度上均能满足各种暂态电流传感的需求。

（3）微弱漏电流的监测。在线路、变电站中的避雷器和绝缘子等地方有微弱的漏电流，通常量级在 mA 级以下，利用磁阻传感器的高灵敏度，可以有效地实现动态监测。

5.1.2 新型电场/电压传感技术

1. 技术原理

第一种是基于光学原理的电场/电压传感器通常利用了泡克尔斯效应或者克尔效应。泡克尔斯效应是指某些晶体材料在外加电场作用下会引起介质极化强度变化，进而导致

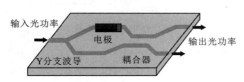

图 5-3 利用泡克尔斯效应的光学
电场/电压传感器基本原理

通过晶体的光信号折射率发生与外加电场成正比的相应变化，利用泡克尔斯效应的光学电场/电压传感器基本原理如图 5-3 所示。常用的泡克尔斯晶体有铌酸锂（LN）、硅酸铋（BSO）和锗酸铋（BGO）；而具有克尔效应的介质折射率的变化与外加电场的平方成正比。通过测量光信号穿过泡克尔斯或者克尔效应晶体材料后折射率的变化，就可以推算出作用在晶体材料上的外加电场信息。

第二种是逆压电材料与光检测集成的电场/电压传感器，其基本原理是将逆压电效应引起的材料形变转化为对光信号调制效果的检测。常用逆压电效应材料包括 PZT 压电陶瓷、石英晶体等，其会在电场作用下发生形变；将材料形变耦合到可以测量压力作用的单模光纤或者光纤光栅上，通过测量传输光信号特性的变化，就可以推算出作用在逆压电材料上的外加电场信息。

第三种是 MEMS 电场传感器，技术原理类似于旋转伏特计。传感器采用压电陶瓷制作驱动结构，通过在驱动结构上施加驱动电压，使得感应电极和屏蔽电极的相对位置随时间发生变化；感应电极和屏蔽电极边缘有处于交错状态的梳齿，当屏蔽电极表面凸出于感应电极的表面时感应电极表面感应电荷较多，当屏蔽电极表面下凹于感应电极的表面时感应电极表面感应电荷较少，根据输出感应电流的大小就可以测量出原始电场强度。采用该结构的传感器需要施加合适的交流电压带动压电片振动。此外，外加电场作用于逆压电材料上导致材料发生的形变，也可以与压阻模块、电容模块耦合到一起，采用 MEMS 工艺制作成芯片化的电场传感器。交错振动式微型电场传感器基本原理如图 5-4 所示。

2. 研究现状

目前公开报道的新型光学电场/电压传感具有幅值范围宽、频响范围宽、绝缘简单、抗扰能力强、非接触式测量等显著优点，可以测量最高达到 GHz、上百 kV/cm 的电场。交错振动式微型电场传感器已经有初步的应用成果报道，但体积和功耗仍然较大。而基于逆压电耦合效应的 MEMS 电场传

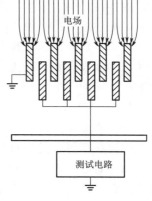

图 5-4 交错振动式微型
电场传感器基本原理

感器具有体积小的优点，但仍然处于初步的研究探索阶段。

3. 攻关方向

目前光学电场/电压传感器面临的主要技术难题是温度稳定性问题。传感器温度稳定性主要取决于传感晶体和工作光源的温度特性以及传感头加工工艺；晶体热应力效应及热光效应是影响晶体温度稳定性的两个主要因素。MEMS 电场传感器方面根据目前公开报道，尚未设计出一种高性能、微型化电场/电压传感器的理想方案，尚需要在适用技术原理、芯片加工制备等方面开展全面的攻关研究。

4. 应用场景

光学电场/电压传感技术可以应用于多种电力设备内外部电场分布的测量，以及各种稳态（制成电容分压型、全电压型、分布式结构型光学电压传感器）和暂态甚至 VFTO 电压的测量。芯片化 MEMS 电场传感器可以应用于多种电力设备内外部电场分布的测量；如果进一步集成融合取供能、无线通信模块后，可嵌入安装到高压设备内部进行电场测量。

5.1.3 空间电场/电荷测量技术

1. 技术原理

油纸绝缘结构空间电场光纤导入式传感器一种是基于克尔效应利用光纤导入传感器的空间电场测量传感技术。克尔效应法也是一种基于光电效应的测量方法，克尔效应原理如图 5-5 所示。所谓的克尔效应是指，某些液体电介质在施加电场作用后，对通过其内部的光束具有双折射效应，使得光束中垂直于电场方向和平行于电场方向的光矢量具有不同的传播速度，从而使两者产生相位差，克尔效应产生的光矢量相位差的大小，与外施电场强度的平方具有正比关系。利用克尔效应法测量液体电介质内部的空间电场分布情况时，能够实现非接触式测量，不必引入其他介质，也不会改变原有的空间电场分布。而且，克尔效应法是以光学偏振现象为测量原理基础的，当光电检测单元的响应速度满足要求时，克尔效应法能够实现对油纸绝缘结构下空间电场暂态过程的测量，这是一般方法难以具有的优势。

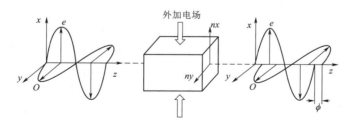

图 5-5 克尔效应原理

2. 研究现状

目前，利用克尔效应对开放空间下的液体电介质的测量方法和技术已经十分成熟，许多高校和科研单位也都针对不同条件及研究对象而设计了相应的试验平台。但是，针对密闭空间条件下的测量技术的研究还比较少，没有可以导入到换流变压器大尺寸绝缘内部的电场测量传感器，无法直接对换流变压器内部的电场分布进行测量。

目前国内外已开展的光纤电场测量装置的研究基本是利用铌酸锂电光晶体的线性电光效应，即光通过晶体时在电场作用下会发生双折射现象。但是，如果将基于电光晶体的电场测量装置导入充油设备内部开展油中电场测量，无法直接对空间电场进行测量。而且在交直流复合电压作用下，电荷会在电光晶体的表面积聚，且目前铌酸锂晶体在油中电场作用下的界面电荷积聚情况尚不明确，无法定量给出由于电荷存在而导致的电场测量误差。采用克尔效应原理进行油中电场光纤导入式测量则不仅可以直接测量油中的电场，而且不存在截面电荷对电场测量产生影响。然而，至今还没有发现有公开发表的采用克尔效应原理进行光纤导入式油中电场测量传感器的研究。

3. 攻关方向

面向换流变压器等大尺寸绝缘结构内部空间电场测量传感器等应用场景，研究光纤导入式油纸绝缘结构空间电场传感器；从换流变压器阀侧绕组、出线装置等实际大尺寸油纸绝缘结构尺寸出发，设计微型化电场测量传感器的结构，并结合克尔效应和光纤测量技术，对其传感器内部光路进行合理化设计。为尽量减小传感器的引入对待测电场的影响，合理选择传感器器身材料，通过仿真与实测的研究对比，降低传感器的引入对待测电场的影响；利用常规克尔效应电场测量平台，对比直流电压、交流电压下传感器实测电场与理论电场的差异，对电场测量传感器的准确度和灵敏度进行标定；针对换流变压器阀侧出线装置模型，对所研制传感器进行了应用测试，研究交流电压、直流电压及极性反转电压下，模型油中电场的动静态特性。

4. 应用场景

从 20 世纪 50 年代以来，高压直流输电作为一种新型输电方式，在长距离、大容量输电以及电网互联等方面具有独特的优势，目前已经成为高压交流输电的有力补充，同时也在全球范围内得到了非常广泛的使用。在高压直流输电领域，换流变压器无疑是不可替代的关键设备之一，这是由于其处在直流电和交流电相互转换的核心位置，以及在设备制造技术方面的复杂性和设备费用的昂贵性等所决定的。在换流变压器的设计制造中，合理有效的绝缘结构设计不仅是重点，而且是难点。从目前的统计数据来看，一半以上的换流变压器故障是因为绝缘失效导致的。

目前我国对换流变压器油纸绝缘结构的研究和设计通常基于仿真的手段，缺乏科学有效的试验研究，亟须用试验的手段验证仿真分析和绝缘设计的有效性，并以此反馈和优化绝缘设计，为电力设备的研制提供试验支持，为保障电力系统安全可靠运行提供技术支撑。基于克尔效应的光纤导入式油纸绝缘结构空间电场测量传感器可实现换流变压器等大型电力装备内部空间电场直接、准确测量，掌握关键绝缘结构空间电场分布特性，发掘绝缘薄弱位置，为故障诊断、绝缘设计和绝缘优化提供技术支持。

5.1.4　局放高频传感技术

1. 技术原理

局放高频感知基于安培环路定律和法拉第定律，即电流产生感应磁场。局放高频传感器，类似于罗氏线圈，通常是通过用导线缠绕铁磁芯制成的。常用的铁磁材料是锰-锌铁氧体和镍-锌铁氧体，制造局放高频传感器的铁氧体的质量至关重要。制备镍-锌铁氧体有多种合成方法：用于微波吸收剂应用的锌取代的镍铁氧体是用溶胶-凝胶柠檬酸盐方法制备的；通过共沉淀法制备的铜掺杂的镍-锌铁氧体由于其良好的电磁性能而适用于电感器应用；水热法、燃烧法和固态反应法也用于制备尖晶石结构的镍锌铁氧体。

2. 研究现状

在局放高频监测装置方面，国外仅 Techimp 等少数公司具备生产高可靠性装置的能力，满足电缆局部放电在线监测需要，技术处于垄断地位。Techimp 公司的传感器制造水平先进，产品性能优异，仅采用单匝线圈即可获得足够的输出信号幅值，同时最大限度地保持优异的频率响应特性；其部分产品采用了固定点配合树脂固定的封装方式，技术水平较高，成本高昂。单个传感器售价在 1 万元左右，成套设备为 100 万元左右。极高的价格限制了国内对该类产品的应用，目前仅有极少数电力生产单位拥有国外高端带电检测及在线监测设备。

3. 攻关方向

灵敏度是局放高频传感器的关键指标。为了得到高性能的器件，精巧的设计是传感器研制的重点环节。首先国外学者使用有限元分析法来研究用于局部放电测量的 HFCT 的最佳参数，其中可以精确地获得芯和外壳盒的几何结构，可以优化局放高频传感器性能。其次是系统传递函数的优化。通过改变绕组和磁芯可以将传递函数从波形分析所需的平坦响应曲线中提取出来。最后是在无失真放大器设计和低干扰电路设计方面努力实现 1pC 的微弱电信号的检测。

4. 应用场景

高频电流法在定量分析、试验便利性、检测灵敏度等方面优势较为明显，从而被更多地使用在如电缆局放在线监测、巡检、实验室检测等应用场景中[1]。而同样是由于高频电流法的便利性、准确性和可定量分析的特点，该方法也被使用在变压器、开关柜和气体绝缘金属封闭开关设备的局放检测中。

5.1.5 局放特高频传感技术

1. 技术原理

局部放电（Partial Discharge，PD）是导体间绝缘仅部分击穿的电气放电，每次 PD 过程中的发生都会伴随着正负电荷的中和，激发出宽频带高频电磁波信号。局放特高频传感器技术即利用天线耦合特高频（UHF，300MHz～3GHz）频段范围内的电磁波信号，以此来实现电力设备 PD 绝缘缺陷的在线监测。UHF 天线传感器常规安装方式如图 5-6 所示。根据安装位置的不同，可以将电力变压器用 PD 检测天线传感器划分为内置式和外置式两类，UHF 天线传感器如图 5-7 所示。

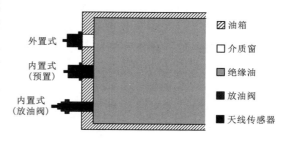

图 5-6　UHF 天线传感器常规安装方式

（a）内置式单极子天线传感器　　　　　　　（b）外置式圆盘式天线传感器

图 5-7　UHF 天线传感器

内置式 UHF 是通过放油阀、人/手孔或者变压器生产过程中预置的方式将 UHF 天线传感器置于变压器油箱内部；外置式 UHF 则是通过在变压器油箱上开介质窗的方式将 UHF 天线传感器安装在变压器油箱外部。这两种方法各有优缺点：①内置式 UHF 具有安装方便的优点，但出于事故责任划分和阻碍油色谱取油样等方面的考虑，该方法并不受电力公司现场工作人员的欢迎，而通过在变压器生产过程中预置天线传感器的内置式 UHF 则无法用于正在运行的电力变压器，同时内置的天线传感器有破坏变压器内部电磁平衡的风险；②外置式 UHF 不存在阻碍油色谱取样和宽带 UHF 天线传感器设计困难的问题，但是，外置式 UHF 需要在变压器油箱上开介质孔，同样无法用于正在运行的电力变压器。

2. 研究现状

内置式主要通过变压器放油阀、人/手孔将天线传感器深入到油箱内部，或者在变压器生产过程中在其内部的提前预置。目前，通过放油阀内置的 UHF 天线传感器主要有单极子天线和立体螺旋天线，但是其工作频带较窄，通过人/手孔内置的 UHF 天线传感器主要有盘式天线、棒状天线、锥形天线以及螺旋天线，这些天线普遍为超宽带天线且增益较高。但是，通过人/手孔内置的 UHF 天线传感器因为受到类波导结构对导致电磁波衰减的影响，存在灵敏度较低的特点。通过介质窗外置的 UHF 天线传感器主要有平面螺旋天线、盘式天线以及分形天线，无须考虑对变压器内部电磁平衡的影响，可以在不停电情况拆卸，但无法用于运行中电力变压器的 PD 检测。

3. 攻关方向

（1）对于已经大量投运的电力变压器，如何研制有效地内置 UHF 天线传感器，使天线传感器内置后仍然保持宽有效频带是未来攻关方向之一。

（2）对于已经大量投运的电力变压器，如何实现非金属绝缘缝隙泄漏电磁波的有效检测和相应的定位、评估等算法是一个方向。

（3）对于未投运的电力变压器，如何实现内置天线传感器的有效校准是未来攻关的一个方向。

受限于目前芯片采样率和计算速率的影响，目前还未有有效的手持式设备能够有效实现 UHF 信号频带特性的有效检测，因此，随着技术的发展，高性能手持式 UHF 检测装置是未来发展的另外一个方向。

4. 应用场景

我国电网系统基础庞大，大量电力变压器在运行当中，同时大量早期投运的电力变压器在生产过程中没有内置 UHF 天线传感器，需要研制高效的内置和泄露 UHF 天线传感器及相关算法，而随着电网系统的快速发展，大量待投运的电力变压器需要在生产过程中内置 UHF 天线和验证内置 UHF 天线传感器的有效性，而高性能手持式 UHF 检测装置则是所有需要检测高频信号的场所都需要。

5.2 光纤传感技术

5.2.1 光纤光栅传感技术

1. 技术原理

被测量与敏感光纤相互作用，引起光纤中传输光的波长改变，进而通过测量光波长的变化量来确定被测量的传感方法即为波长调制型传感。目前，波长调制型传感器中以对光纤光栅传感器的研究和应用最为普及。光纤光栅结构如图 5-8 所示。光纤光栅传感器是一种典型的波长调制型光纤传感器，其自身结构仅包含内部纤芯和包层两层，一般实际使用中

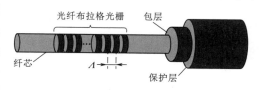

图 5-8 光纤光栅结构图

在最外侧还有一个保护层。基于光纤光栅的传感过程是通过外界参量对光栅中心波长的调制来获取传感信息的原理，其数学表达式为

$$\lambda_B = 2n_{eff}\Lambda$$

式中 λ_B——中心波长；

n_{eff}——光纤布拉格光栅的有效折射率；

Λ——周期。

n_{eff} 和 Λ 为导致其中心波长 λ_B 发生变化的决定性因素。因此，任何导致光栅有效折射率和周期发生变化的外界待测参量（温度、振动、应力等）都会引起光栅中心波长发生漂移，通过测量由外界参量的变化所引起的中心波长漂移量，即可直接或间接地得到外界待测参量变化情况。

2. 研究现状

光纤光栅由于自身的抗电磁干扰、电绝缘、耐腐蚀等优点，且能够感知应变和温度的变化，已广泛用于大型复杂结构的应变测量以及温度的检测中。近几年随着国内外光纤光栅解调技术的发展，光纤光栅传感技术已经不断成熟完善并逐渐形成传感领域的一个新方向。但由于光纤光栅同时感知应变和温度，存在应变和温度解耦的问题，同时裸光栅对温度和应变的响应程度较低，因此光纤光栅在电力行业的全面推广应用存在一定的局限性，也出现了一些利用算法或双光栅等物理方法实现对温度与应变进行解耦的情况。针对裸光栅对温度、应变感知不敏感的问题，也有聚合物灌封光纤光栅压力增敏、圆筒-活塞式压力增敏和热膨胀聚合物材料温度增敏、正反向温敏聚合物材料融合温度增

敏等方法。在电力系统中，最常见的是利用光纤光栅实现对电力电缆绝缘温度进行测量。目前对于电力电缆系统终端部位以及已经发生弯曲故障的部分需要进行健康监测时，通过对光纤光栅传感器搭建其自身的测温平台，可以实现对温度的健康监控。同时，现有的测量技术可以将光纤光栅测得的信号通过通信的传输接口，实现光纤光栅传感器在线的温度实时监测与实时传输。部分光纤光栅传感器实物如图 5-9 所示。

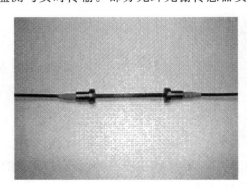

图 5-9　部分光纤光栅传感器实物图

3. 攻关方向

电力系统中存在大量的电气设备，但由于一些特殊的原因，光纤光栅类传感器仍无法代替传统传感器实现对电力设备参量的实时感知。以温度为例，电力设备中往往需要对温度进行整体把握，即进行多点测量，这就需要在每个探测位置使用传感探头，引出多条光纤通道。但在实际应用中往往需要获得一定跨度范围的整个温度信息，因此，采用这样的测温方式不但对资源造成浪费，而且在布线过程中也有一定的困难。尽管采用分布式光纤温度传感器是一种理想的手段，但实际中分布式光纤传感器测温和定位误差都比较大，虽然可以适用于对电缆温度分布的检测，但若想应用到变压器内部或其他大型电力设备中，仍需要进一步研究。此外，传统光纤光栅的增敏手段是利用对温度或应变敏感的材料，如聚合物或者金属，这些材料用于电力设备内部会产生一些影响传感器或电力设备正常工作的问题，这都限制了光纤光栅传感器在电力行业中的大规模应用。

4. 应用场景

自光纤光栅温度应变特性于 1989 年被研究验证以来，由于其自身特性，如本质安全、检测精度高、抗电磁干扰、传输距离远等，光纤光栅检测元件的开发利用已拓展到应变、位移、压力、流速、锚索锚杆、倾斜等方面的应用。尤其是光纤光栅温度传感器，已在电力电缆温度检测中得到了广泛的使用。此外，在绕组变形程度、杆塔倾斜、电力设备内部压力及流速监测等方面，理论上都可用到相应的光纤光栅传感器，相关受限因素也正逐步得到解决。在未来，一定会有大量高精度、高灵敏度的光纤光栅传感器用于电力设备的在线监测与保护。

5.2.2　光学晶体传感技术

1. 技术原理

光学晶体传感器是一种利用电光效应或磁光效应实现的传感技术。在光学各向同性的透明介质中，外加磁场可以使在介质中沿磁场方向传播的线偏振光的偏振面发生旋转，这种现象被称为法拉第磁光效应，光学晶体电流传感器示意图如图 5-10 所示。其旋转角度 θ 满足

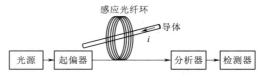

图 5-10　光学晶体电流传感器示意图

$$\theta = VHL$$

式中　V——光学晶体的维尔德常数；

　　　　L——通光路径；

　　　　H——待测点的磁场强度或待测电流 i 感生的磁场强度。

可见测出旋转角度 θ，即可测出磁场强度 H 或者电流 i。利用光学晶体的磁光效应可以研制出光学晶体电流传感器和磁场传感器。

目前还有基于电光效应的光学晶体电压、电场传感器。电光效应包括泡克尔斯效应和克尔效应。其中泡克尔斯效应指当外施电场、电压施加于光学晶体时，由于晶体自身的双折射特性，其折射率会发生变化，且折射率的变化同外施电场、电压的场强具有线性关系。所谓的克尔效应是指，某些液体电介质在施加电场作用后，对通过其内部的光束具有双折射效应，使得光束中垂直于电场方向和平行于电场方向的光矢量具有不同的传播速度，从而使两者产生相位差，克尔效应产生的光矢量相位差的大小，与外施电场强度的平方具有正比关系。因此，两者也被称为一次电光效应和二次电光效应。

2. 研究现状

随着电力工业的迅速发展，电力传输系统容量不断增加，运行电压等级越来越高，不得不面对棘手的大电流、高电压、强电磁场等的测量问题。在高电压、大电流和强功率的电力系统中，测量的常规技术所采用的以电磁感应原理为基础的传统传感器暴露出一系列严重的缺点。传统传感器已难以满足新一代电力系统在线检测、高精度故障诊断、电力数字网等发展的需要。我国在大力发展智能电网事业之时，也在寻求更理想的新型传感器。光学晶体传感器具有诸多优点，使其广泛应用成为必定趋势。诸如中国电科院等科研单位、高等院校、电力公司等都在进行利用光学晶体传感器进行电流、电压、磁场、电场测量的研究，但是实际应用较少。其中电流、电压测量技术的研究较为成熟，产品在我国智能变电站等项目建设中得到应用，但目前在实际中并没有广泛使用和大量取代其他类型的传感器；电场、磁场测量技术的研究仍然在开展研究，尚未进行典型应用。

3. 攻关方向

（1）实现实用化。目前在实际中并没有广泛使用的主要原因是光学晶体中的线性双折射的影响。光学晶体中的线性双折射使得其中光偏振态发生变化，从而影响传感器的性能，另外温度和振动也会影响线性双折射进而影响测量结果。因此解决线性双折射影响的问题是加速其实用化的一个关键因素。

（2）实现传感器与光纤通信技术结合。光学晶体传感技术中采用光纤进行信号传输，传感器光纤与光纤通信技术相结合并实现传感系统的网络化和阵列化是光学晶体传感技术的重要发展方向，光纤技术可用于电站中的测量、监控、保护、通信等各方面。

（3）实现功能多样化。电力系统的发展需要多功能测量技术，既能测电流，又能测

电压、电场和磁场的技术等，以扩大使用范围。能同时测量电流与电压、电功率、电场和磁场的光学晶体传感系统是今后的发展趋势。

4. 应用场景

我国电网的电力传输系统容量不断增加，运行电压等级越来越高，传统的传感器显示出越来越多的不足：绝缘要求比较复杂，从而导致体积大、造价高、维护工作量大；输出的是模拟信号，不能直接和微机相连，不能满足智能电网中自动化、数字化的要求；磁性材料存在磁饱和、铁磁谐振等。所以，新型光学晶体传感器的实用化势在必行。

光学晶体传感技术主要应用于电力系统的电气量监测，可实现对输电线路、变压器等部位的电流、电压、磁场、电场等量的测量，因此直接或间接反映整个电力系统的运行状态，从而实现对电力系统的测量、监控、保护。光学晶体电流传感器在电网中的应用如图 5-11 所示。

图 5-11　光学晶体电流传感器在电网中的应用

5.2.3　分布式光纤传感技术

1. 技术原理

分布式光纤传感器一种是利用光纤散射效应实现的传感技术。光纤中传播的光波，

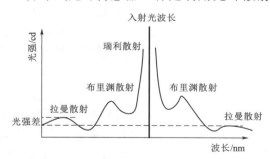

图 5-12　不同散射光物理特性传感原理

大部分是前向传播的，但由于光纤的非结晶材料在微观空间存在不均匀结构，一小部分光会发生散射，可以从反向的散射光中检测到光纤周围的物理效应。光纤中的散射类型主要有瑞利散射、拉曼散射和布里渊散射。不同散射光物理特性传感原理如图 5-12 所示。

光纤拉曼散射具有对温度敏感的特性，布里渊散射对温度和应变同时敏感特性，利用光纤的散射效应研制出分布式光纤温度传感器和分布式布里渊应力应变传感器。

分布式光纤温度传感器测温的工作原理为当激光脉冲在光纤中向前传播时，少量光子与光纤介质粒子发生碰撞而产生背向散射，其中背向拉曼散射光信号沿光纤返回至输入端，通过计量散射光返回的时间，可精确计算出碰撞光脉冲在光纤中的位置，从而实现精准定位，这也是光纤激光雷达原理。同时，为了获取更多、更强的背向拉曼散射光信号，基于拉曼散射效应的线性分布式光纤温度传感器均采用多模光纤缆，其可在数公里长度范围内实现±1m定位精度、±1℃的测温精度的监测效果。分布式光纤温度传感系统示意图如图5-13所示。

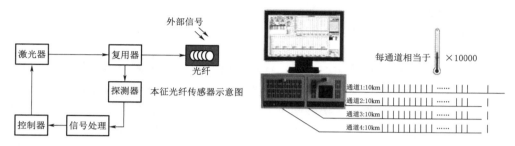

图 5-13 分布式光纤温度传感系统示意图

另外应用较多的光纤传感器是传输光干涉式光纤传感器，这种传感器主要应用了Sagnac效应，通过光纤环路上的两束同源光的干涉效应检测受到的扰动情况。光纤周围的施工、偷盗、窃听或其他各种外力作用到光纤上时，使光纤沿轴向发生变化，导致光纤中传播的导光相位被调制，从而影响干涉光发生变化，通过解调干涉光信息，可

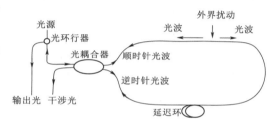

图 5-14 Sagnac 干涉型光纤振动传感系统示意图

以获取光纤位置上的振动量。Sagnac 干涉型光纤振动传感系统示意如图5-14所示。

类似的还有光纤声波探测传感器，其测量原理是利用外部机械扰动或声波机械振动波，在极为敏感的光纤上产生"光弹效应"的微应变，对光纤内的瑞丽散射波进行相位或偏振态调制。经过解调后实现对光纤敷设沿途的外部机械振动波甚至声波的定位监测和录波。线性分布式光纤声波传感器的原理如图5-15所示。

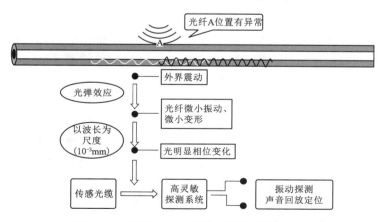

图 5-15 线性分布式光纤声波传感器的原理

55

早期的线性分布式光纤声波传感技术，是基于获取光纤中背向相干瑞利散射光波的强度信号并在时间域进行差分，实现对探测光纤敷设沿线的外界扰动进行检测。但因这种基于时间域的光强解调方式只能定性判断机械扰动事件的有无，无法取得外部扰动机械声波。因此只能定性确定光纤外部扰动事件，并初略定位事件的发生区域，且无法鉴别在同一区域是否同时发生多起外部扰动事件的早期光纤振动感知技术，通常被称为分布式光纤振动传感（Distributed Vibration Sensor，DVS）技术。

2. 研究现状

分布式光纤传感技术在桥梁、大坝、隧道的监测和地质灾害预警等领域已有较成熟的研究应用，在消防、电缆测温方面积累了大量应用经验。在电网领域，输电线路恶劣环境条件中敷设大量通信光缆，使得基于光纤的运行状态和安全监测变为可能，开展了电力光纤分布式传感机理与温度、应变、振动等物理量检测技术研究，但是应用较少。目前长距离分布式光纤测温系统和布里渊光时域探测系统在部分输电线路中有试点应用，但测量精度和测量距离还不能完全满足要求。

分布式光纤声波传感技术于 2011 年前后开始受到重视，中科院上海光机所、南京大学、复旦大学、山东大学，以及国外的德国安普公司、澳大利亚的 FFT 公司等一批大学研究机构和企业开展了基于光纤瑞利散射相位和偏振解调技术的研究。利用瑞利散射光相位或偏振空间差分与外界振动的线性映射关系，通过数字相干相位和偏振解调，实现了光纤沿线外界振动信号的分布式定量化测量。振动声波频率响应范围从 1Hz 至 1MHz；响应时间在毫秒级；并可在数十公里长度范围内，鉴别在同一时间发生的多起事件及实现其数十米级的定位精度；这就是目前的线性分布式光纤声波传感器（DAS）。

3. 攻关方向

面向架空输电线路导线、OPGW 地线等长距离应用场景，研究超长距离的分布式光纤温度、应力应变、加速度等状态监测技术，在状态监测数据基础上开展输电线路覆冰状态监测、线路舞动、受激振动等输电线路监测需求等研究；针对电容器、变压器、超导设备等电网关键设备设施的温度、应变、压力、振动、噪声、电磁场等状态测量，结合压电效应材料、磁致伸缩材料以及光纤结构设计开发光纤传感器件，实现小型化、低成本、现场无源的传感器件设计；针对电力电缆、电力隧道、变电站区等场景的状态监测，解决电力电缆本体温度、局放、电磁场、电应力等参量的一体化监测和基于状态监测的电力电缆运行安全评估等应用；线性分布式光纤声波传感器（DAS）在向更高的性能，更低的成本，更其优势的性价比趋势发展。

4. 应用场景

我国电网覆盖范围广，输送距离长，途经高原、山区、冻土、沙漠、采动区等各种条件复杂的区域，易受到强风、冰冻、地震、暴雨、洪水等各种自然灾害的侵袭，电网的运维难度大，人工巡检在时间和效率上难以满足要求，缺乏高效可靠的巡检手段，应对安全风险的监测能力不足，对运维工作提出了巨大的挑战。

分布式光纤温度传感技术应用于输电线路运行状态监测，可实现对架空电力光缆 OPGW、ADSS 等状态进行监测、故障定位，掌握 OPGW 地线雷击断股、覆冰弧垂过大等状况。在此基础上可直接或间接反映输电线路整体运行状态，特别是对线路覆冰、强风、舞动等灾害造成线路绝缘间距不足引发的线路停电事故预警具有重要意义。光纤温度传感器在输电线路覆冰、线路舞动等状态监测的应用如图 5-16 所示。

图 5-16　光纤温度传感器在输电线路覆冰、线路舞动等状态监测的应用

随着电力行业在线物联监测技术的发展，对于声波的探测，特别是长距离、大范围的声波在线定位监测与异常事件的智能识别技术，例如地下隧道、管廊、线路等电力设施面临的地面施工开挖威胁的预警，电力管线通道资源被侵占的告警，甚至压力管道的泄漏或电缆放电的异常声波监听预警等，都对线性分布式光纤声波传感技术提出更高的要求。

5.2.4　光学图像传感器技术

视觉图像感知渗透于国民经济的各行各业中，为社会安全、生产保障、城市监控提供着强有力的技术支撑。现有的传统机器视觉图像主要包括三大成像光谱，即可见光、红外光和紫外光。其中，可见光波长范围从 400～700nm 的光谱，仅仅是电磁波谱中的一小部分。电磁波（光）谱图如图 5-17 所示。在可见光谱以外还有很多人眼不能看到的光谱，比如紫外线（波长较短）和红外线（波长较长），波长更短的 X 射线和波长更长的无线电波等。

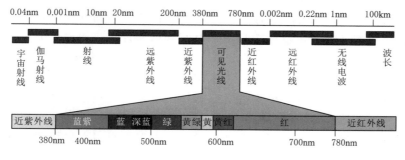

图 5-17　电磁波（光）谱图

1. 红外热成像技术

技术原理：红外热成像视觉感知技术是运用光电技术检测物体热辐射的红外线特定波段信号，将该信号转换成可供人类视觉分辨的图像和图形，并可以进一步计算出温度

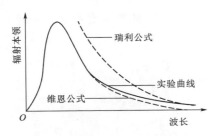

图 5-18 辐射本领与波长的关系

值。红外热成像技术使人类超越了视觉障碍，由此人们可以看到物体表面的温度分布状况。红外线，这束存在于人眼视觉的红色光谱外的光线早已默默照进了现实，从 20 世纪 60 年代开始，红外热成像技术开始在工业及民用领域有所应用。

1859 年，基尔霍夫做了用灯焰烧灼食盐的实验。得出了关于热辐射的定律：在热平衡状态的物体所辐射的能量与吸收率之比与物体本身物性无关，只与波长和温度有关。物体的热辐射本领与波长的关系如图 5-18 所示。

基尔霍夫定律指明了"物体发射的热能只和温度和波长有关"。物体表面温度如果超过绝对零度即会辐射出电磁波，随着物体温度的变化，电磁波的辐射强度与波长分布特性也随之改变，其中在包括 $2\sim2.6\mu m$，$3\sim6\mu m$ 和 $8\sim14\mu m$ 波长的大气红外窗口，物体的热辐射穿透性最好。而人类视觉可见的"可见光"介于 $0.4\sim0.75\mu m$。物体辐射的大气透射光谱如图 5-19 所示。

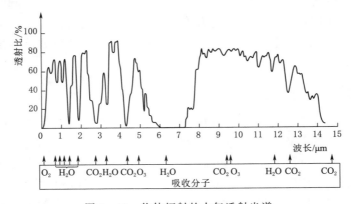

图 5-19 物体辐射的大气透射光谱

在自然界中，一切物体都可以辐射红外线。由于红外线对极大部分的固体及液体物质的穿透能力极差，因此红外热成像检测是以测量物体表面的红外线辐射能量为主。利用红外线传感器分别接收测定目标本身热辐射值分布和背景热辐射值分布，通过计算得出测定目标与背景之间的红外线差值的分布（类似黑白照片的灰度），即可得到不同的红外图像。因此，热红外线形成的图像又称为热图。

红外成像应用场景：红外热成像视觉感知技术就是利用热辐射最好的红外"大气窗口"实现对物体的温度感知探测。由于掺锗的玻璃在 $2\sim16\mu m$ 波段具有很好的红外透光性能，电力行业为了提高巡检机器人红外热成像仪测温效果，也采用锗玻璃的开关柜观察窗。

红外热像仪属于被动成像设备，不需要任何光源照射就可以准确成像，可以不受光线影响。由于红外线波长较长，所以具有的"透烟透雾"特性。红外热像仪能更好地实现恶劣环境下的监控和识别。

红外成像感知技术，既可以通过不同物体的温差来识别监视，如利用水与环境温差，红外热像仪可以对水库堤坝的情况实现在雨、雪、烟、雾、霾等恶劣天气下实现全天候渗漏点识别；也可在温度相同的条件下，利用物体的不同辐射率来识别监视。通过对红外吸收光谱的指纹库建立，就可以在线定位监测如 SF_6 等工业危险气体的泄漏情况。常见物体发射率见表 5-1。

表 5-1　　　　　　　　　　　　　常 见 物 体 发 射 率

物　　质	发 射 率	物　　质	发 射 率
铝	0.3	铁	0.7
石棉	0.95	铅	0.5
沥青	0.95	石灰石	0.98
玄武岩	0.7	油	0.94
黄铜	0.5	油漆	0.93
砖	0.9	纸	0.95
碳	0.85	塑料	0.95
陶瓷	0.95	橡胶	0.95
混凝土	0.95	砂	0.9
铜	0.95	皮肤	0.98
油泥	0.94	雪	0.9
冷冻食品	0.9	钢	0.8
热食品	0.93	织品	0.94
玻璃（板）	0.85	水	0.93
冰	0.98	木	0.94

2. 紫外成像技术

技术原理：紫外辐射又称紫外线，位于可见光短波外侧，通常指波长为 1～380nm 的电磁辐射，在实际应用中可把紫外辐射分为四个波段：长波紫外线，波长范围 320～380nm，有时也称这个范围的紫外线为近紫外。中波紫外线，波长范围 280～320nm，普通照相镜头吸收中波紫外线。短波紫外线，波长范围 200～280nm，有时被称为远紫外线，普通光学玻璃和明胶强烈吸收短波紫外线。短波紫外也是所谓的"日盲"区（即大气层中的臭氧对 200～280nm 波段紫外光的几乎完全吸收，受此影响这部分紫外光无法到达地球表面，因此 240～280nm 这一波段被称为目盲波段。工作在此波段的探测器的背景非常微弱而干净）。真空紫外线，波长范围 10～200nm，它只能在真空中传播，由于目前的照相镜头对真空紫外线的透过率很低，但其能量高，是当今集成硅工艺中光刻加工不可缺少的手段。但由于一般玻璃不透紫外辐射，要透过波长长于 180nm 的紫外线，光窗必须用石英或蓝宝石；要透过短于 180nm 的紫外线，光窗一般用 LiF、MgF 等材料。

紫外成像应用场景：因为紫外图像中带有可见光谱中没有的光波信息，利用该技术可以观察到许多用传统光学仪器观察不到的物理、化学、生物现象。如在长波、中波及短波紫外区，太阳、高温黑体、电晕放电、弧光放电、等离子体、氢气等气体燃焰都是

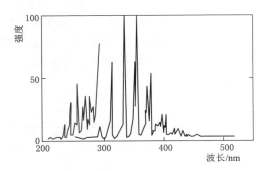

图 5-20　阳光底下探测到微弱电晕
放电紫外线信号分析图

不同形态的紫外辐射源。因此紫外成像与紫外光探测，也是电力行业光学监测的重要图像感知技术手段。

在高电压作用下产生的电晕、电弧放电会产生淡蓝色或紫色的火光，通过光谱分析表明放电时辐射的光谱的波长范围为 230～400nm，其中 240～280nm 的光谱为特有的日盲信号，因此紫外成像仪可以在阳光下探测到微弱电晕放电信号。阳光底下探测到微弱电晕放电紫外线信号分析如图 5-20 所示。

研究现状：由于光感材料和技术路线的差别，在视觉图像三大成像光谱中，每种光谱成像器件只能提供单一光谱的图像信息，带来极大的使用局限性。其中，可见光成像视觉感知技术具备以极高清晰度和极低成本（百千元级）提供视觉目标的外观形貌特征的优势特点，但无法通过可见光视觉发现目标物体的温度变化，也无法感知目标物体的微细电晕闪络荧光。红外光成像视觉感知技术，具备以极高精度提供视觉目标的表面温度特征。但为了实现对目标物体温度分布的精确定位，必须以数万甚至数十万的代价来提高红外光成像视觉感知器的图像分辨率。而紫外光成像视觉感知技术，具备提供视觉目标的荧光特征，但无法探测到目标物体的温度状态，也难以精确定位荧光信号在目标物体上的具体位置。

因此，鉴于视觉图像三大光谱成像视觉感知的特点，通过智能图像融合技术，就可以实现各类光谱图像技术优势的互补，以更好的性价比，体现图像光学传感器的技术优势。

以电力巡检为例，传统的方式需要使用多种设备来获取不同光谱的图像进行故障分析，而分立的不同波段图像无法帮助运维人员快速定位发生故障的位置和原因，给运维人员的排障带来很大的不便。随着大数据时代的到来，人们对机器视觉所获取的数字图像的处理能力有了质的飞跃，从最初的满足目视需求快速发展到现今的人工智能图像特征精确提取分类，越多的图像维度越能够提供更多的图像特征，因此图像信息的多维度化成为了机器视觉成像发展的重要指导方向，行业对机器视觉成像需求从获取单一光谱图像不断地向多波段融合成像快速发展。

（1）可见光谱与红外光谱的双光融合监测研究。由于红外热成像的成像原理导致热成像只能显示物体的基本轮廓，无法识别物体外形特征。当把低成本的 4K 高清可见光成像感知图像与低成本的民用级低像素红外成像感知图像实现双光融合成像，即可达到高性价比的工业级红外成像效果。红外与可见光融合成像效果如图 5-21 所示。

若把红外热成像和低照度可见光成像实现

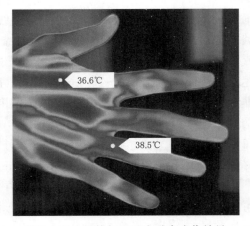

36.6℃

38.5℃

图 5-21　红外与可见光融合成像效果

双光图像结合，通过多光谱图像融合技术，结合 AI 图像识别技术，同时监测目标体温和人脸识别，就可在昼夜和不同的天气环境下，实现用于安防以及支付等场景的活体或人脸识别。

（2）紫外光、红外光与可见光的三光成像融合研究。由于紫外光谱可以发现电力设施早期无温升的间歇式电晕和闪络缺陷荧光，红外光谱可以发现电力设施隐患中期的温升特征，可见光谱可以清晰地发现电力设施故障产生的外形破损。因此，通过紫外光谱、红外光谱与可见光谱的三光融合，可以更好地在线监测电力设施的健康运行状态。电力行业中红外光谱检测与紫外光谱检测的特点比较见表 5 - 2。

表 5 - 2　　　　　　　　红外光谱检测与紫外光谱检测的特点比较

紫外光谱	红外光谱
检测电晕或电弧所发射的紫外光	测量温度，寻找不正常的发热情况
与电压有关	与电流有关
不需要加载	需要加载
不受太阳影响	受强烈阳光影响
一般可检测出缺陷劣化前期现象	往往检测缺陷后期的现象

对紫外辐射成像探测，并与可见光图像融合，可收到单一成像无法达到的效果。采用紫外/可见成像双路光谱图像合成技术，将日盲紫外通道用于电晕信号的探测，可见光通道的场景图像用于放电位置的精确定位，两路图像合成在同一个画面上，这样既能够探测到电晕放电的产生，又能进行精确的定位，便于故障的排除。

在电力杆塔线路的同一场景，分别采用紫外可见双光谱检测，和采用红外与可见双光谱检测成像图；人眼可以分辨视觉感知到的同一场景下不同光谱成像所显示出不同位置发生的不同缺陷图像效果，如图 5 - 22 所示。

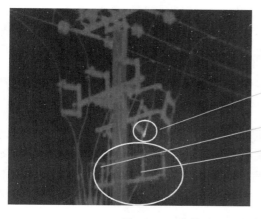

图 5 - 22　紫外可见双光谱图像与红外可见双光谱图像

因此，将可见光与红外、紫外光谱成像技术进行三光融合，可以具备如下特点。

（1）图像清晰直观，便于可视化 AI 识别。

（2）可见光视频摄像设备技术发展得快、图像分辨率极高、成本比同等分辨率的其他光谱成像设备极低，具有极高的图像视觉感知技术的性价比。

（3）通过与其他光谱成像设备的图像数据融合，就可提高其他低分辨率光谱成像的分辨率，就可实现可见光谱的设备开关位置及外观状态图像，同时精确定位红外光谱成像的温度分布点位、紫外光谱成像的放电分布点位。

（4）以较好的性价比实现高新性能全光谱的图像视觉监测。

5.3 声学传感技术

5.3.1 可听声波传感技术

1. 技术原理

声波传感器是指可将在气体、液体或固体中传播的机械振动转换成电信号的一类器件或装置，这种装置既可以测试出声波的强度，也能检测出声波的波形，可按照检测的频率分为可听声波传感器、超声波传感器等。可听声波指的是人耳可以听见的一类声波，频率范围约为 20Hz～20kHz，根据测量原理的不同可分为压电型声波传感器、静电型声波传感器和电磁型声波传感器等。声波传感器的结构图如图 5-23 所示。

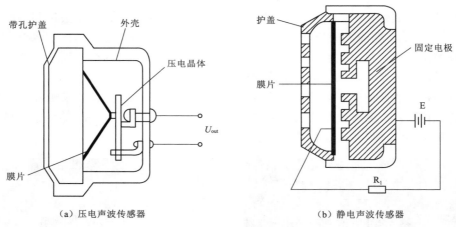

（a）压电声波传感器　　（b）静电声波传感器

图 5-23　声波传感器的结构图

压电型声波传感器是根据压电晶体的压电效应制成的传感器，当膜片受到声压作用时，可带动压电晶体产生相应振动，继而产生随声压大小变化而变化的电压，实现声电转换。静电型声波传感器是通过电极构成的可变电容实现声波检测的传感器，一般由金属膜片、固定电极和护盖等组成；金属膜片是一种质量很轻且弹性很好的电极，与固定电极组成一个间距很小的可变电容器，当膜片在声波作用下时发生振动，通过与固定电极的间距变化引起电容量的变化。电磁型声波传感器是通过振动膜片受声波作用时，带动线圈切割磁力线产生感应电动势，实现声电转换的。目前在电力行业研究和应用较多的声波传感器多为压电型声波传感器。

2. 研究现状

国内基于振动的可听声波传感起步较晚，20 世纪初才逐渐受到关注并发展起来。目前主要的研究集中在可听声波信号处理，声波传感器灵敏度的提升、硬件电路设计、振动函数模型建立，振动定位策略以及声波信号中的噪声干扰去除方法。其中在声波信号的处理中主要包括对声波信号的时域提取和频域分析，以及声波传输的衰减特征的分析，同时分析正常振动和异常振动的信号传播规律特征；传感器的灵敏度则多通过压电晶片的材料性能提升和传感器的结构优化来实现；硬件电路设计包括传感器发送端和接收端的硬件开发；环境噪音的降低和去除主要通过设计去噪电路或者通过追踪狗比对声波信号和噪声信号，进而有效筛出背景噪声。

3. 攻关方向

目前可听声波传感技术的检测准确度并不高，振动的检测系统并不完善，还需要通过各种技术的改进实现可听声波传感器综合性能的提升。主要是结合试验研究、理论分析及数值模拟方法改进数据采集和信号处理电路，开发适用于现场工况环境且有效的去噪电路和算法，并针对测试对象建立统一完善的性能评价指标体系和表征方法。另外，为了实现异常振动（故障点）的定位还应发展声成像技术，以结合视频信号实现故障的实时定位。

4. 应用场景

（1）电力设备的异响和异常振动检测。当电力设备出现螺栓松动潜在故障、开关轴承异常时会发生异常振动，影响设备的正常运作，降低设备的工作精度，并诱发设备元件疲劳破坏，从而影响到系统的可靠性以及操作人员的生命安全。因而可通过检测设备的异常振动来判断电力设备的潜在故障。

（2）管道泄漏检测。当管道内流体（冷却水、绝缘油等）发生泄漏时，由于管内外的压力差，流体通过泄漏点向外喷射形成声源，声源向外辐射能量形成声波，通过对传感器采集到的泄漏声波信号进行数据分析处理，判断是否泄漏并进行定位。

5.3.2 超声局放传感器

1. 技术原理

超声波是频率超过 20kHz 的声波，相对于可听声波而言，具有波长较短、衍射较小，具有较好的方向性，穿透能力较强，反射性能良好，探测距离远，定位精度高，能量巨大（频率为 1MHz 的超声波能量比同幅度的声波能量大 100 万倍）的优点。因而可通过超声波传感技术获得故障检测、无损探伤、流速测量、厚度测量、超声成像等丰富的信息。

超声波传感器一般通过一种具有压电效应的晶体或者压电陶瓷来接收微弱的超声信号。压电效应具体来讲就是当压电晶体在某一方向受到外力时，其两个表面会产生极性相反大小相等的电荷；在外力消失后，压电晶体恢复为不带电状态；当外力大小或者方向发生改变时，晶体两表面所产生的电荷也会成比例地发生变化的现象。利用这种压电效应把超声波转换成能够方便识别和处理的电信号，从而通过测试电信号反映对应探测的信息。超声传感器内部起核心作用的是压电晶体，它是超声波信号和电信号之间相互转换的桥梁纽带。

按超声波传感器在检测时，其是否与被测试表面接触可以划分为接触式超声波传感器和非接触式超声波传感器，两种传感器的基本结构如下图所示。非接触式传感器种的喇叭谐振器可提高灵敏度。超声波传感器的结构如图 5-24 所示。

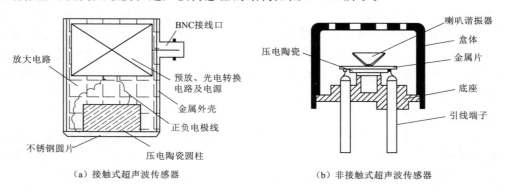

（a）接触式超声波传感器　　　　　（b）非接触式超声波传感器

图 5-24　超声波传感器的结构图

2. 研究现状

目前的超声波传感器主要是进口产品，进口产品的峰值灵敏度接近 80dB，国产产品通常低于 70dB。现有的主要研究集中在超声波传感器的灵敏度提升、频率调控、相应的超声波电路的设计（包括发射电路、接收电路、测距电路等）、抗干扰能力的加强和超声定位功能的研究。除此而外，针对超声波传感器质量的良莠不齐，在传感器标准化方面国内外也进行了一定程度规范，但还需要进一步完善，超声波传感器检测规范、可溯源的校准方法和检测装置尚未完全建立，这在一定程度上限制了超声波传感器在电力领域上的进一步发展。

3. 攻关方向

（1）抗干扰技术。由于超声波采集的是声音信号，在现场有很多其他高压设备也会产生超声信号，要获取不受干扰的局放信号难度颇高，需设计滤波电路和放大电路。

（2）缺陷定位技术。目前的超声波传感器大多是定性判断电力设备内部有无放电，而没有定位功能，少部分具有一定的定位功能，但是定位不够准确，需要通过优化算法和改进超声波探头结构来提高缺陷定位技术。

（3）频带调控技术。由于现有国内外产品均非针对电力设备（变压器、GIS 局部放电等）的超声波信号特征开发，传感器的检测频率与电力设备不匹配，导致灵敏度难以满足更高的检测需求，需要根据实际应用场景调整超声波传感器的检测频带，研制定制化的传感器。

（4）超声成像技术。传统超声检测技术需要依靠人耳倾听，易受人员经验影响。为了对电力设备的局部放电或异响进行准确定位，可设计传感器阵列及相应的算法，通过将阵列中各个单元引入不同的延时，再合成为一聚焦波束，以实现对声场各点的成像，继而配合视频信号显示出故障位置，提升检测装置的信息化水平和缺陷辨识可靠性。

4. 应用场景

（1）局部放电检测。超声波传感器检测局部放电具有可以在线监测、不影响设备运行、价格便宜等优点，可用来在线监测站域空间的多种电力设备的局部放电，例如 GIS、变压器、高压开关柜、架空线路等；

（2）无损检测。利用传感器接收到反射波、散射波，再通过算法进行处理，根据接收到波形的特征，评估被测部位是否存在缺陷，可用超声波无损检测技术检测机电设备中的焊接类部位、铸造类部位或锻造类部位。

5.4 柔性传感技术

1. 技术原理

柔性传感技术是指采用柔性材料制备传感器的相关技术。柔性材料具有良好的柔韧性、延展性，可自由弯曲甚至折叠。基于柔性材料制成的传感器结构形式灵活多样，可根据测量条件的要求任意布置，能够非常方便地对复杂测量体进行检测。与平面接触式传感器相比，柔性传感器可实现与曲面结构共形，同时具备薄厚度、轻重量、成本低的特点，具有对不规则结构异形表面的高度适配性能力，在狭小空间中的安装布置能力，以及大规模阵列传感能力。柔性传感材料一般由三类物质组成，分别为敏感材料（根据外部电气与非电气量变化发生特性改变的传感材料）、弹性基体（具备良好的柔性和弹性，使得柔性材料可以在弯曲或拉伸时保持其形状和性能）与添加剂（改善柔性材料的性能和加工特性，如增塑剂、稳定剂、填料等，调节材料的硬度、黏性、耐磨性等性能，使其更适合特定的应用场景）。随着传感材料、制造技术、设计理念的发展与新应用需求的提出，柔性传感器的可测量物理量及其测量原理也在不断的更新与拓展。例如柔性声学传感器是基于压电效应，将声音振动信号转换为电信号，常见的柔性压电材料包含聚合物基柔性压电材料、有机-无机复合柔性压电材料、纳米压电材料和有机柔性压电聚合物复合材料；柔性电学传感器是利用柔性传感材料可对外界电磁场产生响应的特性，例如柔性磁敏材料、电致变色材料等；柔性力学传感器主要利用材料的压阻特性，即当外部给定压力发生变化时，柔性材料的导电率或电阻也随之发生改变；此外，还有气体、环境温度及湿度、人体汗液分析等柔性传感器。

2. 研究现状

柔性传感技术处于快速发展阶段，近10年来得到了国内外研究学者的广泛关注。在材料研究方面，开发新型柔性材料，如纳米材料、聚合物、碳纳米管等，用于制备柔性传感器，以提高传感器的灵敏度、稳定性和可靠性；在制备技术方面，探索先进的制备技术，如3D打印、纳米印刷、柔性电子技术等，用于制备柔性传感器，实现定制化、高效率的生产；在传感器结构设计方面，设计新颖的传感器结构，包括柔性、可拉伸、可弯曲的结构，以适应不同应用场景和需求；在功能集成方面，实现多功能集成，将传感器与数据处理、通信模块等功能集成在一起，实现智能化、便携化的柔性传感器系统；在能源供应方面，研究柔性传感器的能源供应方式，如柔性电池、能量收集技术等，以实现长时间稳定工作；在应用领域方面，探索柔性传感器在医疗保健、可穿戴设备、智能家居、工业监测等领域的应用，拓展传感器的应用范围和市场需求；在数据处理与算法方面，研究传感器数据的处理方法和算法，实现对传感器数据的准确解读和分析，提高传感器的性能和应用效果。这些研究方向共同推动着柔性传感器技术的发展和应用，为智能化、便携化的传感器系统提供了更多可能性和机遇。目前针对电力行业的特异性优化与定制工作还处于起步阶段，变电主设备运行状态检测及缺陷检测的应用研究匮乏，同时也缺少针对电力复杂工况的柔性传感材料与封装的优化设计研究。

3. 攻关方向

（1）柔性传感材料研发与改性。研究柔性传感材料配方体系，调控微观结构，提升包括耐压等级、耐疲劳能力、温湿度耐受力以及灵敏度等传感材料性能。

（2）柔性传感材料 3D 打印制备技术。结合先进 3D 打印加工工艺，实现对柔性传感材料的一体化、高精度、立体多层结构制备，实现包括超结构、多材料融合加工等进一步提升传感器性能。

（3）柔性传感器共形封装设计技术。结合电力变电主设备（如变压器，GIS 等）的运行工况与外形尺寸，研究适应电力复杂工况的柔性传感器封装技术，该封装可以实现与被测设备的共形安装。

（4）柔性传感系统功能集成。针对电力变电主设备这一复杂被测对象，研究阵列传感技术、多参量传感技术与缺陷定位与识别数据处理算法，综合提升对装备运行状态监测的可靠性与准确性。

4. 应用场景

（1）设备局部放电检测与缺陷定位。柔性声学与电学传感器可以实现对电力设备局部放电超声检测和异常振动的实时在线监测。对于不规则结构异形表面，柔性声振传感器接触贴合度高，实现传感器与待测设备异形曲面的充分耦合，提高设备运行声振信息的获取质量；柔性声振传感器的体积小、重量轻，在异形曲面及狭小空间均可实现大面积布置，同时粘贴缠绕的方式简单牢固，掉落损害的可能性大大降低；柔性声振传感系统可通过复杂且更多传感阵列的设计实现缺陷的实时定位和预警，达到对设备运行状态实时监测的目的，进而提高检测效率。

（2）智能可穿戴设备生命体征监测。柔性传感器在智能化可穿戴设备方面具有巨大潜力，在实现无感化，保证穿戴舒适性的前提下，例如采用纹身或柔性织物的传感器形态，可以连续、非侵入性地监测心率、血压、呼吸等。

5.5 量子传感技术

1. 技术原理

利用量子力学属性实现对物理量的高精度测量，已经成为当代量子信息技术的重要发展方向。实现量子传感的典型物理系统包括超导量子干涉器件、原子系统（冷原子、热原子、里德伯原子）、离子、自旋、光子以及光力复合系统等，在不同尺度下可实现极高灵敏度和精确度的测量。金刚石氮-空位色心（NV 色心）是量子传感的代表性体系之一，作为金刚石中的一种点缺陷结构，NV 色心拥有出色的自旋和光学性质，其自旋量子态对所处环境的磁场、温度、压强等参数有着灵敏和确定的响应，是备受关注的微纳尺度量子传感器。更重要的是，得益于金刚石的稳定结构和性质，以及光探磁共振（Optically Detected Magnetic Resonance，ODMR）方法的高效和便捷性，基于金刚石 NV 色心自旋的量子传感方案可直接拓展应用至高压、低温、强场等极端条件下。典型的自旋量子传感包含量子态制备、与待测对象的相互作用、量子态读出三部分，金刚石晶体中 NV 色心的物理结构及自旋量子传感过程如图 5-25 所示。

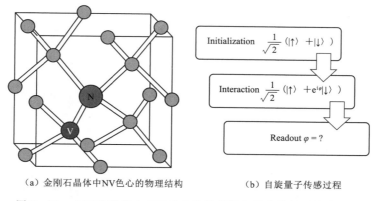

（a）金刚石晶体中NV色心的物理结构   （b）自旋量子传感过程

图 5-25　金刚石晶体中 NV 色心的物理结构及自旋量子传感过程

　　2008 年，Taylor 等提出了使用基于 NV 色心的自旋量子干涉仪进行磁场测量的理论方法，可以实现静磁场和交变磁场的测量。当 NV 色心被微波照射时，如果微波频率满足 NV 色心的共振条件，那么微波会改变 NV 色心电子能级上的电子分布，使 NV 色心进入共振状态。当微波频率与 NV 色心的共振频率存在较小的频率差时，NV 色心的荧光强度也会相应降低，降低的幅度与频率差有关。因此，只要测出荧光强度的衰减幅度，就可以根据输入微波的频率计算出实际的共振频率和外磁场强度。这意味着在外磁场变化范围不大的情况下，只要测量 NV 色心的荧光强度与输入的微波频率，就可以实现高精度磁测量。从本质上说电流互感器是一种磁传感器，其电流测量指标来源于磁测量功能的指标。NV 色心电流互感器的基本结构包括激光器、微波系统、光电转换器和信号采集系统。为了提升磁测量灵敏度，实际使用中会对微波进行频率调制，通过改变荧光信号有效成分的频率来降低低频噪声。NV 色心的电流响应曲线有明显的非线性效应，因此还需要考虑非线性拟合的情况。由于交流电的趋肤效应，电流到传感器的距离可能不等同于导线中心到传感器的距离。NV 色心的电子能级结构与量子电流互感器结构如图 5-26 所示。

　　单光子探测器是一种高度灵敏的光学探测设备，能够实现对单个光子的检测和计数。这种探测器的灵敏度极高，可以检测到极低的光强度。单光子探测器的探测原理主要是基于光电效应进行的。光电效应是指光量子作用于探测器后，原子或分子的电子状态发生改变，产生电子跃迁现象。这些电子跃迁会产生相应的电信号，从而实现对光子的测量。在具体应用中，这些电信号会被进一步放大和处理，以便得到更准确的光子计数和光子能量等信息。常用的单光子探测器主要包括光电倍增管（PMT）、雪崩光电二极管（APD/SPAD）和超导纳米线单光子探测器（SNSPD）等。对于能应用于光量子信息器件的单光子探测器，器件的探测波长范围、死区时间、暗计数率、探测效率等都是非常重要的参数，对探测器的优化也将围绕这些参数来进行。平面型 SPAD 芯片结构示意图和

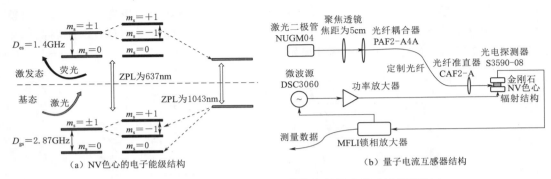

（a）NV色心的电子能级结构 （b）量子电流互感器结构

图 5-26 NV 色心的电子能级结构与量子电流互感器结构

日本滨松公司 APD/SPAD 产品如图 5-27 所示。

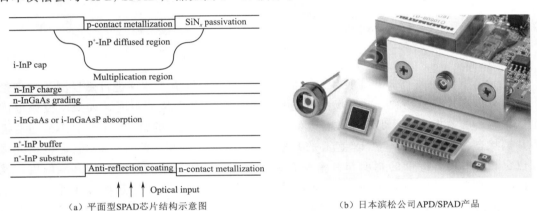

（a）平面型SPAD芯片结构示意图 （b）日本滨松公司APD/SPAD产品

图 5-27 平面型 SPAD 芯片结构示意图和日本滨松公司 APD/SPAD 产品图

2. 研究现状

针对不同的应用需求，目前在量子电流互感器、基于单光子原理的电力设备局放监测、单光子激光雷达、基于量子相消干涉原理的里德堡原子电场测量、量子无损检测等方面均有研究。我国已成功研制出世界首台量子电流互感器，成功在合肥 110kV 和 220kV 变电站挂网运行，基于单光子探测器研制出多个独立光谱通道的微型多光谱局部放电传感装置，并研发了可内置于 GIS 的传感探头，探索基于多光谱分析的局部放电诊断方法，实现了量子精密测量技术在电力行业的落地应用。

3. 攻关方向

（1）提升量子电流互感器的可靠性。NV 色心可以在室温下工作，能够适应较大范围的温度变化，而且物理化学性质稳定。为了提升在电力工况下的可靠性，需要分析 NV 色心对待测电流的非线性响应现象以及电流位置对信号的影响，提升 NV 色心传感器和数据采集卡的同步性，消除互感器测量漂移，同时降低 NV 色心传感器的噪声、非线性等误差，排除环境干扰因素，进一步提升可靠性。

（2）提升单光子传感器件的光子探测效率。单光子传感器件包含非常复杂的电子电路，极大限制了光敏区域占比和填充系数（Fillfactor）。为了区分不同类型、不同介质绝缘缺陷放电产生的光谱,需要光滤波器实现多光谱检测和辨识,给传感器尺寸、填充系数和光子探测效率的提升带来进一步挑战。需要利用微透镜阵列集成、背照式 3D 封装等工艺,不降低信噪比的前提下可减小尺寸、提高填充系数,提升光子探测效率。

(3)建立电力设备绝缘缺陷光学信号特征及超敏光量子感知模型。绝缘介质中不同放电模式表现出的光谱分布具有明显的统计学特征,需要分析放电光脉冲幅值、时间序列、相位分布等统计特性,表征放电类型和不同放电发展阶段的敏感特征谱段区间,以提升光谱测量动态方位和信噪比为目标,优化单光子传感器件的驱动电压、增益、量子效率等指标。

4. 应用场景

(1)电流测量。NV 色心在电流测量精度与频率响应范围方面有明显优势,既能实现高精度的电流测量,也能快速测量高频冲击电流。NV 色心以金刚石为基底,具有极高的温度耐受能力,具有较高的可靠性,适用于交直流电力系统测控、计量等领域。

(2)电力设备局部放电监测。局部放电发射光谱在紫外至近红外波段受气相传播距离的影响较小,光谱特征由放电微观机制所决定,不同类型放电的光谱信息具有本征性,可以准确识别放电信号,光谱能级反映了电离化程度和电子温度等微观物理信息,可以实现放电能量的准确估计,可用于变电、换流等设备的局放监测。

(3)电场与电压测量。与传统电场测量方法对比,基于量子相消干涉原理的里德堡原子电场测量,将电场强度与原子参数和光谱学特征参数联系起来,具有自校准、易复现等特性,对待测电场的干扰少,且测量带宽和测量精度不依赖探头尺寸,可用于输电、变电环节的电场测量、电压测量。

(4)量子视觉传感。量子成像能够在保证信噪比的同时显著提高紫外、红外、可见光等探测效率,支持在弱光环境下的多光谱成像,并能将探测和成像过程分离,可有效抑制大气湍流、烟雾等因素对成像质量的影响,可用于输电线路巡视、设备缺陷检测等。

5.6 微纳制造技术

1. 技术原理

微纳制造技术是指尺度为毫米、微米和纳米量级的零件,以及由这些零件构成的部件或系统的设计、加工、组装、集成与应用技术,涉及领域广、多学科交叉融合,其最主要的发展方向是微纳器件与系统(MEMS 和 NEMS)。它包括了多种方法和工具,是微传感器、微执行器、微结构和功能微纳系统制造的基本手段和重要基础。微纳加工大致可以分为"自上而下"和"自下而上"两类。"自上而下"是从宏观对象出发,以光刻工艺为基础,对材料或原料进行加工,利用可见光、紫外光或聚焦电子束在薄膜材料上光刻特定图案,通过一系列微加工工艺,形成高精度、形态和位置均高度可控的微纳结构阵列,主要包含光刻、电铸和注塑(Lithographie, Galvanoformung & Abformung, LI-GA)、薄膜沉积、刻蚀等技术;"自下而上"技术则是从微观世界出发,通过控制原子、分子和其他纳米对象的相互作用力将各种单元构建在一起,形成微纳结构与器件,主要

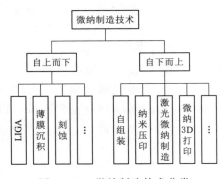

图 5-28 微纳制造技术分类

包括自组装、激光微纳制造、纳米压印、原子操纵等技术。微纳制造技术分类如图 5-28 所示。

微纳制造技术涵盖了多种方法和工具，其原理涉及多个方面，包括以下核心原理：

（1）光刻技术原理。光刻技术是基于光和光敏材料之间的化学反应，将图案转移到目标表面。在光刻过程中，通过将光敏材料（光刻胶）涂覆在待加工的衬底表面上，然后使用掩膜模板将特定图案投影到光敏材料上。接着光照区域的化学性质会发生改变，从而允许后续的蚀刻或沉积步骤在特定区域进行。

（2）刻蚀技术原理。刻蚀技术是按照掩模图形或设计要求对半导体衬底表面或表面覆盖薄膜进行选择性腐蚀或剥离的技术。按照使用化学反应或者物理撞击原理分为化学刻蚀或物理刻蚀，按照使用等离子气或化学试剂分为干法刻蚀（化学/物理刻蚀）或湿法刻蚀（化学刻蚀）。

（3）薄膜沉积技术原理。薄膜沉积技术是利用物理沉积或化学沉积方法，在基底表面沉积薄膜材料，包括物理与化学气相方法、分子束外延方法、旋转涂覆或喷涂方法以及电镀方法等。

（4）LIGA 技术原理。LIGA 工艺是一种基于 X 射线光刻技术的 MEMS 加工技术，主要包括 X 光深度同步辐射光刻、电铸制模和注模复制三个工艺步骤。由于 X 射线有非常高的平行度、极强的辐射强度、连续的光谱，使 LIGA 技术能够制造出高宽比达到 500、厚度大于 $1500\mu m$、结构侧壁光滑且平行度偏差在亚微米范围内的三维立体结构。

（5）自组装技术原理。是指基本结构单元（分子、纳米材料、微米或更大尺度的物质）利用材料自身的物理或化学性质，在没有外部干预的情况下自发形成特定有序结构的一种技术。其并不是大量原子、离子、分子之间弱作用力的简单叠加，而是若干个体之间同时自发地发生关联并集合在一起形成一个紧密而又有序的整体，是一种整体的复杂的协同作用。

（6）纳米压印技术原理。纳米压印技术是一种通过压力将模板上的结构转移到目标表面的方法。在这个过程中，模板通常是制备好所需结构的硅片或其他材料，然后通过施加压力，将模板上的结构转移到目标表面上的光敏或可塑性材料上。

（7）激光微纳制造技术原理。激光微纳制造技术是利用脉冲宽度小和功率密度大的超强激光与材料相互作用，实现微纳结构和零部件加工制造的先进制造技术。其利用超短脉冲激光与物质相互作用过程的非线性、多光子吸收和非热相变等效应，从而实现宏观激光制造技术无法实现的加工制造。

（8）微纳 3D 打印技术原理。微纳 3D 打印技术是一种利用增材制造原理，在微米和纳米尺度上实现三维结构的制造技术。从基本技术原理和工艺上划分，可分为微立体光刻、熔融沉积造型、片材层压、双光子聚合、直写成型技术、电喷印等，其中基于光聚合成型的微立体光刻（单光子吸收）、双光子聚合是目前最具有代表性的微纳尺度 3D 打印技术。

2. 研究现状

微纳制造的关键在于实现功能部件在微纳米尺度的制造，这是宏观机械加工手段难以满足的。光学光刻工艺是最普遍的微纳图形制造方法，其中，衍射是曝光过程中无可避免的问题，它限制了光刻的最小线宽，例如紫外接触式曝光系统可以制备出的最小线宽大约为 500nm。为此，人们开发了其他的曝光方法，包括电子束曝光、离子束曝光以及 X 射线曝光等，但从科学原理上来说，其成像系统依然依赖于粒子束的直径，使得光刻技术从本质上就无法深入到数个纳米或亚纳米尺度量级。另外，随着尺度的降低，进入到介观甚至微观物理学范畴，量子效应对于电子的输运起主要作用，伴随而来的量子隧穿效应、热效应、响应速度降低等问题严重制约了微纳制造技术的发展。

近年来，科研工作者也开发了其他各类的微纳制造方法，采用新物理效应对纳米量级进行操控制造，包括自组装技术、纳米压印技术、激光微纳制造技术、原子操纵技术等。从原理上来看，这些技术手段都属于自下而上的微纳米加工工艺，结构单元甚至分子、原子通过物理（范德瓦尔斯力、分子表面力等）或化学作用按照既定的规则自组装成一种设计结构。虽然这类技术在加工精度上得到了提高，但是对于宏观体系的性能调控依然有待提高。

3. 攻关方向

微纳制造技术的未来发展方向呈现出许多重要技术趋势，包括如下技术。

（1）多尺度集成技术。未来方向有望实现不同尺度结构的高度集成，包括微米、纳米和甚至更小尺度的结构，推动微纳器件的功能性和复杂性进一步提升，实现功能的多样化和集成化。

（2）原子级精确操纵技术。随着原子尺度操纵技术的不断发展，人们可以更精确地控制原子和分子的位置和行为，实现单原子器件的制备、原子级材料组装等。

（3）智能化和自组装制造技术。未来有望更多地利用智能化和自组装技术，实现对材料和结构的自主设计及制备，提高制造效率和产品性能，并为定制化制造提供更多可能性。

（4）生物和纳米材料融合技术。通过将生物材料与纳米材料相结合，可以开发出具有生物相容性、智能响应等特性的新型材料和器件。

（5）绿色制造技术。未来将更加注重绿色环保和可持续发展，将致力于开发更环保的制造环境友好工艺和材料，减少能源消耗和环境污染，推动微纳制造技术朝着可持续发展的方向发展。

4. 应用场景

微纳制造技术在众多领域中都有着广泛的应用场景，主要包括如下方面：

（1）在电子信息领域方面，用于制造集成电路、芯片、MEMS/NEMS 器件、纳米器件等，如传感器件、射频器件、微流控器件等，推动电子产品的小型化、高性能化和低成本化。

（2）在光学领域方面，用于制造纳米光学器件、光子晶体等，实现对光的控制和调制，在量子光学、光通信和光信息、超灵敏传感器、高分辨率成像等技术方向开拓新应用。

（3）在能源领域方面，用于制造纳米结构电极材料、电解质、催化剂、传输管道等，实现新能源的存储、转换和传输，提高能源设备的性能、效率和可靠性。

5.7 MEMS 传感技术

5.7.1 磁场传感技术

1. 技术原理

磁传感技术是把磁场、电流、应力应变、温度、光等外界因素引起敏感元件磁性能变化转换成电信号，以这种方式来检测相应物理量的技术。磁传感器广泛用于现代工业、汽车和电子产品中以感应磁场强度来测量电流、位置、角度、速度等物理参数。磁传感技术包括：霍尔传感技术、各向异性磁电阻 AMR 传感技术、巨磁电阻 GMR 传感技术及隧道磁电阻 TMR 传感技术。由于科学技术的不断进步和信息技术的不断发展，智能电网对磁传感器的热稳定性、灵敏度与功耗等硬件属性提出了更高的要求。电网中应用的磁传感器大多是根据霍尔效应、磁电阻效应与电磁感应原理设计的。磁电阻传感器具有较小的体积、更低的功耗、更高的灵敏度与容易集成等特点，因此基于磁电阻效应的传感器正在逐步取代传统的传感器。磁传感技术类型如图 5-29 所示。

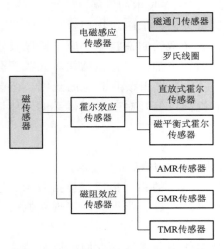

图 5-29 磁传感技术类型

（1）霍尔元件是集成霍尔效益片的磁性敏感元件。有平面霍尔，也有垂直霍尔。以霍尔元件为敏感元件的磁传感器通常使用聚磁环结构来放大磁场，提高霍尔输出灵敏度，从而增加了传感器的体积和重量，同时霍尔元件的功耗偏大，是 mA 级别的。给霍尔元件施加一个偏置电流 i_C 当被测电流产生的磁场 B 垂直穿过霍尔元件表面时，就会在元件的另外两侧形成一个电势差 u_H 即霍尔电动势，其矢量方向垂直与 i_C 和 B 所确定的平面，大小与 i_C 和 B 的乘积成正比例，通过分析计算可知，当偏置电流一定时，输出的霍尔电压的大小与被测电流的大小呈线性关系，通过测量霍尔电压的大小就能够达到测量电流的目的。霍尔效应原理如图 5-30 所示。

（2）AMR 效应是指材料的电阻率在外加磁场的方向不同时，电阻变化也不同的现象。AMR 传感器由沉积在硅片上的坡莫合金（NiFe）薄膜组成磁电阻，并且沉积时外加磁场，以便在材料中确定一个首选磁化轴 M_0，使其具有各向异性。为了获得在外部磁场的强度和相应的电阻变化之间的线性响应，传感器的供电电流必须以 $\theta = 45°$ 角度与磁化强度轴 M_0 相交。当施加一个偏置磁场 H 在电桥上时，两个相对放置的电阻的磁化方向就会朝着电流方向转动，这两个电阻的阻值会增加；而另外两个相对放置的电阻的磁化方向会朝与电流相反的方向转动，该两个电阻的阻值则减少。通过测试电桥的两输出端输出差电压信号，可以得到外界磁场值。

（3）巨磁电阻 GMR 元件与 AMR 元件的结构不同，它由中间带隔离层的两层铁磁体组成。GMR 相对于 AMR 有更好的灵敏度，且磁场工作范围更宽。巨磁电阻（GMR）效应来自载流电子的不同自旋状态与磁场的作用不同，因而导致的电阻值的变化。这种效应只有在 nm 尺度的薄膜结构中才能观测出来。这种效应还可以调整以适应各种不同的性能需要。GMR 磁传感器原理如图 5-31 所示。

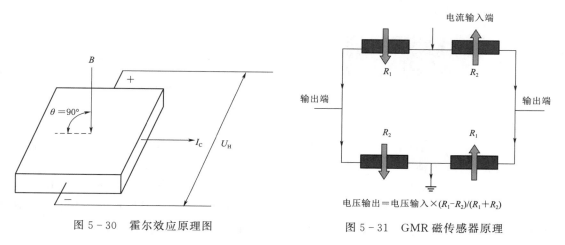

图 5-30　霍尔效应原理图　　　　图 5-31　GMR 磁传感器原理

GMR 传感器将四个巨磁电阻（GMR）构成惠斯登电桥结构，该结构可以减少外界环境对传感器输出稳定性的影响，增加传感器灵敏度。工作时图 5-31 中电流输入端接 5～20V 的稳压电压，输出端在外磁场作用下即输出电压信号。

（4）TMR 效应基于电子的自旋效应，在磁性钉扎层和磁性自由层中间间隔有绝缘体或半导体的非磁层的磁性多层膜结构，由于在磁性钉扎层和磁性自由层之间的电流通过基于电子的隧穿效应，因此称这一多层膜结构称为磁性隧道结（Magnetic Tuunel Junc-tion，MTJ），如图 5-32（a）所示。当磁性自由层在外场的作用下，其磁化强度方向改变，而钉扎层的磁化方向不变，此时两个磁性层的磁化强度相对取向发生改变，则可在横跨绝缘层的磁性隧道结上观测到大的电阻变化，这一物理效应正是基于电子在绝缘层的隧穿效应，因此称为隧道磁电阻效应。因此可以认为 TMR 传感器就是一个电阻，只是 TMR 传感器的电阻值随外加磁场值的变化发生改变。在理想状态下，磁电阻 R 随外场 H 的变化是完美的线性关系，同时没有磁滞。理想情况下的 TMR 元件的响应曲线如图 5-32（b）所示。

2. 研究现状

磁传感器无所不在、尺寸小巧且价格合理，可以轻松地和其他电路一同集成到芯片上，因此，磁传感器被人们广泛用于各种领域。AMR 传感器，在材料成分、器件结构及外围电路等方面的研究已经比较成熟，这使其被广泛应用于磁场测量、航海、探测等许多不同领域。目前问世的产品中主要有美国 Honeywell 公司研制的 HMC 与 SM35 系列的 AMR 传感器，日本村田公司研制的 MRMS 系列 AMR 元器件，香港 Anasem 公司研制的 MRX1518H 系列等。

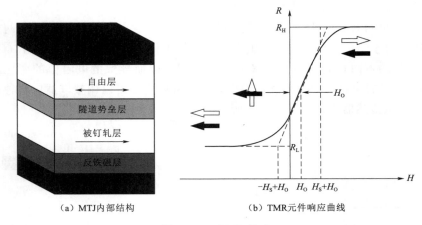

（a）MTJ内部结构　　　　　　　　（b）TMR元件响应曲线

图 5 - 32　TMR 技术

随着对 GMR 效应深入研究和开发利用，一门以研究电子自旋作用为主同时开发相关特殊用途器件的新学科——自旋子学逐渐兴起来。最近，美国自然科学基金会提出：自旋子学科的发展及应用将预示着第四次工业革命的到来。通过香山科学会议，我国制定了 GMR 高技术研究开发计划，并把 GMR 效应的研究及应用开发列为我国将要重点发展的七个领域之一。但是由于技术、资金及设备等诸多因素，GMR 的研究在国内还局限于实验室的水平。

随着 GMR 效应研究的深入，TMR 效应开始引起人们的重视。尽管金属多层膜可以产生很高的 GMR 值，但强的反铁磁耦合效应导致饱和场很高，磁场灵敏度很小，从而限制了 GMR 效应的实际应用。MTJs 中两铁磁层间不存在或基本不存在层间耦合，只需要一个很小的外磁场即可将其中一个铁磁层的磁化方向反向，从而实现隧穿电阻的巨大变化，故 MTJs 较金属多层膜具有高得多的磁场灵敏度。同时，MTJs 这种结构本身电阻率很高、能耗小、性能稳定。因此，MTJs 无论是作为读出磁头、各类传感器，还是作为磁随机存储器（MRAM），都具有无与伦比的优点，其应用前景十分看好，引起世界各研究小组的高度重视。

目前，高密度、大容量和小型化已成为计算机存储的必然趋势。20 世纪 90 年代初，磁电阻型读出磁头在硬磁盘驱动器中的应用，大大促进了硬磁盘驱动器性能的提高，使其面记录密度达到了 Gb/in^2 的量级。十几年来，磁电阻磁头已从当初的各向异性磁电阻磁头发展为 GMR 磁头和 TMR 磁头。TMR 磁头材料的主要优点是磁电阻比和磁场灵敏度均高于 GMR 磁头，而且其几何结构属于电流垂直于膜面（CPP）型，适合于超薄的缝隙间隔。磁传感器性能对比见表 5 - 3，磁传感器应用局限性见表 5 - 4。

3. 攻关方向

磁传感技术在测量速度、位置、电流以及无损检测和条件监测等工业应用中起着重要的作用。由于科学技术的不断进步和信息技术的不断发展，智能电网对磁传感器的热稳定性、灵敏度与抗干扰等硬件属性提出了更高的要求。

表 5 - 3　　　　　　　　　　　磁 传 感 器 性 能 对 比

传感类型		测直流	测量范围	精度/%	灵敏度	温漂/(ppm/K)	体积	价格
磁通门		能	1A～10kA	0.001～0.5	高	<50	大	高
罗氏线圈		否	0.1～100kA	0.2～5	低	50～300	小	低
霍尔传感器	直放式	能	10mA～10kA	0.5～5	低	50～1000	小	低
	磁平衡式	能						
磁阻效应传感器	AMR	能	1mA～10kA	0.5～10	较高	100～1000	微小	低
	GMR	能						
	TMR	能						

表 5 - 4　　　　　　　　　　　磁传感器应用局限性

传感类型		应 用 局 限 性
磁通门		①可能会有电压噪声反馈到被测原边电流上；②控制电路复杂；③次级线圈的分布电容影响电流传感器的测量带宽
罗氏线圈		①原边电流排的位置影响测量精度；②由于灵敏度低，不适宜测量小电流；③副边线圈的分布电容影响测量带宽
霍尔传感器		①高频交流电流会使磁芯过热大的尖峰电流或者过流，会增大磁失调，需要消磁；②霍尔固有的温漂使产品设计时需做温度补偿
磁阻效应传感器	AMR	①强磁干扰下灵敏度低；②受温度影响大
	GMR	高频电流会使磁芯过热影响测量精度
	TMR	①对外磁场敏感，影响了其精度及可靠性；②TMR自身元件产生的噪声也会影响其测量结果

（1）高灵敏度。被检测信号的强度越来越弱，这就需要磁性传感器灵敏度得到极大提高。应用方面包括电流传感器、角度传感器、齿轮传感器、太空环境测量。

（2）温度稳定性。更多的应用领域使传感器的工作环境越来越严酷，这就要求磁传感器必须具有很好的温度稳定性。

（3）抗干扰性。很多领域里传感器的使用环境没有任何屏蔽，就要求传感器本身具有很好的抗干扰性。包括汽车电子、水表等。

（4）小型化、集成化、智能化。这些需求需要芯片级的集成，模块级集成，产品级集成。

（5）高频特性。随着应用领域的推广，要求传感器的工作频率越来越高。

4. 应用场景

磁场传感在测量速度、位置、电流、无损检测和条件监测等工业应用中起着重要的作用。由于科学技术的不断进步和信息技术的不断发展，智能电网对磁传感器的热稳定性、灵敏度与功耗等硬件属性提出了更高的要求。磁电阻传感器具有较小的体积、更低的功耗、更高的灵敏度与容易集成等特点，因此基于磁阻效应的传感器正在逐步取代传统的传感器。磁传感器应用的一大特点是无接触测量。未来电网的发展有必要研究和研制基于磁电阻的电力系统电流传感器。基于磁电阻的电流传感器在电流测量领域将占有越来越大的比重，而且采用磁电阻设计电流传感器的技术方案也是最为符合微型智能电流传感器技术要求的方案。

5.7.2 振动传感技术

1. 技术原理

微机电系统（micro electro‐mechanical system，MEMS）技术是指可批量生产的，集微传感器、微执行器、微运动机构、信号探测电路以及控制执行电路，甚至于电源、接口和通信于一体的微型制造工艺。MEMS 技术具有集成程度高、微型化突出、制造成本低和适宜大批量生产的特点，采用该技术设计制造的各种传感器件，尺寸量级小，内部缺陷少，材料强度、耐冲击性和可承受冲击的性能也大为提高。振动传感技术按所测机械量分为位移传感、速度传感、加速度传感、力传感、应变传感、扭振传感、扭矩传感等。

加速度传感器是最常用的振动传感器之一，在电力、汽车工业，运动领域具有广泛的应用，按照 MEMS 加速度传感器的工作原理，可以将其分为压阻式、压电式、电容式、隧道式、谐振式、电磁式、热电偶式、光学式、电感式等类型。下述是几种典型且应用较为广泛的加速度传感器原理介绍：

（1）MEMS 压阻式加速度传感器利用的基本原理是压阻效应，感应元件是敏感膜或者敏感梁等结构上制造的压敏电阻，其感应过程为：当物体产生运动时，加速度传感器内部的质量块会在惯性力的作用下产生上下运动，由于质量块由悬臂梁支撑，在运动质量块的牵引下，位于悬臂梁上的压敏电阻产生形变，电阻阻值发生改变，从而导致在惠斯通电桥电路中产生微小的波动电压，惠斯通电桥的输出信号通过读出电路后被放大，通过标定规则可以算出对应的加速度大小，加速度的变化趋势反映了目标的运动方向。

（2）MEMS 电容式加速度传感器是利用电容的变化测试加速度变化，一般由敏感结构和固定机构组成，构成一个电容可变的动态电容器，当加速度发生变化时，敏感结构与固定机构之间的电容量也随之发生变化，通过外围的检测电路就可以测试出这种变化量，根据加速度标定，就可以间接地测量出物体真实加速度的数值。

（3）MEMS 隧道式加速度传感器的基本原理是利用隧道效应研究位移与隧道电流的变化进行加速度测量。在室温下，当两个电极间的距离非常接近时，利用几何形状等特点的激发，电场的电压不断增强，当减小到足够小时，金属电极间的电子会主动发生穿透，此时会产生隧道电流。当受到惯性力作用时，敏感块产生位移，电极间的距离会发生变化，通过测出电流的数值就可以计算出外部加速度的大小。

（4）MEMS 谐振式加速度传感器利用频率信号来进行测量，谐振梁是该加速度传感器的核心器件，当物体有加速度输出时，惯性力带动质量块发生振动，谐振梁在质量块的带动下发生形变，固有频率发生变化，通过检测这个过程中的谐振频率，计算出激励量，获得加速度的大小。

2. 研究现状

在电力系统应用中机械传感器的劣势逐渐明显，作为 MEMS 技术的重要分支，MEMS 传感器将逐步取代其地位，与传统传感器相比，它在减小体积、降低成本、减轻质量、提高可靠性、便于集成并适用于批量化制造等方面的优点比较突出，受到各个行业的高度重视。加速度传感器在机械设备监测、桥梁、高铁、军事等领域都有广泛成熟的应用，在电网领域，MEMS 加速度传感器在电力设备振动监测方面也已经有了相关的应用研究。但是由于电力设备较为特殊的应用环境，对传感器的自供能、灵敏度、抗电磁干扰性以及可靠性都有极高的要求，因此，还需要大量的应用技术研究，开发适用于不同监测环境的 MEMS 加速度传感器。

在自供能方向上，中国科学院上海微系统与信息技术研究所基于摩擦电效应研究开发了自供能加速度传感器，其工作模式不同于普通的触点分离模式，当传感器工作时，摩擦电材料一直相互接触，但是接触面积变化。由于有效利用重叠区域，不需要额外的空间即可实现摩擦电材料的接触分离，从而可以减小传感器体积。由于采用柔性材料及 MEMS 工艺加工制作，整个传感器不仅不需外界能源实现自供电，而且不用任何保护结构即可以承受 $15000g$ 加速度的冲击。自供能加速度传感器的工作机制如图 5-33 所示。

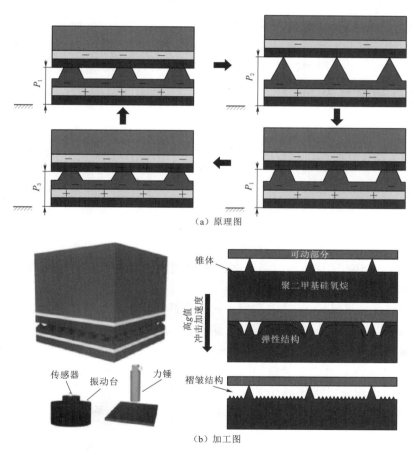

图 5-33 自供能加速度传感器的工作机制

3. 攻关方向

加速度传感器不仅包括将物理信号转换为数字信号的组件，还包括电源以驱动整个传感器系统。利用 MEMS 技术，传感器的尺寸可以最小化，但是，使用外部电源会降低固有的小型化带来的优势。此外，MEMS 传感器的基本材料是硅，从而限制了抗机械冲击的能力。因此针对电容器、变压器、超导设备等电网关键设备设施的振动测量，需要实现低成本、高可靠、微型化、现场无源的传感器件设计，是未来电力专用振动传感技术的发展和攻关方向。

4. 应用场景

我国电网加速建设，智能化水平不断提高，当前依靠人工巡检的方式仍是主流，但电力设备繁多，运维难度大，人工巡检在时间和效率上难以满足要求，缺乏高效可靠的监测检测手段，应对安全风险的监测能力不足，对运维工作提出了巨大挑战。

MEMS 传感技术融合物联网、5G 等通信技术，可实现对电力关键设备的全时间、全空间智能感知，通过数据的全面采集，实现电力设备数字化，进而向智能化方向发展。由于电力设备的特殊性，传统的电子传感器难以匹配电力监测的需求，因此研究开发适用于电力设备、电力运行环境监测的高性能专用传感器具有重要意义。通过数字化电力设备，可解放人力，提升运维效率，并长期稳定地获取一线运行数据，在此基础上结合边缘计算、人工智能、大数据分析等技术，实现状态监测、故障识别、故障预警的智能化运维系统，全面提升电网的智能化水平，提高电网运行可靠性。

5.7.3 温度传感技术

1. 技术原理

温度传感器是一种利用温度敏感元件和转换电路实现温度测量的传感技术。根据温度测量方法不同，温度传感器可分为接触式和非接触式两种。接触式即感温元件与被测对象直接接触，进行热量交换，如热电偶、热敏电阻、半导体温度传感器等；非接触式即通过测量一定距离处被测物体发出的热辐射强度来确定被测物的温度，如热红外辐射、热电堆温度传感器。

MEMS 温度传感器与传统的温度传感器相比，具有体积小、重量轻、成本低、功耗低、可靠性高、适于批量化生产、易于集成和实现智能化的特点。它正在许多应用领域取代传统的传感器。

目前应用较多的接触式 MEMS 温度传感器有晶体谐振式温度传感器，其原理是基于石英晶体谐振器对温度的热敏感性，利用谐振频率随温度的变化而产生频率偏移的特性进行温度测量。谐振式温度传感器的工作原理如图 5 - 34 所示，利用压电材料的逆压电效应，当给压电体施加交变电场激励时，压电体便在逆压电效应的作用下产生机械振动而形成一个压电振子。谐振频率是压电振子最重要的特性参数之一，当作用于压电振子的外界参量即温度改变时，其谐振频率也会发生改变，基于温度-频率特性实现温度测量。

典型的非接触式 MEMS 温度传感器有红外热电堆温度传感器，内部基本结构示意及传感器实物如图 5 - 35 所示，是由多对热电偶相互串联起来形成的，其工作原理与热电偶相似。热电偶两端由两种不同材料组成，当一端接触热端、一端接触冷端时，由于 seebeck 效应在两种不同材料之间会产生一个电势差，利用电势差的大小与两种不同材料之间的温度差关系进行测温。即热电堆温度传感器将一系列热电偶串联在一起，提高传感器的探测灵敏度。

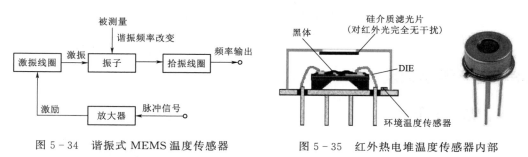

图 5-34　谐振式 MEMS 温度传感器
工作原理示意图

图 5-35　红外热电堆温度传感器内部
基本结构示意及传感器实物图

2．研究现状

MEMS 温度传感器在汽车空调温度、环境温度、人体温度、工业设备温度检测等领域已有较成熟的研究应用，在电缆接头、电气设备测温方面的研究应用也积累了大量经验。在电网领域，由于电气设备电磁环境恶劣、安装空间受限且监测量大，大大降低了普通电子式温度传感器的可靠性、使用性。随着物联网技术的发展，使得具有高集成度、体积小、低成本、低功耗、高可靠的 MEMS 温度传感器在电力监测、检测中的应用成为可能。目前，电力设备温度在线监测方面有利用 SAW 声表面波温度传感器实现开关柜内部电缆接头温度监测，有采用红外测温枪实现设备表面温度检测等。而利用 MEMS 温度传感器实现电力设施温度在线监测的应用较少，有开展 MEMS 温度传感器集成无线通信模块实时监测电缆接头、电力设备温度的相关研究，但典型应用少，在传感器灵敏度、稳定性等方面有待进一步提升。

3．攻关方向

针对 MEMS 温度传感器在电网设备状态在线监测中的应用，优化传感器材料与结构，开发高精度、高可靠的温度传感单元，在复杂运行工况下，实现电力设备温度传感器可靠工作；为满足智能电网的发展需要，基于物联网技术集成无线通信芯片，研究温度传感器信号传输技术，实现电力设备温度准确上传；开展电力设备温度传感器芯片化集成设计、封装研究，提升传感器抗干扰能力；针对不同电力设备的不同监测需求，设计温度传感器结构，以满足不同需求，提升温度传感器的实用性和安装的便利性；解决 MEMS 温度传感器在电力设备状态监测应用中的可靠性及实际应用的有效性，是未来实现 MEMS 温度传感技术在电网应用的研究热点和攻关方向。

4．应用场景

电力设备所处环境复杂，运行状况受多方影响，极易导致设备故障。且电网输变配电设施众多，尤其是电缆接头、接续金具、各种开关、变压器等设备，极大地增加了运维难度与工作量，常规的人工巡检方式难以满足及时性、准确性的需求。因此，亟待有效的监测手段实现大量设备的状态感知。而温度的升降反映了设备运行状态和许多物理特征的变化，电气设备运行异常或故障通常表现出温度的异常变化。因此，可将 MEMS 温度传感技术应用于输变电设备温度状态监测中，MEMS 温度传感器具有高集成度、低功耗、低成本、小体积、高可靠、高精度的特点，可实现输变配电大量电力设施温度状态的同时监测与异常预警，及时发现设备异常，排除安全隐患，对保障电力设备的安全稳定运行具有重要意义。同时，可对电力设备所处环境的温度进行实时监测，提升电网防灾减灾水平。

5.8 传感器自取能技术

5.8.1 电场取能技术

1. 技术原理

电场取能技术主要利用电容分压方法来收集并利用交流输电线路周围的电场能。其通过电容-电容、电容-电感（变压器）等串联分压组合实现了高电压向可被监测设备利用的低电压的转化。其产生的交流电压在经过整流、滤波、稳压、DC－DC 电压变换等处理后可被作为稳定的、能提供较大供电功率的直流电源使用。电场取能技术原理示意图如图 5－36 所示，其中负载包括了整流、滤波、稳压以及直流变压电路等结构。

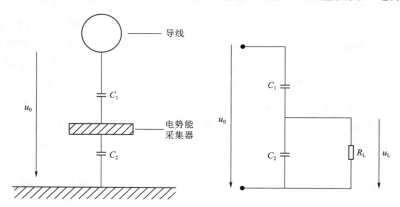

图 5－36 电场取能技术原理示意图

2. 研究现状

电场取能技术是一种只适用于电网环境的取能技术，目前的研究、实验和应用都集中在交流输电线路的取能上；直流线路电场取能技术仍是空白。对于交流输电线路的取能，国内、外都有深入的研究和成功的应用实例。例如河南省电力公司采用特制的高压线路电容器与电压互感器串联直接从 110kV 高压导线上获取电能，输出功率可达 100W。诸多研究中，虽然有些对于取电设备的安全性要求苛刻，但大多设计得到了实验或实际运行结果的支撑，可靠程度较高；且不同设计可提供十毫瓦量级到百瓦量级不等的功率输出，可根据实际需要选择最优结构。

3. 攻关方向

面向从架空线路取能并给各类在线监测设备（传感器）供能的应用场景，需要对输电线路周围合适的取能位置、高效的取能电容构造和高效的取能回路结构进行研究。攻关方向在于通过软件仿真、实地勘测等方式发现尽可能普遍适用于各类输电线路电场能采集的地点；研究高效、安全的电容分压器构造，提升绝缘表现及电场能收集效率；通过对于谐振方法等取能回路设计方法的研究来进一步提高取能效率。还可以从优化取能负载的角度入手来减轻取能装置的设计难度，即研究、设计集成度高、功耗低的集成传感装置和在线监测设备。另外，适用于直流输电线路的电场取能技术也是一个潜在的攻关方向。

4. 应用场景

随着电网的发展对电网安全运行和供电可靠性要求的提高，电网在线监测也随之不断发展。在线监测项目包括机器人巡检、杆塔倾斜、微气象参数、线路弧垂、覆冰，导线温度等。这些监测设备（传感器等）既不能像传统的线路终端用户那样由配网直接供电，也不宜架设专用低压线路，因此比较可行的办法是在线取能。而由于利用自然能（如太阳能、风能）的取能方法通常需要电池的辅助来达到对设备稳定供电的要求，其稳定性、功率输出、制造及维护成本等开始难以满足越来越多的在线供电需求。

因此，诸如电场取能技术这样适应电网环境的在线取能技术，将成为未来各类在线监测设备的可靠供电保障。和许多取能技术相比，电场取能技术可以提供较大功率，从而满足一些在线监测设备较大的用电需求（如在线组网）。电场取能装置结构简单，一些设计更具有便于安装的特性；相比同样能提供大功率的工频磁场取能技术，其优势在于更适用于完成电压等级较高而负荷较低场景的检测设备供电任务。

5.8.2 工频磁场取能技术

1. 技术原理

工频磁场取能技术，即利用电磁感应机理，将工频电流产生的交变磁场转换为电能的技术。目前的研究和应用主要集中在对交流线路的在线取电上。经典工频磁场取能技术原理示意图如图 5-37 所示，其通过电磁感应原理收集（高压）交流线路周围的磁场能，以交流电压的形式释放到二次侧；再通过对二次侧交流电压进行整流、滤波、稳压、DC-DC 电压变换等处理，为后续取能负载提供稳定和符合需求的直流电压。

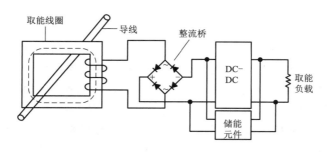

图 5-37 经典工频磁场取能技术原理示意图

这种取能方式没有太阳能等传统取能方式在输出功率、体积、成本等方面的问题，但是只能用于距离导体较近或空间工频磁场强度较高的场景，对于距离导体较远（如接地的杆塔塔身和地线）的检测装置则无能为力。

2. 研究现状

工频磁场取能技术是一种只适用于电网环境的取能技术，并且目前的研究、实验和应用都集中在交流输电线路的取能上；直流线路电流取能技术仍是空白。对于交流输电线路的取能，国内、外都有深入的研究和成功的应用实例。像近年来国网智能电网研究院有限公司开展了电缆、架空线路场景的空间工频磁场取能技术研究项目，空间工频磁场取能技术示意图如图 5-38 所示，用于为温度、水浸、电流等低功耗传感器供电，已进入（试）运行阶段，具有免维护、易部署、长寿命等优势。

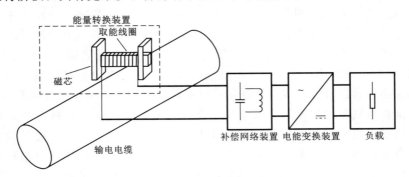

图 5-38　空间工频磁场取能技术示意图

3. 攻关方向

面向从电缆、架空线路、电力主设备取能并给各类在线监测设备（传感器）供能的应用场景，研究空间工频弱磁场取能方法与小电流工频磁场取能技术，解决小电流、弱磁场取能难题；研究从（特）高压线路分裂导线子导线高效取能的方法，提升电流取能技术与高电压输电线路的兼容性，使之拥有更为广泛的应用范围和前景。或从其他角度寻求对这两个问题共同的潜在解决方案，即研发高集成度、低功耗的传感器和在线监测装置，主要攻关方向是集成传感器的研发和制造。另外，适用于直流输电线路的电流取能技术也将是一个重要的研发方向，这会对直流线路监测装置的研究和应用起到巨大的作用。

4. 应用场景

随着电网的发展对电网安全运行和供电可靠性要求的提高，电网在线监测也随之不断发展。在线监测项目包括机器人巡检、杆塔倾斜、微气象参数、线路弧垂、覆冰，导线温度等。这些监测设备（传感器等）既不能像传统的线路终端用户那样由配网直接供电，也不宜架设专用低压线路，因此比较可行的办法是在线取能。而由于利用自然能（如太阳能、风能）的取能方法通常需要电池的辅助来达到对设备稳定供电的要求，其稳定性、功率输出、制造及维护成本等开始难以满足越来越多的在线供电需求。

因此，诸如工频磁场取能技术这样适应电网环境的在线取能技术，将能成为未来各类在线监测设备的可靠供电保障。和许多取能技术相比，工频磁场取能技术可以提供的功率较大，能满足在线监测较大的用电需求（如在线组网）。但其主要应对的是距离导体较近或空间工频磁场强度较高处的监测设备的供能任务；而值得注意的是，它可以为巡线机器人提供电能。工频磁场取能装置现场应用如图 5-39 所示。

图 5-39　工频磁场取能装置现场应用图

5.8.3　振动取能技术

1. 技术原理

振动取能技术主要通过 3 种方式来实现机械振动动能向电能的转化，即正压电效应、电磁感应和摩擦电效应，正压电效应原理示意图如图 5-40 所示。正压电效应利用了压电材料机械形变时产生的极化现象；在连续振动下，压电材料极化的程度甚至方向会发生改变，进而形成一个与振动同频的交变电源。电磁感应原理（图 5-41）则利用振动收集机构使磁体与线圈发生相对运动（以切割磁力线），从而产生交流电流。摩擦原理（图 5-42）利用了当两个物体相互接触摩擦后，其中一个物体会积累上净正电荷，而另一个物体会积累等量的负电荷，从形成交变电源。3 种动能转化方法均需要整流、滤波、稳压、直流变压等电路的辅助。其输出功率相比电场和磁场取能技术较小，电力环境振动下功率输出多集中在微瓦～毫瓦量级，但可被应用在电网中电场、磁场能欠富集的地点。

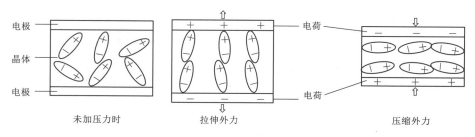

图 5-40　正压电效应原理示意图

2. 研究现状

振动取能作为一项相对成熟的取能技术，已被广泛运用于各类无线系统中。其被视为太阳能等取能技术在一些特定工业环境下的最佳替代技术，可以有效地利用工业生产中各种优质的振动源，为取能负载提供安全、可靠的电能供应。虽然国内、外对于振动取能装置的设计、应用和优化等均有大量深入翔实的研究，但对于其在电网环境下的应用研究，目前还处于起步阶段。国网智能电网研究院有限公司、重庆大学、西安交通大学等单位相继开展了电力主设备与架空线路等场景的振动取能技术研究，形成了阶段性振动取能装置成果，在电网环境振动激励下，其输出功率在毫瓦级。

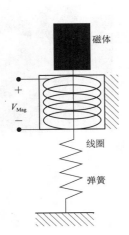

V_{Mag} 磁体
线圈
弹簧

图 5-41 电磁感应原理示意图

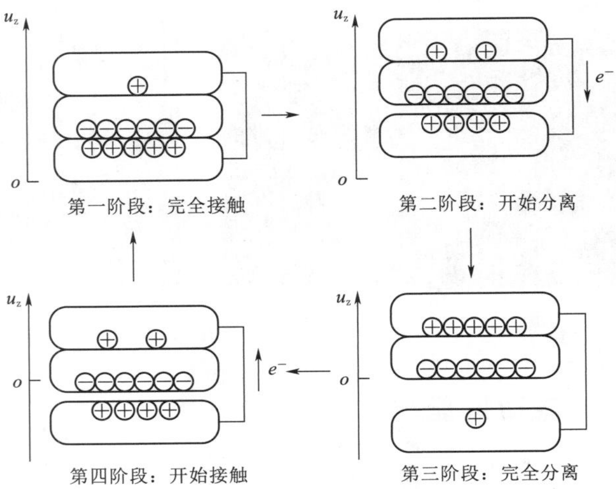

u_z

第一阶段：完全接触

u_z e^-

第二阶段：开始分离

u_z e^-

第四阶段：开始接触

u_z

第三阶段：完全分离

图 5-42 摩擦原理示意图

3. 攻关方向

面向为处于电网中电场、磁场能量欠富集地点的在线监测设备供能的应用，深入研究如何有效地利用变压器等设备因漏磁而产生的机械振动；优化振动收集机构并提升其在工频等常用工作频率下的能量收集效率，进而提升其电能输出功率；研究并设计集成度高、功耗小的集成传感器和监测设备以配合振动取能技术相对有限的功率输出量级；攻关融合或有效隔离振动监测装置和振动取能装置的方法，减小甚至避免装置间的相互干扰（串扰），简化设计；攻关振动取能装置的可靠性设计，避免长时间工作后的性能衰减。

4. 应用场景

随着电网的发展对电网安全运行和供电可靠性要求的提高，电网在线监测也随之不断发展。电力传输导线与变压器等设备状态监测均是电力系统在线监测的重要组成部分。当变压器出现各类问题或安全隐患时，其往往会产生不正常的振动，若能收集利用好这些振动信息，不仅能帮助规避故障的升级，也能很好地辅助工程师对故障做出判断。此外，对于架空线路场景，电场、磁场能量需要线路处于带电状态，而在非带电状态下线路振动监测同样重要，若能利用线路本身因风力作用而产生的振动进行能量获取，则能进一步提升状态监测装置的供电持续性。因此，研发收集该类振动信息的传感器（设备）的工作开始得到重视，如何为这类装置（设备）提供电能则是其中一个重要课题。

变压器状态监测设备和输电线路的状态监测设备一样，不适宜通过架设专线的方法为其供电。而相比于导线和杆塔周围，变压器周围可供收集的电场能和磁场能往往比较有限，这意味着其对于电场、电流取能以外的取能技术的需求。而作为能有效利用因变压器漏磁而产生的机械振动的取能方法，振动取能将会成为未来变压器在线监测设备可靠的供电支撑。其结构设计简单且有长期、稳定的电能，虽然机械结构的使用可能使其面临使用寿命的限制，但综合考虑，其运维成本依旧低于太阳能、风能等取能方式。由于其能提供的输出功率不及电场、磁场取能方式，振动取能技术应与低功耗的集成传感器结合使用，从而达到最佳在线监测效果。

5.8.4 温差取能技术

1. 技术原理

温差取能技术，是利用半导体热电材料的赛贝克（Seebeck）效应将热能直接转换成电能的一种新型能量转换技术。温差取能装置一般由两种不同的热电材料组成，材料的一端通过导体相连，另一端则通过导体分别引出电极，在应用过程中，温差取能装置的两端须具有明显的温度差，取能装置内部位于高温端的空穴和电子在温度差作用下，向低温端扩散，形成电势差，从而产生电流。温差取能装置具有体积小、重量轻、可靠性高、运行成本低、寿命长等特点，是一种纯固态发电技术，具有很高的安全性和可靠性。温差取能技术原理示意图如图 5-43 所示。

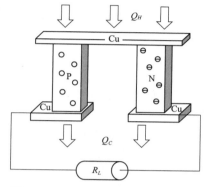

图 5-43 温差取能技术原理示意图

2. 研究现状

温差取能技术的输出性能主要受热电材料的热电优值、散热结构的散热效率以及环境的温差条件等因素影响，现有的商业化便携式温差取能装置输出功率在毫瓦级。温差取能技术现有应用案例主要为航空航天领域，在电力领域的应用还较为少见。温差取能技术最大的限制在于其功率太小，直接限制了它的应用范围，而且在普通的环境条件下，恒定的较大的温差条件是很难满足的，因此基于温差的自供能技术还有待发展。

3. 攻关方向

面向电力主设备热源温度区间，研究高优值热电材料制备方法，提升热电转换效率；面向电力应用场景部署环境特点，研究高效率集热与散热结构，提升环境温差到热电材料温差的传导效率；研究温差取能与电力主设备温升预警的联动技术，解决温升预警的自供电问题。

4. 应用场景

温差取能技术在电力领域应用的主要场景为变电主设备、母排、架空线路搭接处等易发热位置的温度或温升监测，将温度或温升监测与温差取能相关联，实现异常告警，避免电场、磁场取能方式对带电状态的依赖。

5.8.5 微能量管理技术

1. 技术原理

微能量管理技术，是利用微能量变换、微能量缓存与微能量调度相结合的方法，实现环境能量收集、微能量与负载动态用电需求相匹配的一种技术。微能量管理装置通常由最大功率跟踪单元、充放电控制单元、能量缓存及缓存管理、冷启动控制及输出控制等几部分组成。微能量管理技术原理示意图如图 5-44 所示。

2. 研究现状

微能量管理技术是一种解决微能量收集与传感器用电相匹配的技术，目前已涌现一

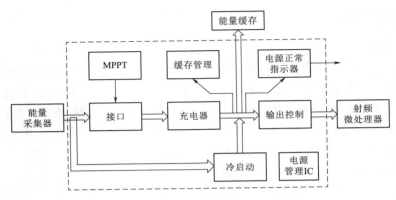

图 5 - 44　微能量管理技术原理示意图

系列商用化微能量管理芯片成果，如 ADP5091、LTC3588、MAXI7710 等。现有诸多商用成果主要适用于光伏、温差、压电等微能量源，对于电场、磁场等环境能量收集特性适配不足，且普遍存在冷启动所需电压或功率较高的问题，在电力场景应用时，需要环境能量激励较强，而在弱激励下适应性不足。

3．攻关方向

面向工频电场取能特性，研究适配高阻抗的低电流微功率交流能量管理技术；面向工频磁场取能特性，研究适配低阻抗的低电压微功率交流能量管理技术；面向微能量收集与无线传感器的能量适配，研究微能量调度与动平衡技术；面向基于多源微能量收集提升供电可靠性，研究多源微能量复合管理技术。

4．应用场景

微能量管理技术是传感器自取能技术中不可或缺的一部分，其可广泛应用于各类型环境能量收集的自供电传感器中。

5.9　边缘物联技术

5.9.1　嵌入式实时边缘智能技术

1．技术原理

深度学习框架下的神经网络模型，通过剪枝、受训量化和霍夫曼编码压缩，同时使用 16 位定点数，通过对模型的重训，筛选出模型连接中相对"重要"的节点和连接，对权重参数进行聚类，生成码本（codebook），并根据码本对权重进行量化，并对码本也进行重训；最后，利用霍夫曼编码的方法，将权重进行编码并生成索引。

通常剪枝分为全连接层剪枝和卷积层剪枝，在 VGG16 模型中，90％的权重参数都在全连接层中，但这些权重参数对模型的最终结果的提升仅为 1％。因此对于 VGG16 模型而言，对全连接层进行剪枝，是一种非常有效地压缩模型大小的方式。而卷积层剪枝，随着网络层越深，其剪枝的程度越高。这意味着最后的卷积层被剪枝得最多，这也导致后面的全连接层的神经元数量大大减少。对卷积窗口进行剪枝的方式，也可以是减小卷积窗口中的权重参数，或是舍弃卷积窗口的某一维。剪枝基本流程如图 5－45 所示。

深度神经网络的量化技术主要分为完整训练后量化和训练时量化两类，量化不当将使得神经网络精度产生较大的损失，但是要在嵌入式进行快速的神经网络运算，量化必不可少。权重-激活值-梯度量化对网络精度的影响如图 5－46 所示。

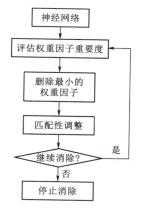

图 5－45　剪枝基本流程图

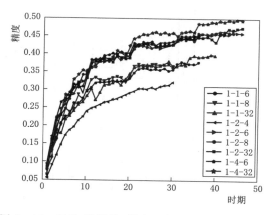

图 5－46　权重-激活值-梯度量化对网络精度的影响

对网络进行重训和剪枝的步骤，能够使原有网络的节点和连接减少 9～13 倍。对于剪过的稀疏网络结构，可以使用压缩系数行列的格式来进行存储，并且通过存储索引差异来取代绝对位置值，并将这些差异进行编码。通过相对索引的方式来表示矩阵的稀疏度如图 5－47 所示。卷积层可用 8bit 表示，而全连接层则可用 5bit 表示。而当遇到大于限值的差异值时，考虑使用补 0 的方式来避免溢出。

跨度超过8=2³

序号	0	1	2	3	4	5	6	7	8	9	10	11	12	13	14	15
插值		1			3								8			3
值		3.4			0.9								0			1.7

补零

图 5－47　通过相对索引的方式来表示矩阵的稀疏度

2. 研究现状

深度学习智能技术目前已被广泛应用在各类智能应用之中。尽管深度学习精确度非常高，但计算与存储复杂度均极高。以现有产品技术来说，需要数十个 CPU，以上千瓦、数万元的代价；或者大型 GPU，以数百瓦、数千到数万元的代价，才能够实时支持基于深度学习的人工智能应用。

2011 年，NEC 实验室发布了一款动态可重构的卷积神经网络 CNN 加速结构，如图 5－48 所示。他们在计算模块之间加入了切换选择模块，从而使得其能够针对不同的 CNN 模块进行动态配置，并引入了配套的编译器来为其生成指令。但是该结构的处理速度较低，在 14W 的功耗下仅能实现 16GOPS 的计算性能。

2014 年普渡大学的 Gokhale 等在 CVPR 上发布了一款名为 NN－X 的处理系统，如图

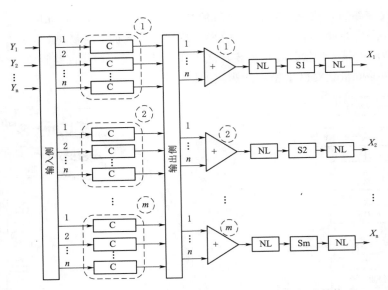

图 5-48 NEC 实验室发布的动态可重构 CNN 加速结构

5-49 所示。该系统中包含了 4 条 DDR3 内存的访问通道和 2 块 ARM A9 的处理器，在能够处理卷积、采样和非线性函数等常见模块的同时，实现 227GOPS 的计算性能，板卡功耗控制在 8W，平均计算速度在 23.18GOPS，比常见的移动端和服务器端处理器快 10～100 倍。

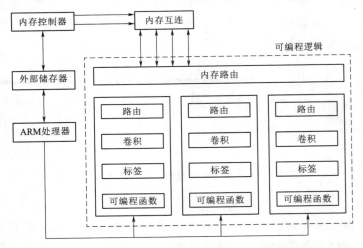

图 5-49 普渡大学发布的 NN-X 系统结构图

2015 年加利福尼亚大学洛杉矶分校（UCLA）的 JasonCong 课题组则从高层次综合的角度对卷积运算进行了抽象，并针对 FPGA 结构进行了任务调度和存储上的优化设计，在 XilinxVirtex7VX485T 的开发板上，使用 18.61W 的功耗，实现了 61.62GOPS 的计算性能。但是，该设计只支持对卷积层模块的加速，并且使用 32bit 浮点数进行处理。

目前多核异构架构已基本成为嵌入式 AI 处理器的典型技术路线。嵌入式 AI 算法通常具有计算量大且计算模式固定的特点，因此集成专用的硬件加速模块可大幅提升 AI 算法的执行效率，而 AI 系统应用程序中其余控制、调度部分则运行在一个通用处理器上，如何实现 CPU 与 AI 核的无缝衔接、灵活调度、协同运行，其难度一直贯穿在硬件架构、软件开发、工程调试之中，也是制约 AI 应用在嵌入式终端扩展的瓶颈。从存储器的组织方式、数据传递方式、流水线计算等方面开展嵌入式 AI 多级互联异构多核片上系统（SoC）架构研究，可使得 CPU 与 AI 核之间进行更高效的协调工作，进而提升 AI 应用程序的执行效率。

3．攻关方向

研究边缘侧目标识别实时机器学习算法；研制高性能低功耗人工智能计算单元，形成国网自主知识产权的 IP；研制标准化嵌入式视觉处理模组；研制多模多目多维高端光谱感知装备，利用不同的人工智能算法，实现电网内设备的故障识别，组装出具有核心知识产权的装备。

4．应用场景

进一步提升电力生产运行现场的安全作业水平。在输电领域，结合固定摄像头、直升机、无人机、巡线（巡检）机器人等立体巡检手段实现故障的实时就地判决。在变电站故障识别中，提升视频监测终端的边缘智能水平，实现变压器、开关、电缆等变电设备的状态实时评估和故障就地诊断。

5.9.2　智能边缘物联代理技术

1．技术原理

智慧物联体系是解决电力信息化建设中各专业感知信息共享不足、新兴业务支撑能力不足等提出来的。通过建设完善物联管理平台和边缘物联代理，实现各业务采集终端、传感器、智能终端的数据统一采集、分散处理、共享使用，向企业中台、业务系统提供标准化数据与服务。智慧物联体系结构图如图 5-50 所示。

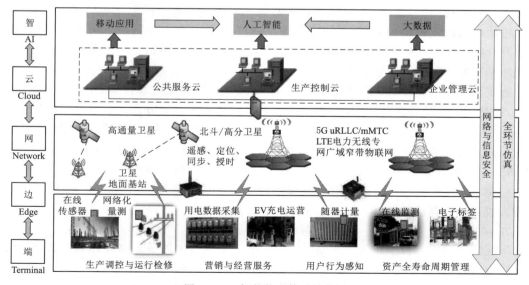

图 5-50　智慧物联体系结构图

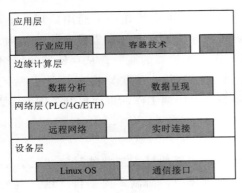

图 5-51 物联代理结构图

智慧物联体系与感知层交叉部分是边缘物联代理，是本地设备、数据汇聚与管理的中心。边缘物联代理由高性能的处理器、ROM 与 RAM 存储器、多种物理接口等硬件结构，RTOS 嵌入式系统、接口驱动程序、通信协议等软件，以及各种业务应用 APP 组成，物联代理结构如图 5-51 所示。

边缘物联代理通常配置高性能处理器、大的存储空间，甚至增加了 AI 处理单元，具备较强的计算性能；匹配的物联网操作系统，提供诸如软件定义、容器等增强系统稳定性机制；

具有支持本地多种通信协议和远程通信能力。边缘物联代理主要完成功能有规约转换、数据清洗、状态分析、电能质量分析、能效分析等。

规约转换：根据云端数据中心的通信协议对通信数据进行协议转换，为大数据平台提供符合规约的协议数据。

数据清洗：对采集终端上传数据进行重新审查和校验的过程，删除重复信息、纠正存在的错误，并提供数据一致性，保证获取数据的准确性。

状态分析：通过分析各末端采集终端提供的感知数据，本地运算分析各用能单元的运行状态，如出现故障，可快速故障识别和定位。

电能质量分析：通过分析各末端采集终端提供的感知数据，分析电网电能质量、运行状态，诸如电流、电压的有效值、功角、谐波频率等参数。

能效分析：通过边沿计算，可分析用能单元的能耗情况、耗能时段，了解企业整体能耗水平，以便供电部门开展能耗分析，对标行业基准，提高能源效率。

2. 研究现状

边缘物联代理原型起始于运营商的数据业务的通信网关。借助在通信接入领域的优势，中国电信运营商在 2011 年开始普及推广家庭网关。2014 年联合 Marvell、高通等 6 家芯片厂家，华为、中兴、烽火等终端厂家发布天翼网关，即第一代智能网关，2017 年底天翼网关发展到第三代智能网关。

随着智能设备发展，智能网关底层架构由最初的 OSGi 发展成为基于 Linux 的 Openwrt。对接入网络设备进行管理，中国电信采用 ITMS＋平台的方式，中国移动采集 RMS 平台，中国联通用 wolink 平台，烽火采用 F-link，华为采用 H-link 等。智能网关的功能正在从通信业务接入扩展到智能家居的领域，网关融合了 internat 网络技术、WIFI、RF433、ZigBee 等网络通信技术，接入设备从手机、PC 端扩展到智能开关、插座、窗帘、门磁、人体红外、烟雾报警器、气体感应器等产品，通过家居联网实现对设备进行管理和控制、查询设备状态，提升家居舒适指数。

3. 研究热点

智能网关的模式目前正向工业领域拓展。电力领域提出的智慧物联体系"智-云-管-边-端"结构，打造全面感知、设备可管可控的电力物联网，其中的"边"指的是"智能网关"。在结构设计上，采用硬件模块化、软件容器化设计实现软硬件解耦，打造开放式的统一平台资源。业务应用采用 App 模式，提供促进繁荣的业务应用市场基础条件。

　　4. 应用场景

　　边缘物联代理技术作为电力物联网"智-云-网-边-端"的重要部分在电力系统"源-网-荷-储"发挥信息汇聚、存储、转发、处理等功能，解决电源侧的新能源发电场景的场站环境监测、设备运行监测、发电量预测等；电网侧输变电通道、场站环境监测、输变电设备设施状态监测；配电站/室、微网、配电设备等环境与设备的监测；客户侧居民用户/社区、工业企业/园区、商业楼宇/用户的电能计量、能效采集与分析、家庭智慧能源管理等；储能侧的站区环境、能量变换设备、能源计量和能效采集、储能主体等开展监测应用。

　　(1) 变电主设备的状态感知。一是通过实时上传站内电流、电压等设备运行信息及设备异常告警信号，实现运维班对所辖站设备设施运行状态准确掌握，强化运维班设备感知能力。二是利用先进在线监测传感器，如电流互感器、油压监测装置、变压器套管一体化内部状态监测装置、数字化气体继电器、声学照相机等，实现变电设备状态全方位实时感知；利用站内辅助监控主机开展边缘计算，根据阈值初步判断状态量，实现设备状态自主快速感知和预警。对于异常设备，及时向运行人员推送预警信息，调整状态监控策略，并将数据上传至平台层和应用层进行更精确的诊断和分析。三是利用变压器实时油温、功率等运行信息和历史试验数据，结合变电站微气象参数，运用变压器热路模型算法，实现变压器过载能力动态预测和寿命安全评估。

　　(2) 工商业能效监测系统。基于互联网运营模式的企业智慧用能管理系统是提供能源服务的重要平台，基于该平台实现包括用能数据采集、能效诊断分析和用能优化等服务，以及为政府主管部门提供能耗监管、能源交易和节能减排等信息。充分应用移动互联、人工智能等现代信息技术和先进通信技术，实现电力系统各个环节万物互联、人机交互，构建状态全息感知、数据高效处理、应用便捷灵活的智慧物联平台，通过数据运营实现价值共创，引领能源清洁低碳转型和能源互联网业务创新发展。基于互联网运营模式的企业智慧用能系统示意图如图 5-52 所示。

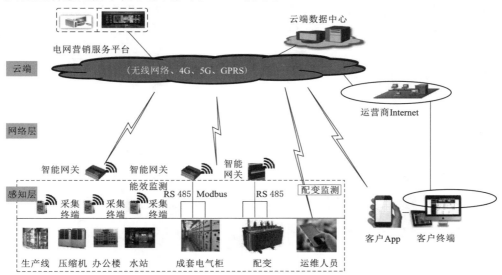

图 5-52　基于互联网运营模式的企业智慧用能系统示意图

5.10 传感器连接组网技术

5.10.1 微功率无线传感网技术

1. ZigBee 低功耗网络通信技术

技术原理：ZigBee 是建立在 IEEE 802.15.4 Low-rate Wireless Personal Area Network (LR-WPAN) 上的网络的协议。如图 5-53 所示，ZigBee 的协议主要覆盖网络层 (NWK)，但同时也包括应用层的一些功能，主要是定义不同的应用 profiles。

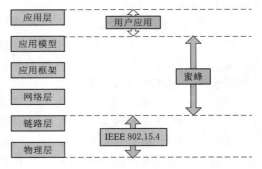

图 5-53 ZigBee 协议栈

每一个 ZigBee 网络有一个中央协调节点 (coordinator) 通过 Mesh 网络连接一些全功能路由节点 (full function device, router)，后者通过星型网络连接一些低功能终端节点 (reduced function end device)。ZigBee 支持的网络架构如图 5-54 所示。

ZigBee 使用 AODV (Ad-hoc On-demand Distance Vector) 路由协议，也支持另一种树结构的路由协议 HERA (Hierarchical Routing Algorithm)。ZigBee 网络层有直接地址路由 (direct addressing)，也就是在网络包头中包括源节点和目标节点的信息 (address, clusterID, end point number)。还有一种是间接地址路由 (indirect addressing)，由一个控制节点，一般为 coordinator，维护一个地址绑定表格，来为每一源地址的数据发现目标地址，这样数据帧里就不需要保存目标节点地址，每一个节点只需把数据发送到控制节点，然后由控制节点发送到目标节点。这样不仅负载开销可以降低，网络也不需要维护所有点对点的路由信息，使得路由建立和维护得到简化。

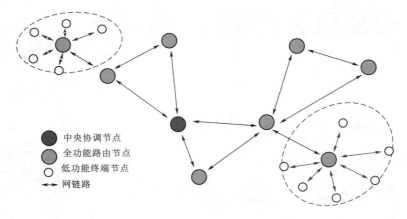

中央协调节点
全功能路由节点
低功能终端节点
网链路

图 5-54 ZigBee 支持的网络架构

2. 6LoWPAN（IPv6 Over Low Power Wireless Personal Area Network）低功耗无线传感网

6LoWPAN 是建立在 IEEE 802.15.4（LR-WPAN）上的网络技术，是 IETF 规范低功耗无线传感网络设计的解决方案，具有和互联网协议兼容（IPv6）以及互联不同底层无线传感网络（不同的 DODAG）的桥梁特点，也可以互联非 IEEE 802.15.4 的网络，比如蓝牙的能耗网络。6LoWPAN 网络架构如图 5-55 所示。

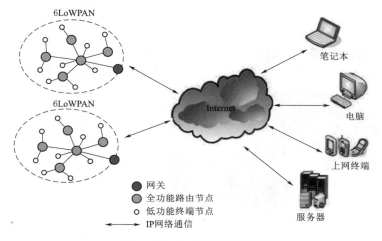

图 5-55　6LoWPAN 网络架构

在不同的子 6LoWPAN 之间，或与其他 IP 设备，可以直接使用 IPv6 路由。而在每一个 6LoWPAN（DODAG）内，则使用 RPL（Routing Protocol for Low-power and Lossy Network）实现路由。RPL 是一种简化的距离适量（distance vector）路由协议。如图 5-56 所示，每一个 6LoWPAN 有一个中心节点，以它为根节点建立一个 DODAG（destination oriented direct acyclic graph）树结构。RPL 也是一种基于树结构的路由协议。

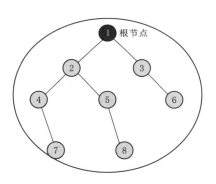

图 5-56　6LoWPAN 网络路由

6LoWPAN 虽然是一个网络层（L3）的协议，但是它使用一种非常优化的包头压缩（header compression）技术，在链路层（MAC）的负载里，6LoWPAN 需要增加一个 Dispatch 包头（1byte）和一个 IPv6 压缩包头 HC1（1byte）就可以了。剩余的数据帧全部可以作为 IPv6 的负载内容（payload）。其中 UDP 的压缩包头 HC2（4bytes），剩余的 108bytes 可以全部作为 UDP 的负载内容。因此和 ZigBee 相比，6LoWPAN 的负载开销是非常低的。两者网络层数据包比较如图 5-57 所示，ZigBee 的负载开销包括网络层的源地址，目标组（cluster）地址加上目标节点地址，应用层的 profile 和其他开销。一个典型的 6LoWPAN 的栈协议占用 30kB 内存，而 ZigBee 的协议栈则占用 90kB 内存。

6LoWPAN 还有一个功能就是可以选择节点之间使用 L2 或者 L3 路由协议（mesh

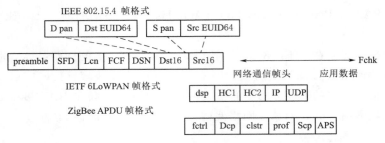

图 5－57　ZigBee 和 6LoWPAN 网络层数据包比较

under or route over)。网络层路由和链路层路由如图 5－58 所示。

同样作为基于 IEEE 802.15.4 无线网络的网络技术，6LoWPAN 总的来说比 ZigBee 有很大优势。

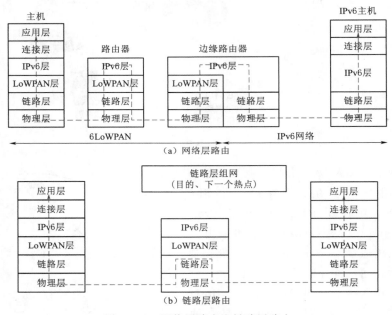

图 5－58　网络层路由和链路层路由

研究现状：在网络路由协议的优化上不断有新的研究成果，主要方向包括移动节点的动态入网离网，降低建立和维护路由网络（树结构，路由表等）的开销。

3. 蓝牙低功耗 Mesh 网络技术

技术原理：蓝牙低功耗 Mesh 网络规范使用 BLE 的广播信道实现一个可控泛洪（managed flooding）的网络层协议。BLE Mesh 网络如图 5－59 所示。其中低功耗节点（LPN）使用节能模式收发，即在超低的占空比下运行。助力节点（friend node）

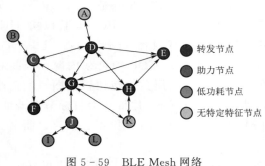

图 5－59　BLE Mesh 网络

只负责给指定的 LPN 节点缓存和转发信息，能耗会比 LPN 节点高。只要没有超时（TTL＝0），转发节点（relay node）负责转发所有收到的信息。转发节点基本上处于扫描接收状态，因此必须有足够的供电。BLE Mesh 在网络层不负责路由，真正的受主寻址和数据传递是在传输层上面的应用层上实现的。应用层使用模型的概念，将网络节点按照不同的应用和在应用中的不同功能来定义行为、状态和信息内容、信息格式等。

最新的 BLE5.0 进行了改进，如图 5－60 所示。传感节点（SN），可以有两种模式，一种相当于 BLE Mesh 的助力节点（friend node），被称为直接传感节点（direct SN），它可以为一个或多个间接传感节点（Indirect SN）提供转发功能。汇聚节点（AP）相当于 BLE Mesh 的转发节点（relay node 或 router）。中心节点（GW）相当于 Zig-Bee 的协调节点（coordinator）。

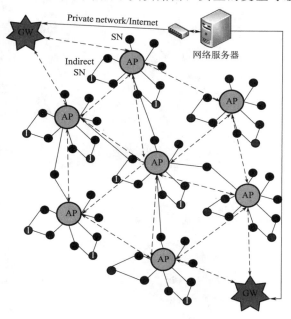

图 5－60　BLE5.0 网络架构

研究现状：蓝牙 BLE5.0、5.1、5.2 和 5.3 技术正在不断升级。相比前代，BLE5.0 在传输速度和传输距离上有了显著的提升，同时功耗更低，在物联网领域得到了广泛应用。主要特点：①BLE5.0 的传输速度提高 2 倍，达到了 2Mbps；②BLE5.0 的传输距离最远可达 300m；③BLE5.0 支持同时连接多达 8 个设备，提高了设备间的互联互通能力。BLE5.1 在 BLE5.0 的基础上增加了寻向功能，可以用来确定设备间的相对位置。BLE5.2 增加了新的特性，如双向认证和数据加密，以及提高了节点的抗干扰能力。BLE5.3 进一步优化了数据传输的安全性和稳定性，采用了广播扩展和多信道传输等措施保障通信的安全稳定实现。

攻关方向：目前使用 BLE5.0 的芯片搭建无线传感网络，无论从成本还是性能（主要是能耗）方面都是最佳选择。针对电力应用场景（室内、室外、长距离）的多样性和复杂性，重点研究方向：一是建立一种低开销、Layer2 Mesh 解决方案，该方案的配置文件适用不同应用场景（室内高密度，室外高、低密度，长距离等），且空口协议和数据格式都是通用的，Mesh 网络可以自主建立路由，支持网络节点动态加入和离开，以及掉电自动修复；二是研究如何与 6LoWPAN 集成，也就是在一个 BLE 的网络内用 Wins Mesh，与其他的 PAN、IP 设备之间使用 6LoWPAN。

典型应用：电力现场有很多设备、环境需要监测，如电力电缆的接头温度状态、输电线路电流、变压器运行声音等。利用无线传感器网络可以搭建测温、噪声、故障电流、电力电缆隧道水浸等的感知网络，将大量的现场传感器连接起来，采集传输信息到监测中心，从而了解电力现场的环境和设备本体的运行状态，避免复杂的通信连接线路和网络。无线传感网络技术应用如图 5-61 所示。

（a）无线温度传感器

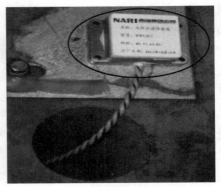

（b）无线水浸传感器

（c）无线故障电流传感器

（d）无线噪声传感器

图 5-61　无线传感网络技术应用

5.10.2　轻量级安全连接技术

1. 技术原理

轻量级安全连接技术是指适用于传感层物联网的低开销、具有一定安全保障能力的通信及网络技术。单个子网通常由 1 个汇聚节点和若干个各类物联网传感器通信节点构成，拓扑结构为星型或者树形。汇聚节点实现子网内传感信息采集和汇聚，并上报至物联管理中心或者业务主站。各类物联网传感器用于采集不同类型的设备状态量、环境量，并通过通信模块将数据上传至汇聚节点。通常情况下，传感器通信模块功耗为微瓦级、汇聚节点功耗为毫瓦级，网络通常采用软加密及轻量级认证机制来确保安全性。轻量级安全连接网络示意图如图 5-62 所示。

2. 研究现状

传感器通信自 2000 年左右被提出，其发展大致经历了三个阶段：2000—2008 年，低功耗短距离无线通信技术快速发展阶段；2008—2013 年，发展停滞阶段；2013 年至今，低功耗长距离无线通信技术快速发展阶段。2000—2008 年期间，无线传感网络、物联网在学术界、工业界引起了广泛的关注，其中以学术界最为活跃。此时物联网采用的通信

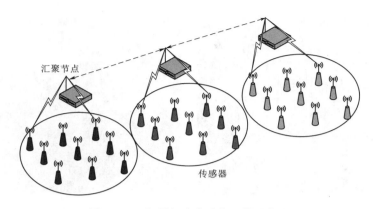

汇聚节点

传感器

图 5-62 轻量级安全连接网络示意图

技术以短距离通信技术为主，典型技术为 Zigbee 和蓝牙等技术，网络结构为网状网，该阶段技术协议及实现复杂度（协议及组网开销大）、通信距离（最大 200m）、功耗（电池最长寿命为 2 年）、成本（约 100 元人民币）不能满足实际应用需求，此时低功耗短距离物联网技术未能有效落地，2008 年以后处于发展停滞阶段。2013 年以后，随着低功耗长距离技术的推出，物联网通信再次受到了广泛关注，典型技术为 LoRa、NB-IoT 以及 Sigfox 等，低功耗广域无线物联网的通信距离超过 10km；网络通常为星形结构，无复杂的组网控制流程，终端节点实现简单，基于芯片的模块成本可低至 1 美金，配合休眠机制，电池寿命通常在 5～10 年，适用于水/电/气/热计量抄表、温度/湿度等各种环境量监测、电压/电流等小数据量监测领域。与此同时，2015 年以后，随着物与物、人与物通信需求成为物联网主要需求方向，各研发机构及设备厂商进一步掀起了低功耗无线通信技术研发新热潮，LoRa、NB-IoT、Sigfox、BLE 以及 ZigBee 作为低功率无线通信技术的典型技术受到了广泛关注与大力推进。

3. 攻关方向

传感器通信网络节点通常工作在数据发送、数据接收、休眠三种状态，其中数据发送时功率消耗最大、数据接收时其次，休眠状态最小，减少通信节点的数据发送时间能够有效降低通信功耗。以 LoRa 射频收发器为例，发送时电流为 120mA、接收时电流为 10mA，而休眠时电流仅为 0.2uA。协议低功耗技术是指协议中在满足通信节点应用数据传输需求的前提下降低节点数据发送时间、延长其休眠时间的相关技术、措施或者手段，包括低轻量级组网技术、低开销协议设计、休眠与唤醒技术等。

4. 应用场景

站内变电主设备状态感知、运行环境状态感知，输电线路状态实时感知与智能诊断、高压电缆状态感知与智能管控，以及面向换流站物联网的主设备多维状态量感知、环境状态量全景感知等。轻量级安全连接网络应用示例如图 5-63 所示。

5.10.3 电力线通信及配网拓扑识别技术

1. 技术原理

电力线配网拓扑识别技术是指利用在电力线上传输的工频畸变信号或者高频电力线

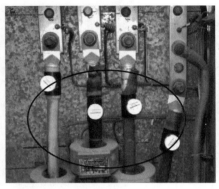
（a）无线温度传感器

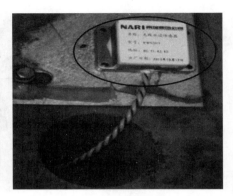
（b）无线水浸传感器

（c）无线故障电流传感器

（d）无线噪声传感器

图 5-63　轻量级安全连接网络应用示例

载波通信信号实现"站-线-变-户"关系及配网拓扑结构识别。工频畸变通信是一种特殊的电力线通信技术，在工频电压过零点时刻通过特殊调制产生工频信号的微弱畸变，畸变信号频率很低（低于 800Hz），具有传输衰减极小、信号可穿透配电变压器并不串线的优点。在低压侧（用户表计）安装发送装置，产生工频畸变电流信号，在低压分支箱、配变、中压馈线（DTU 等）、变电站出口等安装接收识别装置，识别该畸变信号，即可判断台区内用户、低压分支线、配变之间归属关系；同理往上可以判断中压馈线、中压分支线路、变电站的归属关系和网络拓扑结构。发送装置与接收识别装置之间通过电力线载波通信实现信息的交互，并通过先进的载波测距技术，确定节点之间距离，结合拓扑结构实现配电网的拓扑自动识别。工频通信信号如图 5-64 所示，工频通信终端如图 5-65 所示。

2. 研究现状

随着电力物联网技术的不断发展，电网运检精细化管理越来越受到重视，配电网精细化管理已逐渐成为电力企业和电力管理部门一项重要的管理措施，"站-线-变-户"识别就是其中一项重要的工作内容。由于中压配电网从始建初期就存在着先天不足，从地区变电站到配电变压器，中间经过馈线、分支线及架空-地埋等混合布线，到配电台区有时很难区分供电线路的属性，加之配电网改造随机性强、可预知性差。又由于历史原因及

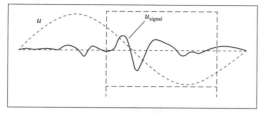

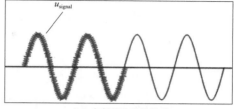

（a）工频信号波形　　　　　　　　　　（b）高频载波信号波形

图 5-64　工频通信信号

（a）工频接收装置（三相）　　　　　（b）工频发送装置（单相）

图 5-65　工频通信终端

线路运行多年，用户增减迁移频率较高，配电变压器经常变动，台式变、箱式变，电缆地下铺设、线路走向错综复杂，混淆不清。加之前期对配网精细化管理工作考虑较少，造成配网基础资料的缺失，使得配网精细化管理难以落实到位，增加了供电企业的经营风险，同时也影响企业的管理水平和经济效益。

3. 攻关方向

（1）工频畸变电流信号＋无线。通过工频畸变电流信号和无线通信实现"站-线-变-户"识别。下行信号采用无线通信，包括公网 GPRS 技术或者 LPWAN 技术。上行信号采用工频畸变信号，通过在电表箱、变压器台区、变电站等安装工频畸变信号发送和接收装置，由于工频畸变信号频率较低，信号沿着以一次线路传输，不易在中低压配电网馈线之间串扰，应用到"站-线-变-户"识别具有优势。

（2）工频畸变电流信号＋高频电力线载波测距。通过工频畸变电流和电力线载波通信实现"站-线-变-户"识别，并利用高频电力线载波信号进行测距，结合分支和距离关系实现拓扑测量。针对电力线所固有的复杂多变的信道特性导致 PLC 通信稳定性差的问题，高频电力线载波通信应通过信道认知自适应选择最佳工作频段和参数，实现不同频段通信性能的优势互补，提高通信系统的稳定性；同时支持自组网技术，解决网络覆盖范围问题。

（3）集成配电设备的线变关系识别。为了节省成本，并提高现场使用的可行性，将线变关系识别装置做成电路模块，集成到故障指示器、TTU、FPU、采集器、集中器或电表等设备中。

4. 应用场景

该技术适用于中低压配电网变电站、输电线路、变压器、用户隶属关系及相互间距离的识别。基于载波和工频畸变电流的"站-线-变-户"识别及测距框图如图 5-66 所示。

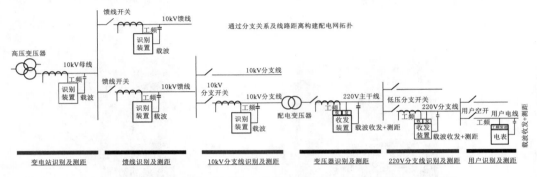

图 5-66　基于载波和工频畸变电流的"站-线-变-户"识别及测距框图

5.10.4　广域窄带物联网技术

1. 技术原理

广域窄带物联网（narrow band internet of things，NB-IoT）是一种低功耗广域网络，专为低带宽、低功耗、远距离、大量连接的物联网应用而设计。NB-IoT 系统采用基于 4GLTE 演进的分组核心网（evolved packet core，EPC）网络架构，并结合 NB-IoT 系统的大连接、小数据、低功耗、低成本、深度覆盖等特点对现有 4G 网络架构和处理流程进行了优化。NB-IoT 的网络架构如图 5-67 所示，其包括 NB-IoT 终端、演进的统一陆地无线接入网络（evolved universal terrestrial radio access network，E-UT-RAN）基站（evolved nodeb，eNodeB）、归属用户签约服务器（home subscriber server，HSS）、移动性管理实体（master of mechanical engineering，MME）、服务网关（serving gateway，SGW）、公用数据网（Public Data Network，PDN）网关（pdn gateway，PGW）、服务能力开放单元（service capability exposure function，SCEF）、第三方服务能力服务器（secure communications server，SCS）和第三方应用服务器（application server，AS）。和现有 4G 网络相比，NB-IoT 网络主要增加了 SCEF 来优化小数据传输和支持非 IP 数据传输。为了减少物理网元的数量，可以将 MME、SGW 和 PGW 等核心网网元合一部署，称为蜂窝物联网服务网关节点（cellular serving gateway node，C-SGN）。

2. 研究现状

随着物联网业务的迅速发展，物联网业务对通信技术提出了增强覆盖、降低功耗、扩大可连接终端数量、降低成本四个重要要求，但当前的无线通信技术尚未有效承载物联网的应用。为了迎合不同的业务需求，第三代移动通信（3rd generation partner ship

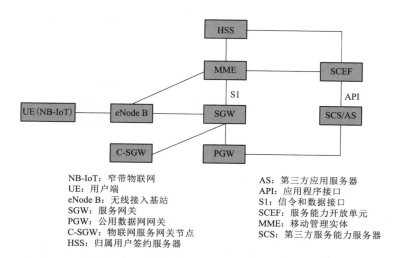

NB-IoT: 窄带物联网
UE: 用户端
eNode B: 无线接入基站
SGW: 服务网关
PGW: 公用数据网网关
C-SGW: 物联网服务网关节点
HSS: 归属用户签约服务器

AS: 第三方应用服务器
API: 应用程序接口
S1: 信令和数据接口
SCEF: 服务能力开放单元
MME: 移动管理实体
SCS: 第三方服务能力服务器

图 5-67 NB-IoT 网络架构图

project，3GPP）国际标准组织在 2015 年 9 月立项提出了一种新的窄带蜂窝通信低功率广域网络（low-power wide-area network，LPWAN）技术，即 NB-IoT 技术。NB-IoT 技术的强覆盖、低功耗、低成本、大连接四个关键特点能够很好地满足物联网业务的需求，成为物联网通信技术的热点。

各大制造企业及研究学者对 NB-IoT 的立项起到了重要的推动作用。2014 年 5 月，华为联合沃达丰在 3GPP 的增强型数据速率 GSM（enhanced data rate for gsm evolution，EDGD）/GSM 无线接入网（gsm edge radio access network，GERAN）研究项目中提出窄带机器通信（narrow band machine to machine，NB-M2M）技术。同年，高通公司提交了窄带正交频分复用（narrow band orthogonal frequency division multiplexing，NB-OFDM）技术。2015 年 5 月，NB-M2M 与 NB-OFDM 合并为窄带蜂窝物联网（narrow band-cellular IoT，NB-CIoT）。2015 年 7 月，爱立信提出窄带长期演进方案（narrow band long term evolution，NB-LTE）方案。2015 年 9 月，NB-CIoT 与 NB-IoT 进一步融合形成了 NB-IoT，这就表示 NB-IoT 标准制定项目的正式启动。2016 年 6 月，3GPP 国际标准组织正式通过了 NB-IoT 技术协议，其中 3GPP 标准核心部分被冻结，2016 年 12 月，完成 NB-IoT 的接入网性能标准、一致性测试标准制定。

3. 攻关方向

面对复杂的电网环境，研究应用于智能传感、智能终端、智能设备的工业级广域 NB-IoT 通信模块，能够实现主站与采集终端、主站与电能表之间的工业级远程无线通信及电力集中采集终端和计量电能表的数据传输，支撑进一步优化电力行业数据传输通信质量，提升电力营销业务管理效率，降低日常运维成本，进而形成具有核心国产化技术的配套通信产品及实用的解决方案；研究针对电网海量数据的安全模型，实现异常或易受攻击的传感器节点的检测和感知；研究广域 NB-IoT 快速故障检测技术和局部故障检测算法，支撑精确识别广域 NB-IoT 的故障节点，实现高效运维。

4. 应用场景

电力系统是一个庞大而复杂的系统，要保证其安全、高速、有效地运营，就必须对线路、设备等各种资产的信息有准确、高效的获取能力，进而达到对系统各要素资源的合理分配。随着电力行业物与物之间通信点爆炸式的增长，传统蜂窝通信技术已经无法满足电力业务全采集、全覆盖的需求。广域 NB - IoT 技术充分利用通信架构优势，具有高密度、大面积、多层次铺设的电力传感器节点，采用广域监测和通信手段，涵盖发电、输电、变电、配电、用电所有环节，完成对输电线路在线实时监控、用电计量、智能巡检等业务场景的全方位智能感知。并且建立可靠、稳定的传输网络，完成电力全网信息的实时在线监控，保障智能电网的高效节能和供求互动。广域窄带物联网技术在智能电网中的应用如图 5 - 68 所示。

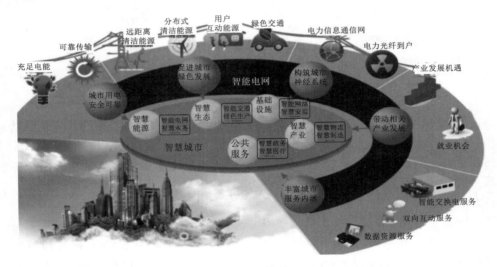

图 5 - 68　广域窄带物联网技术在智能电网中的应用

5.11　感知数据应用技术

5.11.1　电力设备故障诊断与状态评估

1. 技术原理

对电力设备进行故障诊断和状态评估是指结合电力设备的属性数据、出厂试验数据、交接试验数据、预试数据、在线监测数据、离线试验数据、带电试验数据等各类数据，采用一定的方法（人工智能、数据挖掘、大数据分析、模式识别等）对这些数据及其变化趋势进行分析挖掘，在需要的情况下也可以考虑设备的家族缺陷数据、运行环境数据等非试验数据的影响，来判断电力设备的运行状态是否异常以及判断其是否发生故障，在发生故障时，及时诊断出故障的类型以及严重程度。电力设备故障诊断及状态评估流程如图 5 - 69 所示，典型的电力设备故障诊断方法如图 5 - 70 所示。

2. 研究现状

目前电力设备状态评估主要针对设备群体，普遍采用基于理论分析、计算仿真和试验测试等手段建立的机理和因果关系模型以及统一的评价标准，评价参数和阈值的确定

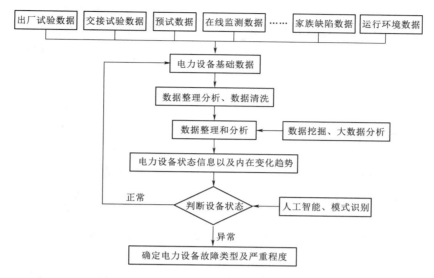

图 5-69 电力设备故障诊断及状态评估流程

特征气体的比值	比值范围编码		
	C_2H_2/C_2H_4	CH_4/H_2	C_2H_4/C_2H_6
<0.1	0	1	0
0.1~1	1	0	0
1~3	1	2	1
>3	2	2	2

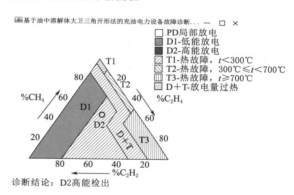

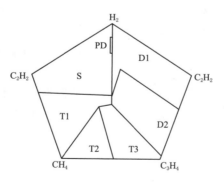

图 5-70 典型的电力设备故障诊断方法

主要基于大量实验数据的统计分析和专家经验。然而，由于电力设备故障机理的复杂性、运行环境的多样性和设备制造工艺、运行工况等存在差异，难以建立严格、完善、精确的评估和预测模型，统一标准的固定阈值判定方法难以保证对不同设备的适用性。在进行故障诊断时，由于电力设备异常或故障类型很多，但故障数据样本相对较少，尤其是反映故障发展过程数据变化的样本更少，因此很难利用少量数据样本建立准确的故障检测和预测模型、设定异常检测判断参数。此外，由于影响输电力设备运行状态的因素众多，现有的评估诊断方法多基于单一或少数状态参量进行分析和判断，没有充分利用设备大量状态信息之间、状态变化与电网运行和环境气象之间蕴含的内在规律和关联关系进行综合分析，且一般依据单次测量值或近期数据来进行分析，未充分利用全部历史数据及其动态变化信息，无法全面反映故障演变与表现特征之间的客观规律，难以实现潜伏性故障的发现和预测，分析结果粗放和片面。

3. 攻关方向

基于大数据分析的电力设备运行状态差异化、精细化评估方法。利用电力设备海量的状态数据、缺陷和故障记录进行多元统计分析和关联分析，构建后验分布函数，获得不同设备类型、不同地区、不同厂家，甚至不同时间段的评价模型参数和阈值，同时利用状态量的绝对值和变化值进行多维度关联预警，实现对电力设备运行状态的个性化、差异化和精细化评估。

基于高维空间的电力故障快速、准确辨识方法。利用电力设备海量的正常状态数据建立数据分析模型，利用纵向（时间）和横向（不同参数）数据的相关性判断设备状态及其关联关系的异常变化。在高维空间中挖掘电力设备正常运行时的特征，并对状态量进行映射操作，让设备发生故障时的状态量特征区别于正常运行时的特征，从而实现对电力设备故障的快速、准确辨识。

4. 应用场景

经济社会的快速增长导致电网规模不断扩大，电力设备数量呈现爆发式增长。同时，随着材料技术、传感技术、通信技术等的快速发展，针对电力设备监测的手段也不断增加，以保证电力设备的安全稳定运行。多种监测手段的应用以及现场的各种离线、带电试验积累了海量的数据，然而，这部分数据没有得到有效地挖掘和应用，无法为电力设备的运维检修工作提供有力指导。

基于大数据分析的电力设备运行状态差异化、精细化评估方法可以挖掘不同设备类型、不同属性以及不同运行环境下的设备之间的差异性，构建个性化、差异化的参数和阈值，并基于状态量绝对值和变化值实现多维关联评价。基于高维空间的电力故障快速、准确辨识方法可以在高维空间中量化设备状态量的变化情况，获取故障发生时状态量的变化特征，实现故障类型和严重程度的判别。在海量数据背景下，应用上述方法可以显著提高电力设备状态评估和故障诊断的准确性，从而保证电力设备安全稳定运行，对于现场运维和调度决策具有重要意义。

5.11.2 数据驱动的设备状态智能感知

1. 技术原理

输变电设备状态评价与故障诊断最常用的方法包括设备状态评分和专家诊断系统。传统方法无法有效处理来自不同运维信息系统的多源异构海量数据，并且通常只用设备当前时刻断面特征参量数据进行评价分析而无法最大化历史数据价值；传统评价诊断方法采用专家讨论设定的统一阈值或者有限数据训练后固化的模型进行状态评价与诊断分析，很难体现不同厂家、运行环境下同一类设备的个性化差异，从而影响评价结果的准确性。输变电设备状态评价与故障诊断方法演进如图 5-71 所示。

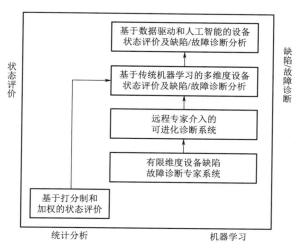

图 5-71 输变电设备状态评价与故障诊断方法演进

基于数据驱动和人工智能的设备状态智能感知方法采用大数据挖掘和机器学习、深度学习等人工智能算法，基于多源、多时间尺度、多时空维度的海量数据的有效集成与融合，能够发现各种设备状态监测量与设备缺陷及故障之间内在的（已知的或隐藏的）关联关系，自动提取设备缺陷/故障的特征指纹参量，进而构建设备状态智能辨识模型和算法。该智能感知方法能够对不同厂家、运行环境下的设备实现个性化自适应，能够基于持续积累的历史数据不断自我学习并迭代更新。

2. 研究现状

数据驱动的设备状态智能感知技术已经在输变电设备智能运维领域开展了广泛的研究和应用。人工智能领域最为成熟的图像识别技术在输电线路无人机巡线图像辨识、变电设备红外图像辨识等场景都取得了较好的应用效果。各种大数据挖掘、机器学习、深度学习等算法也已经被用于输电线路覆冰预测、变电设备风险预警，以及系统及设备故障辨识等各种业务场景中。

3. 攻关方向

设备状态智能感知方法准确性、适用性有待进一步提高，其辨识效果在一定程度上还依赖于有效的缺陷、故障历史案例数据，但通常样本数量严重不足，会导致建立的模型算法针对性、准确性都会较差。需要研究更为有效的、对已有缺陷、故障历史案例数据依赖性较低的设备状态智能感知方法。

4. 应用场景

基于数据驱动和人工智能的设备状态智能感知方法可以广泛应用于各种输变电设备状态评价以及缺陷/故障诊断分析。

第 6 章
基于专利的企业技术创新力评价

为加快国家创新体系建设，增强企业创新能力，确立企业在技术创新中的优势地位，一方面需要真实测度和反映企业的技术创新能力；另一方面需要对企业的创新活动和技术创新能力进行动态监测和评价。

企业技术创新力评价主要基于集中反映创新成果的专利技术，从创新活跃度、创新集中度、创新开放度、创新价值度四个维度全面反映电力信息通信领域企业技术创新力的现状及变化趋势。在建立企业技术创新力评价指标体系以及评价模型的基础上，整体上对电力传感技术领域的申请人进行了企业技术创新力评价。为确保评价结果的科学性和合理性，电力传感技术领域的申请人按照属性不同，分为供电企业、电力科研院、高等院校和非供电企业，利用同一评价模型和同一评价标准，对不同属性的申请人开展了技术创新力评价。通过技术创新力评价全面了解电力传感技术领域各申请人的技术创新实力。

以已申请专利为数据基础，从多维度进行近两年公开专利对比分析、全球专利分析和中国专利分析，在全面了解电力传感技术领域的专利布局现状、趋势、热点布局国家/区域、优势申请人、优势技术、专利质量和运营现状的基础上，从区域、申请人、技术等视角映射创新活跃度、创新集中度、创新开放度和创新价值度。

6.1 企业技术创新力评价指标体系

6.1.1 指标体系构建原则

围绕企业高质量发展的特征和内涵，按照科学性与完备性、层次性与单一性、可计算与可操作性、动态性以及可通用性等原则，构建一套衡量企业技术创新力的指标体系。从众多的专利指标中选取便于度量、较为灵敏的重点指标（创新活跃度、创新集中度、创新开放度、创新价值度），以专利数据为基础构建一套适合衡量企业创新发展、高质量发展要求的指标体系。

6.1.2 指标体系框架

评价企业技术创新力的指标体系中，一级指标为总指数，即企业技术创新力指标。二级指标分别对应四个构成元素的指标，分别为创新活跃度指标、创新集中度指标、创新开放度指标、创新价值度指标；每个二级指标下又设置4～6个具体的核心指标，予以支撑。

1. 创新活跃度指标

创新活跃度指标体现了申请人的科技创新活跃度，从资源投入活跃度和成果产出活跃度两个方面衡量。创新活跃度指标可使用专利申请总量、专利申请活跃度、授权专利发明人数活跃度、国外同族专利占比、专利授权率以及有效专利数量等 6 个三级指标来衡量。

2. 创新集中度指标

创新集中度指标用于衡量申请人在某领域的科技创新的集聚程度，从资源投入的集聚和成果产出的集聚两个方面衡量。创新集中度指标可使用核心技术集中度、专利占有率、发明人集中度、发明专利占比 4 个三级指标来衡量。

3. 创新开放度指标

创新开放度指标用于衡量申请人的开放合作的程度，从科技成果产出源头和科技成果开放应用两个方面衡量。创新开放度指标可使用合作申请专利占比、专利许可数、专利转让数、专利质押数 4 个三级指标来衡量。

4. 创新价值度指标

创新价值度指标用于衡量申请人的科技成果的价值实现，从已实现价值和未来潜在价值两个方面衡量。创新价值度指标可使用高价值专利占比、专利平均被引次数、获奖专利数量和授权专利平均权利要求项数 4 个三级指标来衡量。

6.1.3 指标体系评价方法

技术创新力评价指标体系及权重列表见表 6-1。

表 6-1   技术创新力评价指标体系及权重列表

一级指标	二级指标	权重	三级指标	指标代码	指标权重
技术创新力指标 F	创新活跃度 A	0.3	专利申请数量	$A1$	0.4
			专利申请活跃度	$A2$	0.2
			授权专利发明人数活跃度	$A3$	0.1
			国外同族专利占比	$A4$	0.1
			专利授权率	$A5$	0.1
			有效专利数量	$A6$	0.1
	创新集中度 B	0.15	核心技术集中度	$B1$	0.3
			专利占有率	$B2$	0.3
			发明人集中度	$B3$	0.2
			发明专利占比	$B4$	0.2
	创新开放度 C	0.15	合作申请专利占比	$C1$	0.1
			专利许可数	$C2$	0.3
			专利转让数	$C3$	0.3
			专利质押数	$C4$	0.3
	创新价值度 D	0.4	高价值专利占比	$D1$	0.3
			专利平均被引次数	$D2$	0.3
			获奖专利数量	$D3$	0.2
			授权专利平均权利要求项数	$D4$	0.2

企业技术创新力评价指标体系（即"F"）由创新活跃度［即"$F(A)$"］、创新集中度［即"$F(B)$"］、创新开放度［即"$F(C)$"］、创新价值度［即"$F(D)$"］等 4 个二级指标，专利申请数量、专利申请活跃度、授权发明人数活跃度、国外同族专利占比、专利授权率、有效专利数量、核心技术集中度、专利占有率、发明人集中度、专利占有率、发明人集中度、发明专利占比、合作申请专利占比、专利许可数、专利转让数、专利质押数、高价值专利占比、专利平均被引次数、获奖专利数量、授权专利平均权利要求项数等 18 个三级指标构成，依据德尔菲法并经一致性验证确定各二级指标和三级指标的权重，基于层次分析法构建评价模型如下：

$$F = 0.3F(A) + 0.15F(B) + 0.15F(C) + 0.4F(D)$$

$F(A) = [0.4 \times$ 专利申请数量 $+ 0.2 \times$ 专利申请活跃度 $+ 0.1 \times$ 授权专利发明人数活跃度 $+ 0.1 \times$ 国外同族专利占比 $+ 0.1 \times$ 专利授权率 $+ 0.1 \times$ 有效专利数量$]$

$F(B) = [0.3 \times$ 核心技术集中度 $+ 0.3 \times$ 专利占有率 $+ 0.2 \times$ 发明人集中度 $+ 0.2 \times$ 发明专利占比$]$

$F(C) = [0.1 \times$ 合作申请专利占比 $+ 0.3 \times$ 专利许可数 $+ 0.3 \times$ 专利转让数 $+ 0.3 \times$ 专利质押数$]$

$F(D) = [0.3 \times$ 高价值专利占比 $+ 0.3 \times$ 专利平均被引次数 $+ 0.2 \times$ 获奖专利数量 $+ 0.2 \times$ 授权专利平均权利要求项数$]$

企业技术创新力评价模型的二级指标的数据构成、评价标准及分值分配见附录 A 中的表 A2-2。

6.2 企业技术创新力评价结果

6.2.1 电力传感器领域企业技术创新力排名

电力传感器领域企业技术创新力排名见表 6-2。

表 6-2　　　　　　　　　电力传感器领域企业技术创新力排名

申 请 人 名 称	技术创新力指数	排名
广东电网有限责任公司电力科学研究院	78.1	1
云南电网有限责任公司电力科学研究院	75.7	2
国网江苏省电力有限公司	74.7	3
国网北京市电力公司	74.7	4
中国电力科学研究院有限公司	74.2	5
国网电力科学研究院有限公司	73.7	6
广州供电局有限公司	72.4	7
浙江大学	71.3	8
国网电力科学研究院武汉南瑞有限责任公司	71.0	9
国网湖南省电力公司	70.5	10

6.2.2 电力传感器领域供电企业技术创新力排名

电力传感器领域供电企业技术创新力排名见表 6-3。

表 6-3　　　　　　　　电力传感器领域供电企业技术创新力排名

申 请 人 名 称	技术创新力指数	排名
国网江苏省电力有限公司	74.7	1
国网北京市电力公司	74.7	2
国网湖南省电力公司	70.5	3
中国南方电网有限责任公司超高压输电公司检修试验中心	68.4	4
国网山东省电力公司阳谷县供电公司	68.2	5
国网福建省电力有限公司	67.1	6
国网山东省电力公司淄博供电公司	67.0	7
中国南方电网有限责任公司超高压输电公司广州局	65.9	8
河南省电力公司南阳供电公司	65.8	9
国网上海市电力公司	65.6	10

6.2.3 电力传感器领域电力科研院技术创新力排名

电力传感器领域电力科研院技术创新力排名见表 6-4。

表 6-4　　　　　　　电力传感器领域电力科研院技术创新力排名

申 请 人 名 称	技术创新力指数	排名
广东电网有限责任公司电力科学研究院	78.1	1
云南电网有限责任公司电力科学研究院	75.7	2
中国电力科学研究院有限公司	74.2	3
国网电力科学研究院有限公司	73.6	4
国网电力科学研究院武汉南瑞有限责任公司	71.0	5
国网山西省电力公司电力科学研究院	70.0	6
国网湖北省电力有限公司电力科学研究院	69.6	7
国网浙江省电力有限公司电力科学研究院	67.7	8
国网宁夏电力有限公司电力科学研究院	67.3	9
广西电网有限责任公司电力科学研究院	67.0	10

6.2.4 电力传感器领域高等院校技术创新力排名

电力传感器领域高等院校技术创新力排名见表 6-5。

表 6-5　　　　　　　　　电力传感器领域高等院校技术创新力排名

申请人名称	技术创新力指数	排名	申请人名称	技术创新力指数	排名
浙江大学	71.3	1	华北电力大学	58.6	6
重庆大学	69.1	2	北京航空航天大学	58.3	7
上海交通大学	69.1	3	武汉大学	58.1	8
西安交通大学	64.9	4	清华大学	56.5	9
东南大学	61.7	5	华南理工大学	56.2	10

6.2.5　电力传感器领域非供电企业技术创新力排名

电力传感器领域非供电企业技术创新力排名见表 6-6。

表 6-6　　　　　　　电力传感器领域非供电企业技术创新力排名

申请人名称	技术创新力指数	排名	申请人名称	技术创新力指数	排名
国电南瑞科技股份有限公司	70.0	1	国网新源控股有限公司	58.2	6
许继集团有限公司	69.8	2	珠海许继电气有限公司	56.9	7
ABB 技术公司	66.7	3	南京南瑞继保电气有限公司	54.7	8
平高集团有限公司	61.1	4	河南平高电气股份有限公司	52.3	9
西安智海电力科技有限公司	59.1	5	许继电气股份有限公司	48.5	10

6.3　电力传感器领域专利分析

6.3.1　近两年公开专利对比分析

近两年公开专利对比分析主要是从专利公开量、居于排名榜上的专利申请人和居于排名榜上的细分技术分支三个维度对比 2023 年和 2022 年的变化。

6.3.1.1　专利公开量变化对比分析

专利公开量对比图（2022 年和 2023 年）如图 6-1 所示。在全球范围内看专利公开量整体变化发现，2023 年的专利公开量相对于 2022 年的专利公开量降低了 0.05 个百分点。具体的，2022 年专利公开量的增长率为－5.9％，2023 年专利公开量的增长率为－10.5％。

在整体呈公开量减少态势的大环境下，各个国家/地区的增长表现不同。2023 年相对于 2022 年的专利公开量呈正增长的国家/地区为法国。2023 年相对于 2022 年的专利公开量呈负增长的国家/地区包括中国、美国、日本、英国、世界知识产权组织（WO）、瑞士、德国、欧洲专利局（EP）。

6.3.1.2　申请人变化对比分析

申请人排名榜对比图（2022 年和 2023 年）如图 6-2 所示。对比 2023 年和 2022 年的

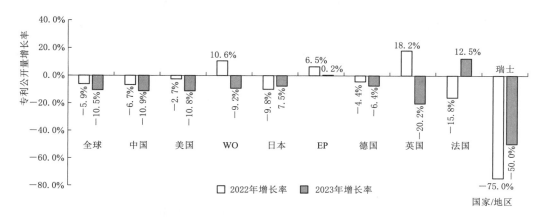

图 6-1 专利公开量对比图（2022 年和 2023 年）

已公开的专利数量发现，2023 年居于排名榜上的网内申请人新增的包括贵州电网公司、深圳供电局有限公司；网外新增申请人三星电子株式会社、三棱电机株式会社。同时居于 2022 年和 2023 年排名榜上的网内申请人包括国家电网有限公司、广东电网有限责任公司、中国电力科学研究院，上述申请人专利申请量占比较大。可以采用 2023 年的优势申请人相对于 2022 年的优势申请人的变化，从申请人的维度表征创新集中度的变化。整体上讲，2023 年相对于 2022 年，在传感器技术领域的相关技术申请人集中度整体上无变化，局部略有调整。

图 6-2 申请人排名榜对比图（2022 年和 2023 年）

6.3.1.3 细分技术分支变化对比分析

细分技术分支排名榜对比图（2022 年和 2023 年）如图 6-3 所示，同时位于 2023 年排名榜和 2022 年排名榜上的细分技术分支包括 G01N33/00（利用不包括在 G01N1/00 至 G01N31/00 组中的特殊方法来研究或分析材料）、H04N7/18（电通信技术的闭路电视系统，即电视信号不广播的系统）、G0519/42（图像分析）、G01R31/12（测试介电强度或击穿电压的电性能测试装置）、G01R31/08（探测电缆、传输线或网络中的故障）、

G01R31/00（电性能的测试装置；电故障的探测装置；以所进行的测试在其他位置未提供为特征的电测试装置）、G06T7/00（图像分析）、G01D21/02（用不包括在其他单个小类中的装置来测量两个或更多个变量）、H02J13/00（对网络情况提供远距离指示的电路装置）。

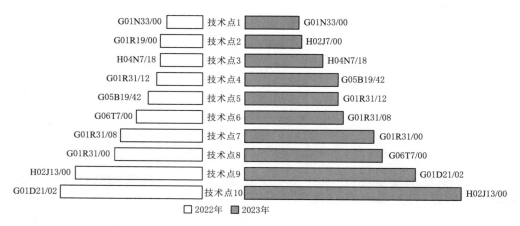

图 6-3 细分技术分支排名榜对比图（2022 年和 2023 年）

可以采用 2023 年的优势技术点相对于 2022 年的优势细分技术分支的变化，从细分技术分支的维度表征创新集中度的变化。从以上数据可以看出，2023 年相对于 2022 年的创新集中度整体上变化不大，局部有所调整。

6.3.2 全球专利分析

全球专利分析重点从总体情况、全球地域布局、全球申请人、国外申请人和技术主题五个维度展开分析。

通过总体情况分析洞察传感器技术领域在全球已申请专利的整体情况（已储备的专利情况）以及当前的专利申请活跃度，以揭示全球申请人在全球的创新集中度和创新活跃度。

通过全球地域布局分析洞察传感器技术领域在全球的"布局红海"和"布局蓝海"，以从地域的维度揭示创新集中度。

通过全球申请人和国外申请人分析洞察传感器技术的专利主要持有者，主要持有者持有的专利申请总量，以及在专利申请总量上占有优势的申请人的当前专利申请活跃情况，可以从申请人的维度揭示创新集中度和创新活跃度。

通过技术主题分析洞察传感器技术的技术布局热点和热点技术的专利申请活跃度，以从技术的维度揭示创新集中度和创新活跃度。

6.3.2.1 总体情况分析

以电力信通领域传感器技术为检索边界，获取七国两组织的专利数据，以此为数据基础开展总体情况分析。总体情况分析涵盖了中国专利申请总量的七国两组织数据，以及不包含中国专利申请总量的国外专利数据。专利申请趋势如图 6-4 所示。

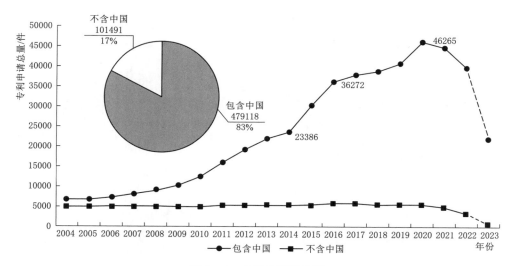

图 6-4　专利申请趋势图

需要指出的是发明专利申请通常自申请日（有优先权的，自优先权日）起 18 月（要求提前公布的申请除外）才能被公布，实用新型专利申请在授权后才能获得公布，其公布日的滞后程度取决于审查周期的长短，这会导致 2023 年的部分专利尚未公开，因而未纳入本报告分析数据中。

专利申请趋势图如图 6-4 所示。在不包含中国专利申请的情况下，外国专利年申请量从 2004—2021 年总体保持平稳发展态势，而在包含中国专利申请的情况下，全球年申请量在 2008 年之后呈现快速增加的态势，2020 年达到最高峰值，2021—2023 年专利申请量呈减少态势。

电力行业属于基础性行业，其 2008—2020 年的发展趋势一方面与中国经济快速发展有关，另一方面也与中国确定国家知识产权战略鼓励科技创新的政策有关。中国快速增长的经济规模需要充足的电力保障，除传统火电水电规模增加外，在风电、光伏、核能等清洁新能源电力规模也迅速扩大，电动车的发展也催生了出行方式及用电端的变革，同时随着大数据、人工智能、工业互联网、物联网、车联网等智能化技术的发展，在涉及发电、输电、配电、用电的各个环节的传感器相关专利迅速增长，极大增加了中国电力行业的自动化及智能化程度。对比而言，国外电力行业在发达国家增长停滞而在欠发达国家则增长不足，也导致相关专利申请数量基本保持平稳发展态势。

可以采用专利申请活跃度表征全球在电力传感技术领域的创新活跃度。从以上数据可以看出，专利申请活跃度为 55% 左右，可见，全球申请人在电力传感技术领域维持了一定的创新活跃度。

6.3.2.2　专利地域布局分析

通过全球专利地域（图 6-5）分析，可以获得目标申请国专利申请量占比和随时间申请趋势，表征各国技术实力和发展态势。

如图 6-5 所示，从电力信通领域传感器技术的申请地域来看，78% 的电力信通领域

图 6-5 全球专利地域分布图

传感器技术专利来自中国专利申请，数量近 40 万件；位居第二位的是日本专利申请，占比 6.4%，数量为 3 万余件；位居第三位的为美国专利申请，占比 6.1%，数量近 3 万件；其余专利申请地区主要包括 EP、WO、英国、德国、法国等。

可以采用专利申请总量表征全球申请人在传感器技术领域的创新集中度。可见，全球申请人在包括中国在内的七国两组织的创新集中度较高，全球申请人在不包括中国的其他国家/地区的创新集中度相对较低。

6.3.2.3 申请人分析

1. 全球申请人分析

全球申请人申请量及活跃度分布如图 6-6 所示，从专利申请量来看，在电力信通领域传感器技术相关专利全球总体申请量排名中，国家电网有限公司、日本三菱电机株式会社、中国电力科学研究院有限公司的专利申请量位居前三位，在排名前十的申请人中，还包括罗伯特·博世有限公司、浙江大学、广东电网有限责任公司、华为技术有限公司、株式会社电装、富士通（FUJITSULTD）、华北电力大学。总体而言，在申请总量方面，国家电网公司总量遥遥领先，达到了 18543 件。

从创新活跃度来看，国家电网公司创新活跃度 52.0%，一方面代表中国制造技术水平提升，另一方面也体现了中国企业对知识产权的重视程度，日本企业三菱、电装以及富士通活跃度在 40% 左右。结果表明，日本领先的制造企业在电力传感器领域保持了一定程度的创新活跃度，并保有适量的专利数量，而中国企业则积极创新，现出明显的赶超者特征，具有较高的专利申请数量及活跃度。

可以采用居于排名榜上的申请人的专利申请总量，从申请人（创新主体）的维度揭示创新集中度。采用居于排名榜上的申请人的专利申请活跃度揭示申请人的当前创新活跃度。整体上看，在中国专利申请总量相对于其他国家/地区的专利申请总量表现突出的情况下，中国专利申请人的创新集中度和创新活跃度均较高。

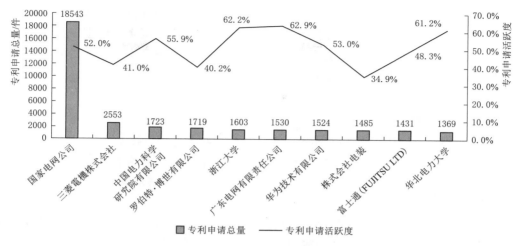

图6-6 全球申请人申请量及活跃度分布图

2. 国外申请人分析

国外申请人申请量及活跃度分布图如图6-7所示,从专利申请量来看,电力信通领域传感器技术相关专利国外总体申请量排名中,三菱電機株式会社、罗伯特·博世有限公司、株式会社电装的专利申请量位居前三位。在排名前十的申请人中,除日本企业外还包括韩国三星电子株式会社、德国罗伯特·博世有限公司,其余均为日本公司,包括三菱電機株式会社、株式会社电装、富士通、丰田汽车、日本电气、佳能株式会社、株式会社日立製作所、东芝公司。总体而言,在申请总量方面,日本公司在传感器领域专利数量总体较高,且日本公司数量较多,体现了日本公司强大的技术整体实力,罗伯特·博世公司作为德国制造的代表体现了德国坚实的制造实力。

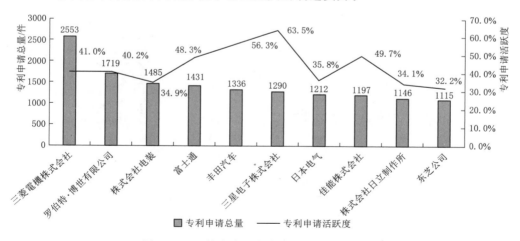

图6-7 国外申请人申请量及活跃度分布图

从创新活跃度来看,韩国三星电子专利申请活跃度63.5%,日本丰田汽车专利申请活跃度56.3%,日本佳能活跃度49.7%,日本富士通活跃度48.3%。活跃度体现了创新主体最近3年的创新及专利申请活力,可以看到韩国公司活跃度高于日本公司,但日本企业的申请总量高于韩国。上述结果表明，韩国和日本领先的制造企业在电力传感器领域保持了一定程度的创新活跃度，并保有适量的专利数量，而韩国企业则创新活跃度更高，日本企业则相对比较保守。整体上来看，在电力传感技术领域日本申请人的创新集中度、创新活跃度较中国申请人的创新集中度和创新活跃度低。但是，日本申请人的创新集中度相对于其他国家/地区专利申请人的创新集中度较高。

6.3.2.4 技术主题分析

采用国际分类号 IPC（聚焦至小组）表征传感器技术的细分技术分支。首先，从专利申请总量排名前十的细分技术分支近 20 年的专利申请态势，洞察未来专利申请的趋势；其次，从各细分技术分支对应的专利申请总量和专利申请活跃度两个维度，对比不同细分技术分支之间的差异。

涉及的技术主题包括机械及运动量传感器、电磁量传感器、局部放电检测传感器、光纤传感器、光学传感器、环境传感器和其他类别的传感器等领域的细分技术分支。

1. 机械及运动量传感器技术分布分析

机械及运动量传感器细分技术分支的专利申请趋势如图 6-8 所示，机械及运动量传感器 IPC 含义和专利申请量见表 6-7。从时间轴（横向）看各细分技术分支的专利申请变化可知：每一优势细分技术分支的专利申请量随着时间的推移呈现出的态势不一致。

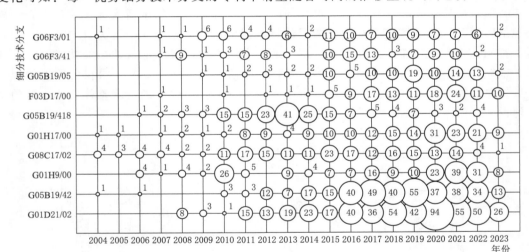

图 6-8 机械及运动量传感器细分技术分支的专利申请趋势图

表 6-7　　　　　　　　机械及运动量传感器 IPC 含义和专利申请量

IPC	含　义	专利申请量 /件
G01D21/02	用不包括在其他单个小类中的装置来测量两个或更多个变量	496
G05B19/42	记录和重放系统，即在此系统中记录了来自操作循环的程序，例如人为控制循环操作，然后在同一机器上重放这个记录	365
G01H9/00	应用对辐射敏感的装置，例如光学装置，测量机械振动或超声波、声波或次声波	205

IPC	含　义	专利申请量/件
G08C17/02	用无线电线路	199
G01H17/00	不包含在本小类其他组中的机械振动或超声波、声波或次声波的测量	183
G05B19/418	全面工厂控制，即集中控制许多机器，例如直接或分布数字控制（DNC）、柔性制造系统（FMS）、集成制造系统（IMS）、计算机集成制造（CIM）	175

其中，专利申请量位于榜首的 G01D21/02（测量两个或更多个变量）自 2011—2020 年呈现出持续增长的态势。专利申请量位于第二的 G05B19/42（记录和重放系统，即在此系统中记录了来自操作循环的程序，例如人为控制循环操作，然后在同一机器上重放这个记录）自 2004—2019 年呈现出持续增长的态势，2020 年后专利申请量约为 13～38 项，专利申请增长速率缓慢。专利申请量位于第三的 G01H9/00（应用对辐射敏感的装置，例如光学装置，测量机械振动或超声波、声波或次声波）自 2006 年至今呈现出持续增长的态势。专利申请量位于第四的 G08C17/02（用无线电线路），2015 年专利申请量达到高峰，2016 年至今专利申请量增长速率呈现出缓慢的下降态势。专利申请量排名第五的 G01H17/00（不包含在本小类其他组中的机械振动或超声波、声波或次声波的测量）自 2004 年至今呈现出持续增长的态势，但是增长率相对较低。

2. 电磁量传感器技术分布分析

电磁量传感器细分技术分支的专利申请趋势如图 6-9 所示，局部放电传感器 IPC 含义和专利申请量见表 6-8。从时间轴（横向）来看各优势细分技术分支的专利申请变化可知：每一优势细分技术分支的专利申请量数量差距较小并且随着时间的推移近两年有减小的态势。

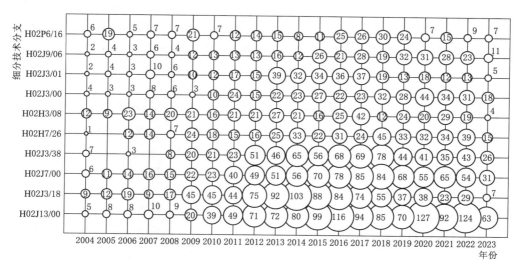

图 6-9　电磁量传感器细分技术分支的专利申请趋势图

表 6 - 8　　　　　　　　　　　　电磁量传感器 IPC 含义和专利申请量

IPC	含　义	专利申请总量/件
H02J13/00	供电或配电网络中的开关装置进行远距离控制的电路装置	1241
H02J3/18	对配电网络中调整、消除或补偿无功功率的装置	905
H02J7/00	用于电池组的充电或去极化或用于由电池组向负载供电的装置	893
H02J3/38	由两个或两个以上发电机、变换器或变压器对 1 个网络并联馈电的装置	704
H02H7/26	电缆或线路系统的分段保护，例如当发生短路、接地故障或电弧放电时切断一部分电路	440
H02H3/08	对过电流响应的	396

　　其中专利申请量位于榜首的 H02J13/00（供电或配电网络中的开关装置进行远距离控制的电路装置）自 2004—2016 年呈现出持续增长的态势，2017 年至今专利申请呈波浪式增长。专利申请量位于第二的 H02J3/18（对配电网络中调整、消除或补偿无功功率的装置）、专利申请量位于第三的 H02J7/00（用于电池组的充电或去极化或用于由电池组向负载供电的装置）、专利申请量位于第四的 H02J3/38（由两个或两个以上发电机、变换器或变压器对 1 个网络并联馈电的装置）、专利申请量排名第五的 H02H7/26（电缆或线路系统的分段保护，例如当发生短路、接地故障或电弧放电时切断一部分电路）呈现出持续增长的态势，但彼此数量差距不大，增长率相对较低。2011—2016 年，位于榜首的供电或配电网络中的开关装置进行远距离控制的电路装置技术快速增长，而排名第二～第五的技术分类则以较为平缓的速率增长。

　　对比不同 IPC 对应的年度专利申请量的变化，以洞察不同优势细分技术分支的发展差异，可知：申请量排名第二的 H02J3/18 在 2014 年曾达到数量峰值，随后数量减少。申请量位于第三的 H02J7/00（用于电池组的充电或去极化或用于由电池组向负载供电的装置）则在 2017 年达到数量峰值，随后数量减少。申请量位于第四的 H02J3/38（由两个或两个以上发电机、变换器或变压器对 1 个网络并联馈电的装置）在 2018 年达到数量峰值，随后数量减少。

　　3. 局部放电传感器技术分布分析

　　局部放电检测传感器细分技术分支的专利申请趋势如图 6 - 10 所示，局部放电传感器 IPC 含义和专利申请量见表 6 - 9。从时间轴（横向）看各优势细分技术分支的专利申请变化可知：各细分技术分支的专利申请量随着时间的推移呈现出的变化趋势显著不同。具体地：专利申请量位于榜首的 G01R31/12（测试介电强度或击穿电压）自 2004 至今呈现出快速增长的态势。专利申请量排名第二～第五的 H02J13/00（对网络情况提供远距离指示的电路装置，例如网络中每个电路保护器的开合情况的瞬时记录；对配电网络中的开关装置进行远距离控制的电路装置，例如用网络传送的脉冲编码信号接入或断开电流用户）、G01R31/00（电性能的测试装置；电故障的探测装置；以所进行的测试在其他位置未提供为特征的电测装置）；G01R31/08（探测电缆、传输线或网络中的故障）、G01D21/02（用不包括在其他单个小类中的装置来测量两个或更多个变量）近 20 年虽有增长，但是增速缓慢。对比不同 IPC 对应的年度专利申请量的变化，以洞察不同优势细分技术分支的发展差异，可知：申请量排名第一的 G01R31/12 在增长周期内的增长速率显著高于排名第二～第五的 H02J13/00（对网络情况提供远距离指示的电路装置，例如网络中每个电路保护器的开合情况的瞬时记录；对配电网络中的开关装置进行远距离控制的电路装置，例如用网络传送的脉冲编码信号接入或断开电流用户）、G01R31/00（电性能的测试装置；电故障的探测装置；以所进行的测试在其他位置未提供为特征的电测试装置）、G01R31/08（探测电缆、传输线或网络中的故障）、G01D21/02（用不包括在其他单个小类中的装置来测量两个或更多个变量）。这表明，局部放电传感器技术上，以测试介电强度或击穿电压技术分支为主导。

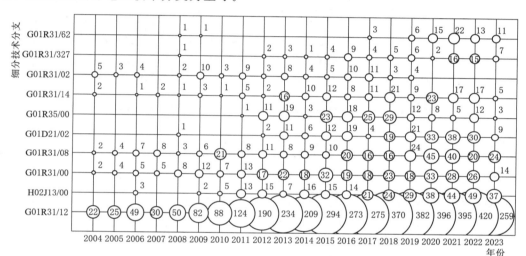

图 6-10 局部放电检测传感器细分技术分支的专利申请趋势图

表 6-9 局部放电传感器 IPC 含义和专利申请量

IPC	含　义	专利申请总量/件
G01R31/12	测试介电强度或击穿电压	4167
H02J13/00	对网络情况提供远距离指示的电路装置，例如网络中每个电路保护器的开合情况的瞬时记录；对配电网络中的开关装置进行远距离控制的电路装置，例如用网络传送的脉冲编码信号接入或断开电流用户	332
G01R31/00	电性能的测试装置；电故障的探测装置；以所进行的测试在其他位置未提供为特征的电测试装置	324
G01R31/08	探测电缆、传输线或网络中的故障	302
G01D21/02	用不包括在其他单个小类中的装置来测量两个或更多个变量	205
G01R35/00	包含在本小类其他组中的仪器的测试或校准	169

4. 光纤传感器技术分布分析

光纤传感器细分技术分支的专利申请趋势如图 6-11 所示，光纤传感器 IPC 含义和专利申请量见表 6-10。从时间轴（横向）看各优势细分技术分支的专利申请变化可知：每一优势细分技术分支的专利申请量随着时间的推移均呈现出增长的态势。

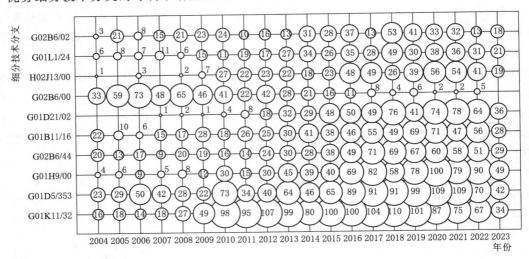

图 6-11　光纤传感器细分技术分支的专利申请趋势图

表 6-10　　　　　　　　　　　　　光纤传感器 IPC 含义和专利申请量

IPC	含　义	专利申请量/件
G01K11/32	利用在光纤中的透射、散射或荧光的变化的温度测量	1,399
G01D5/353	影响光纤的传输特性的测试测量	1,216
G01H9/00	应用对辐射敏感的装置，例如光学装置，测量机械振动或超声波、声波或次声波	848
G02B6/44	用于为光导纤维提供抗拉强度和外部保护的机械结构，例如，光学传输电缆	702
G01B11/16	用于计量固体的变形	697
G01D21/02	用不包括在其他单个小类中的装置来测量两个或更多个变量	611

专利申请量位于榜首的 G01K11/32（利用光纤的温度测量）自 2004 年开始至 2012 呈现出较快的增长的态势，2013—2019 年保持稳定申请量，近 4 年申请量略有减少。专利申请量位于第二的 G01D5/353（影响光纤的传输特性的测试测量）自 2004 年至今均保持稳定的数量状态，在 2008 年被榜首的 G01K11/32 追平，在 2016 年后有一个小幅度增长阶段。专利申请量位于第三的 G01H9/00（应用对辐射敏感的装置，例如光学装置，测量机械振动或超声波、声波或次声波）、专利申请量位于第四的 G02B6/44（用于为光导纤维提供抗拉强度和外部保护的机械结构，例如，光学传输电缆）和专利申请量排名第五的 G01B11/16（计量固体的变形）自 2011 年至今呈现出持续小幅增长的态势，但是增长率相对较低。

对比不同 IPC 对应的年度专利申请量的变化，以洞察不同优势细分技术分支的发展差异，可知：申请量排名榜首的 G01K11/32 呈现主导性的快速增长，增速和数量均遥遥领先其他技术分支，位于第二的 G01D5/353 则始终维持一定的专利数量，但增速变化不大。而其后三位的技术分支，尽管持续小幅增长，但增速缓慢。这表明，光纤传感器技术上从关注光纤传输技术逐步聚焦于基于光纤中的透射、散射或荧光的变化而实现的各种感测技术。

5. 光学传感器技术分布分析

光学传感器细分技术分支的专利申请趋势如图 6-12 所示，光学传感器 IPC 含义和专利申请量见表 6-11。从时间轴（横向）看各优势细分技术分支的专利申请变化可知：每一优势细分技术分支的专利申请量数量差距较小并且随着时间的推移均呈现出增长的态势。

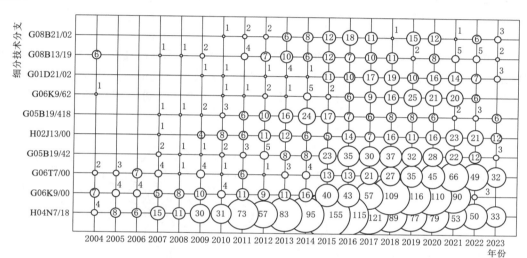

图 6-12 光学传感器细分技术分支的专利申请趋势图

表 6-11 光学传感器 IPC 含义和专利申请量

IPC	含　义	专利申请量/件
H04N7/18	电通信技术的闭路电视系统，即电视信号不广播的系统	1185
G06K9/00	用于阅读或识别印刷或书写字符或者用于识别图形	657
G06T7/00	图像分析	337
G05B19/42	记录和重放系统，即在此系统中记录了来自操作循环的程序，例如人为控制循环操作，然后在同一机器上重放这个记录	252
H02J13/00	对供电或配电网络情况提供远距离指示的电路装置	173
G05B19/418	全面工厂控制，即集中控制许多机器，例如直接或分布数字控制（DNC）、柔性制造系统（FMS）、集成制造系统（IMS）、计算机集成制造（CIM）	125

专利申请量位于榜首的 H04N7/18（电通信技术的闭路电视系统，即电视信号不广播的系统）自 2004—2015 年呈现出持续增长的态势，随后数量减少。专利申请量位于第二的 G06K9/00（用于阅读或识别印刷或书写字符或者用于识别图形）自 2004—2012 年专利申请量少且稳定，2013 年至今专利申请量增长速度较快。专利申请量位于第三、第四的 G06T7/00（图像分析）和 G05B19/42（记录和重放系统，即在此系统中记录了来自操

作循环的程序，例如人为控制循环操作，然后在同一机器上重放这个记录）2014 年之前专利申请量少，于 2015 年后，专利申请量呈增长速率。专利申请量位于第五的 H02J13/00（对供电或配电网络情况提供远距离指示的电路装置）专利申请量少且变化不大。

对比不同 IPC 对应的年度专利申请量的变化，以洞察不同优势细分技术分支的发展差异，可知：申请量排名榜首的 H04N7/18（电通信技术的闭路电视系统，即电视信号不广播的系统）在 2015 年曾达到数量峰值，随后数量减少。申请量位于第二的 G06K9/00（用于阅读或识别印刷或书写字符或者用于识别图形）细分技术近年来增速明显较快。这表明，光学传感器技术上从传统的单纯摄像头之类的图像记录采集正转向基于智能化的图像识别处理，但申请数量尚未达到峰值，未来年度申请量将呈现出持续增长的态势。

6. 环境传感器技术分布分析

环境传感器细分技术分支的专利申请趋势如图 6-13 所示，环境传感器 IPC 含义和专利申请量见表 6-12。从时间轴（横向）看各优势细分技术分支的专利申请变化可知：每一优势细分技术分支的专利申请量数量差距较小并且随着时间的推移均呈现出增长的态势。

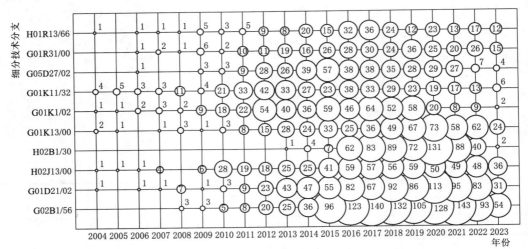

图 6-13　环境传感器细分技术分支的专利申请趋势图

表 6-12　　　　　　　　　　　　　环境传感器 IPC 含义和专利申请量

IPC	含　　义	专利申请量/件
H02B1/56	冷却；通风的框架、盘、板、台、机壳；变电站或开关零部件	1114
G01D21/02	用不包括在其他单个小类中的装置来测量两个或更多个变量	840
H02J13/00	对配电网络中的开关装置进行远距离控制的电路装置	583
H02B1/30	供电或配电用的配电盘、变电站或开关装置的间隔型外壳；其他部件或配件	579
G01K13/00	特殊用途温度计	513
G01K1/02	指示或记录装置的特殊应用	506

专利申请量位于榜首的 H02B1/56（冷却；通风的框架、盘、板、台、机壳；变电站或开关零部件）自 2008 年开始至 2017 年呈现出持续增长的态势。专利申请量位于第二的 G01D21/02（用不包括在其他单个小类中的装置来测量两个或更多个变量）细分技术自 2011 年—2020 年呈现出持续增长的态势。专利申请量位于第三的 H02J13/00（对配电网络中的开关装置进行远距离控制的电路装置）、专利申请量位于第五的 G01K13/00（特殊用途温度计）则可以看到在 2010 年之前数量很少，而在 2010 年之后开始快速增长，在 2019 年左右达到峰值。专利申请量位于第四的 H02B1/30（供电或配电用的配电盘、变电站或开关装置的间隔型外壳；其他部件或配件）2015 年之前专利申请量很少，2015 年之后发展迅速，专利申请量增加迅猛。

对比不同 IPC 对应的年度专利申请量的变化，以洞察不同优势细分技术分支的发展差异，可知：申请量排名榜首的 H02B1/56 仍处于持续增长的态势，尚未达到峰值。申请量位于第二的 G01D21/02 细分技术则并未直接涉及感测技术近年来增速明显。这表明，环境传感器技术上，电力领域中环境类传感器多用于温度的调节、冷却设备等场景中。

7. 磁敏传感器技术分布分析

磁敏感传感器细分技术分支的专利申请趋势如图 6-14 所示，磁敏感传感器 IPC 含义和专利申请量见表 6-13。从时间轴（横向）看各优势细分技术分支的专利申请变化可知：每一优势细分技术分支的专利申请量数量差距较小并且随着时间的推移均呈现出随机增长态势。

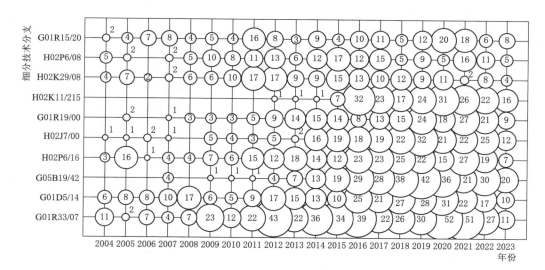

图 6-14　磁敏感传感器细分技术分支的专利申请趋势图

表 6-13　　　　　　　　　　　　磁敏感传感器 IPC 含义和专利申请量

IPC	含　义	专利申请量/件
G01R33/07	霍尔效应器件	481
G01D5/14	影响电流或电压的大小	305

续表

IPC	含　义	专利申请量/件
G05B19/42	记录和重放系统，即在此系统中记录了来自操作循环的程序，例如人为控制循环操作，然后在同一机器上重放这个记录	294
H02P6/16	用于检测位置的电路装置	273
H02J7/00	用于电池组的充电或去极化或用于由电池组向负载供电的装置	230
G01R19/00	用于测量电流或电压或者用于指示其存在或符号的装置	204

专利申请量位于榜首的 G01R33/07（霍尔效应器件）专利申请量无明显增长，年申请量变化不大。专利申请量位于第二的 G01D5/14（影响电流或电压的大小）年申请量整体变化不大。专利申请量位于第三的 G05B19/42（记录和重放系统，即在此系统中记录了来自操作循环的程序，例如人为控制循环操作，然后在同一机器上重放这个记录）自 2012 年开始有明显的增长趋势。专利申请量位于第四、第五的技术分支分别涉及用于检测位置的电路装置、用于电池组的充电或去极化或用于由电池组向负载供电的装置，专利申请量 2014 年后专利年申请量在 20 件左右，变化不大。

对比不同 IPC 对应的年度专利申请量的变化，以洞察不同优势细分技术分支的发展差异，可知：申请量排名榜首的 G01R33/07（霍尔效应器件）和申请量位于第二的 G01D5/14（影响电流或电压的大小）专利年申请量小且变化不大，表明技术尚未成熟。而第三、第四的技术分支，尽管有一定数量的专利申请，但仍处于技术应用早期的随机增长态势。

8. 其他传感器技术分布分析

其他传感器细分技术分支的专利申请趋势如图 6-15 所示，其他传感器 IPC 含义和专利申请量见表 6-14。从时间轴（横向）看各优势细分技术分支的专利申请变化可知：每一优势细分技术分支的专利申请量数量差距较小并且随着时间的推移均呈现出随机增长态势。

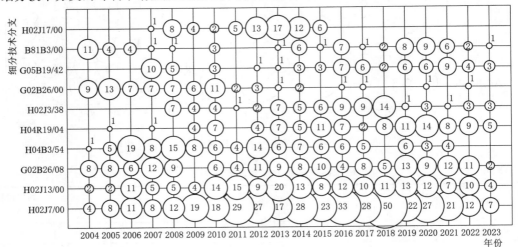

图 6-15　其他传感器细分技术分支的专利申请趋势图

表 6 - 14 **其他传感器 IPC 含义和专利申请量**

IPC	含　义	专利申请量/件
H02J7/00	用于电池组的充电或去极化或用于由电池组向负载供电的装置	404
H02J13/00	对网络情况提供远距离指示的电路装置，例如网络中每个电路保护器的开合情况的瞬时记录；对配电网络中的开关装置进行远距离控制的电路装置，例如用网络传送的脉冲编码信号接入或断开电流用户	187
G02B26/08	传声器	155
H04B3/54	通过电力配电线传输的系统	123
H04R19/04	从电线或电缆上除冰或雪的装置	104
H02J3/38	由两个或两个以上发电机、变换器或变压器对 1 个网络并联馈电的装置	79

专利申请量位于榜首的 H02J7/00（用于电池组的充电、去极化，用于由电池组向负载供电的装置）专利申请量无明显增长，年申请量变化不大。专利申请量位于第二的 H02J13/00（对网络情况提供远距离指示的电路装置，例如网络中每个电路保护器的开合情况的瞬时记录；对配电网络中的开关装置进行远距离控制的电路装置，例如用网络传送的脉冲编码信号接入或断开电流用户）年申请量整体变化不大。专利申请量位于第三、第四的技术分支分别涉及传声器、通过电力配电线传输的系统和从电线或电缆上除冰或雪的装置，彼此相比专利数量差距不大，年增长情况更处于技术应用早期的随机增长态势。

对比不同 IPC 对应的年度专利申请量的变化，以洞察不同优势细分技术分支的发展差异，可知：申请量排名榜首的 H02J7/00（用于电池组的充电或去极化或用于由电池组向负载供电的装置）和申请量位于第二的 H02J13/00（对网络情况提供远距离指示的电路装置，例如网络中每个电路保护器的开合情况的瞬时记录；对配电网络中的开关装置进行远距离控制的电路装置，例如用网络传送的脉冲编码信号接入或断开电流用户）专利年申请量小且变化不大，表明技术尚未成熟。而第三、第四的技术分支，尽管有一定数量的专利申请，但仍处于技术应用早期的随机增长态势。

6.3.3　中国专利分析

中国专利分析的重点从总体情况、申请人、技术主题、专利质量和专利运营五个维度开展分析。

通过总体情况分析洞察传感器技术在中国已申请专利的整体情况以及当前的专利申请活跃度，以重点揭示全球申请人在中国的创新集中度和创新活跃度。

通过申请人分析洞察传感器技术的专利主要持有者，主要持有者的专利申请总量，以及在专利申请总量上占有优势的申请人的当前专利申请活跃度情况，以从申请人的维度揭示创新集中度和创新活跃度。

通过技术主题分析洞察传感器技术的技术布局热点和热点技术的专利申请活跃度，以从技术的维度揭示创新集中度和创新活跃度。

通过专利质量分析洞察创新价值度，并进一步通过高质量专利的优势申请人分析以洞察高质量专利的主要持有者。

通过专利运营分析洞察创新开放度。

6.3.3.1 总体情况分析

以电力信通领域传感器技术为检索边界，获取在中国申请的专利数据，以此为数据基础开展总体情况分析。总体情况分析涉及总体（包括发明和实用新型）申请趋势、发明专利的申请趋势和实用新型专利的申请趋势。专利申请总体趋势如图 6-16 所示。

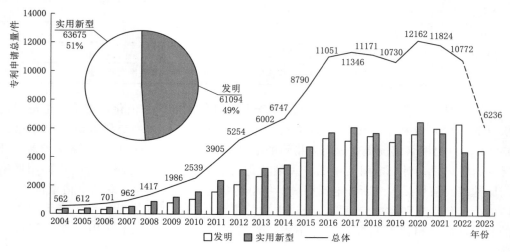

图 6-16 中国专利申请总体趋势图

中国专利申请的总体趋势分析来看，从 2004 年开始发明和实用新型专利均呈持续增加的态势，尤其在 2010 年后增速显著增加，造成两者之和的专利总量呈快速增加态势；从专利类型来看，在 2021 年前实用新型专利数量略高于发明专利，而在 2021 年之后则发明专利超越实用新型专利，发明专利增多表明中国专利质量有增高趋势，申请人对中国专利的重视程度持续增加，希望在电力传感器领域获取更多竞争优势。

6.3.3.2 申请人分析

中国专利申请人申请量及申请活跃度分布如图 6-17 所示，从专利申请量来看，在电力信通领域传感器技术相关专利中国总体申请量排名中，国家电网有限公司、中国电力科学研究院有限公司、广东电网有限责任公司的专利申请量位居前三位，在排名前十的申请人中，网内企业包括国家电网有限公司、广东电网有限责任公司、国网上海市电力公司、江苏省电力公司、国网福建省电力有限公司，研究院所包括中国电力科学研究院有限公司、云南电网有限责任公司电力科学研究院，高校包括华北电力大学、浙江大学、西安交通大学。在申请总量方面，国家电网有限公司总量遥遥领先，高达 10739 件。其余申请人的专利申请数量相对于国家电网有限公司的专利申请数量呈骤减的态势，专利申请数量从 200～900 件不等。

在中国进行专利申请的国外专利申请人申请量及申请活跃度分布如图 6-18 所示，从专利申请量来看，电力信通领域传感器技术相关专利外国人在华申请量排名中，丰田自

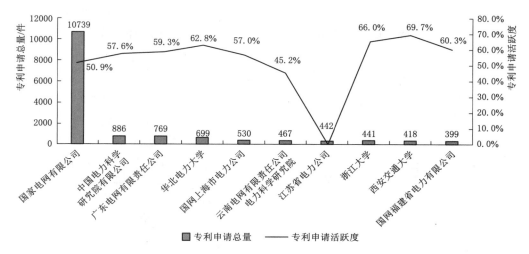

图 6-17 中国专利申请人申请量及申请活跃度分布图

动车株式会社、西门子公司、三菱电机株式会社的专利申请量位居前三位，在排名前十的申请人中，全部为公司，包括丰田自动车株式会社、西门子公司、三菱电机株式会社、罗伯特·博世有限公司、施耐德电器工业公司、株式会社电装、ABB 瑞士股份有限公司、现代自动车株式会社、日立能源有限公司等。在申请总量方面，各余申请人的专利申请数量相差不大，专利申请数量从 40～100 件不等。

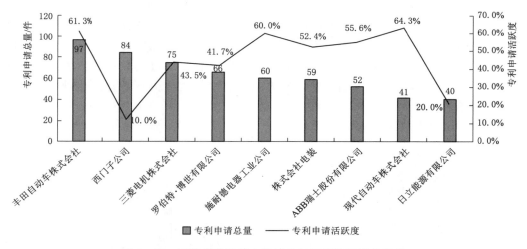

图 6-18 国外专利申请人申请量及申请活跃度分布图

供电企业专利申请人申请量及申请活跃度分布如图 6-19 所示。从专利申请量来看，电力信通领域传感器技术相关专利国内网内企业申请量排名中，国家电网有限公司、广东电网有限责任公司、国网上海市电力公司位居前三位，排名第一的是国家电网有限公司，申请量为 10739 件，遥遥领先于其他申请人，在排名前十的申请人中，包括国家电网有限公司、广东电网有限责任公司、国网上海市电力公司、江苏省电力公司、国网福建省电力有限公司、国网天津市电力公司、深圳供电局有限公司、贵州电网有限责任公司、国网江苏省电力有限公司、上海市电力公司等。在申请总量方面，除国家电网公司外，各余申请人的专利申请数量相差不大，专利申请数量从 200～800 件不等。

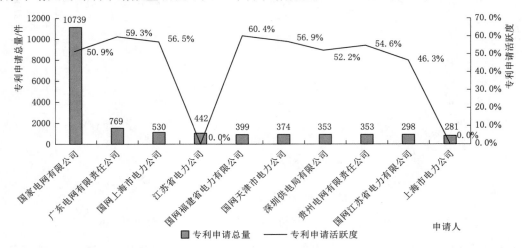

图 6-19　供电企业专利申请量及申请活跃度分布图

非供电企业专利申请量及申请活跃度分布如图 6-20 所示，从专利申请量来看，电力信通领域传感器技术相关专利国内网外企业的申请量排名中，西安热工研究院有限公司、中国西电电气股份有限公司、中国华能集团清洁能源技术研究院有限公司位居前三位，排名第一的是西安热工研究院有限公司，申请量为 199 件，在排名前十的申请人中，包括西安热工研究院有限公司、中国西电电气股份有限公司、中国华能集团清洁能源技术研究院有限公司、珠海格力电器股份有限公司、无锡同春新能源科技有限公司、上海乐研电气有限公司、大连北方互感器集团有限公司、国电联合动力技术有限公司、丰田自动车株式会社等。在申请总量方面，各申请人的专利申请数量相差不大，专利申请数量从90～200 件不等。

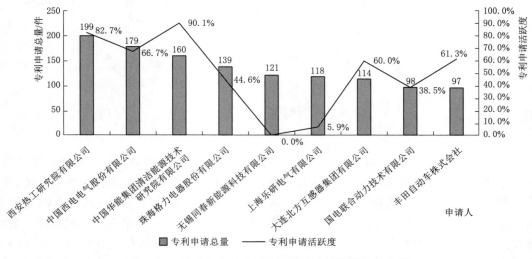

图 6-20　非供电企业专利申请量及申请活跃度分布图

电力科研院所专利申请量及申请活跃度分布如图 6-21 所示，从专利申请量来看，电力信通领域传感器技术相关专利各省电科院申请量排名中，中国电力科学研究院有限公司、云南电网有限责任公司电力科学研究院、广西电网有限责任公司电力科学研究院的专利申请量位居前三位，排名第一的是中国电力科学研究院有限公司，申请量为 886 件，遥遥领先于其他申请人，在排名前十的申请人中，包括中国电力科学研究院有限公司、云南电网有限责任公司电力科学研究院、广西电网有限责任公司电力科学研究院、国网电力科学研究院武汉南瑞有限责任公司、南方电网科学研究院有限责任公司、广东电网有限责任公司电力科学研究院、国网辽宁省电力有限责任公司电力科学研究院、西安热工研究院有限公司、国网山西省电力公司电力科学研究院、国网山东省电力公司电力科学研究院。在申请总量方面，除中国电力科学研究院有限公司外，各余申请人的专利申请数量相差不大，专利申请数量从 199～500 件不等。

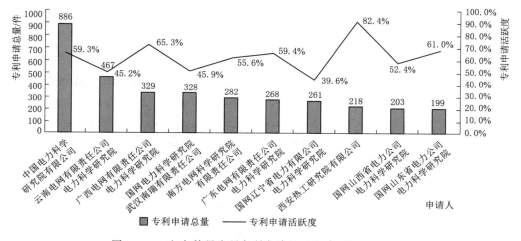

图 6-21 电力科研院所专利申请量及申请活跃度分布图

高校专利申请量及申请活跃度分布如图 6-22 所示，从专利申请量来看，电力信通领域传感器技术相关专利国内高校申请量排名中，华北电力大学、浙江大学、西安交通大学的专利申请量位居前三位，排名第一的是华北电力大学，申请量为 699 件，遥遥领先于其他申请人，在排名前十的申请人中，包括华北电力大学、浙江大学、西安交通大学、重庆大学、武汉大学、清华大学、西南交通大学、东南大学、哈尔滨理工大学、上海交通大学等。在申请总量方面，除华北电力大学外，各余申请人的专利申请数量相差不大，专利申请数量从 200～500 件不等。

6.3.3.3 技术主题分析

采用国际分类号 IPC（聚焦至小组）表征机械及运动量传感器、电磁量传感器、局部放电检测技术、光纤传感器、光学传感器、环境传感器、其他类别的传感器和磁敏传感器等领域的细分技术分支。横向上，通过每一 IPC 分支对应的年度申请量的变化表征每一细分技术分支的发展态势。纵向上，通过对比电力信通领域传感器技术不同 IPC 分支对应的年度专利申请量表征不同细分技术分支之间的发展差异。针对每个传感器分支类

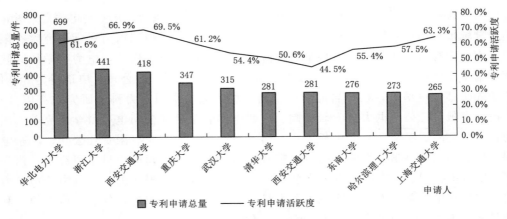

图 6-22　高等院校专利申请量及申请活跃度分布图

别，分析了近五年来的高频关键词及低频长词术语的词云，给出了每一细分技术分支的技术热点以及新技术热点分析。

1. 机械及运动量传感器技术分布分析

（1）IPC 申请趋势分布。机械及运动量传感器 IPC 细分技术分支的专利申请趋势如图 6-23 所示，机械及运动量传感 IPC 含义及专利申请量见表 6-15。

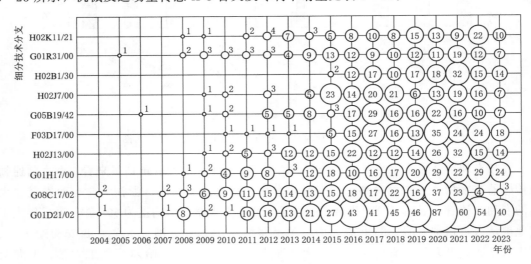

图 6-23　机械及运动量传感器 IPC 细分技术分支的专利申请趋势图

表 6-15　　　　　　　机械及运动量传感器 IPC 含义及专利申请量

IPC	含　义	专利申请量/件
G01D21/02	用不包括在其他单个小类中的装置来测量两个或更多个变量	516
G08C17/02	用无线电线路	230
G01H17/00	不在本小类其他组中的机械振动或超声波、声波或次声波测量	224

IPC	含　义	专利申请量/件
H02J13/00	供电或配电网络情况提供远距离指示的电路装置	197
F03D17/00	风力发电机的监控或测试，例如诊断	181
G05B19/42	记录和重放系统，即在此系统中记录了来自操作循环的程序	158

机械及运动量传感器技术在电力系统中的应用主要集中在分类号 G01D21/02、G08C17/02、G01H17/00 三个技术分支中。其中，分类号 G01D21/02（用不包括在其他单个小类中的装置来测量两个或更多个变量），此分类号下的专利数量最多，在 2020 年和 2021 年分别出现过小高峰。涉及无线电线路的分类号 G08C17/02 自 2011 年开始专利数量开始增加，在 2020 年达到最多 37 件。涉及振动声波相关测量的分类号 G01H17/00 自 2013 年开始增加直至 2020 年达到最多。分类号 H02J13/00（对网络情况提供远距离指示的电路装置）专利数量呈现逐步增加态势，在 2021 年达到高峰。

由此可知，涉及机械及运动量传感器的技术集中在多变量测量、无线电线路及声波振动测量三个方面。

（2）关键词云分析。机械及运动量传感器关键词云图如图 6-24 所示，对机械及运动量传感器近 5 年（2015—2019 年）的高频关键词云进行分析，可以发现传感器和控制器是核心的关键部件，在电力行业涉及机械及运动量传感器中，最突出的关键词就是压力传感器，而振动、位移、温度、角度、速度传感器则相对使用较少。涉及机械及运动量传感器的主要应用载体在发电侧主要为发电厂、发电机，在变电用电侧主要涉及电机及变压器，同时也广泛应用于输电线路监测领域。值得注意的是，机器人、客户端、GIS 等也作为技术关键词出现，表明未来会朝向自动化智能化趋势发展，准确性、可靠性、高精度是重点关注的性能指标。

机械及运动量传感器低频长词术语词云图如图 6-25 所示，机械及运动量传感器近 5 年（2015—2019 年）低频长词中，进一步给出了更多不常出现的传感器类型，例如拉力传感器、

图 6-24　机械及运动量传感器
关键词云图

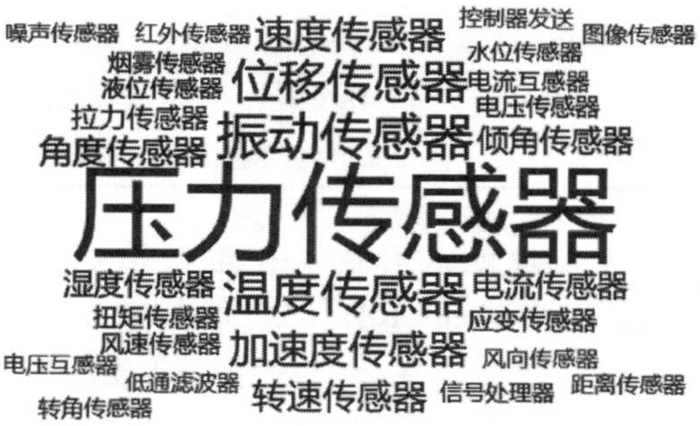

图 6-25　机械及运动量传感器低频
长词术语词云图

倾角传感器、方向传感器、扭矩传感器、拉力传感器，同时还出现了诸如烟雾、液位、水位、电流、噪声、图像等其他类别的传感器类型，表明机械及运动量传感器通常会与其他类别传感器配合使用。低通滤波器、信号处理器、控制器的出现表明传感器信号通常需要进行滤波等处理。

2. 电磁量传感器技术分布分析

（1）IPC 申请趋势分布。电磁量传感器 IPC 细分技术分支的专利申请趋势如图 6－26 所示，电磁量传感器 IPC 含义及专利申请量见表 6－16。

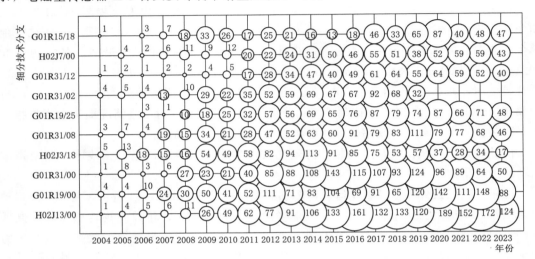

图 6－26　电磁量传感器 IPC 细分技术分支的专利申请趋势图

表 6－16　　　　　　　　　　　　电磁量传感器 IPC 含义及专利申请量

IPC	含　义	专利申请量/件
H02J13/00	对网络情况提供远距离指示的电路装置	1754
G01R19/00	用于测量电流或电压或者用于指示其存在或符号的装置	1418
G01R31/00	电性能的测试装置；电故障的探测装置	1291
H02J3/18	对配电网络中调整、消除或补偿无功功率的装置	994
G01R31/08	探测电缆、传输线或网络中的故障	987
G01R19/25	采用数字测量技术	924

电磁量传感器技术在电力信通领域传感器技术主要集中在分类号 H02J13/00、G01R19/00、G01R31/00 三个技术分支中。排名前六的技术分支中，都表现出 2011 年后开始快速增长，在 2015—2020 年先后到达一个高峰期的趋势。其中，分类号 H02J13/00（对网络情况提供远距离指示的电路装置），此分类号下的专利数量最多，在 2022 年到达高峰。G01R31/00（电性能的测试装置；电故障的探测装置）在 2015 年达到最大值。分类号 H02J3/18（对配电网络中调整、消除或补偿无功功率的装置）专利数量逐步增加，在 2014 年达到高峰。探测电缆、传输线或网络中的故障相关的专利分类号 G01R31/08 下

的专利在 2019 年后到达一个高峰。G01R19/25 仍处于持续增加状态，尚未达到高峰状态。

由上分析可知，电磁量传感器主要集中于针对电网络情况、电流电压或电性能、电故障的探测技术。

（2）关键词云图分析。电磁量传感器关键词云图如图 6-27 所示，对电磁量传感器近 5 年（2015—2019 年）的高频关键词进行分析，可以发现电流传感器、电流互感器及电压互感器是核心的关键词，在电力行业涉及电磁量传感器中，最突出的就是电流/电压互感器、电流/电压传感器，而霍尔传感器则相对频率较低。涉及电磁量传感器的主要应用载体包括继电器、断路器、电源、开关柜、变压器及输电线路，同时也涉及控制电路、控制器、IC 卡、三极管等。传感器相关性能指标主要涉及灵敏度、体积大小、电流值大小、稳定性等。

电磁量传感器低频长词术语词云图如图 6-28 所示，进一步对出现频率较低的长词术语进行分析，可以发现电磁式电流互感器、电子式电压互感器等进一步限定的互感器，同时相关专利中也会出现多种其他类型的传感器，例如机械及振动量相关传感器、环境相关传感器。同时也可以看到智能电能表、分布式电源等多种应用场景，故障指示器及系统可靠性等性能指标相关关键词。

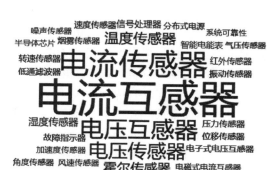

图 6-27　电磁量传感器关键词云图　　　　图 6-28　电磁量传感器低频长词术语词云图

3. 局部放电检测技术分布分析

（1）IPC 申请趋势分布。局部放电检测技术 IPC 含义及专利申请量见表 6-17，局部放电检测技术 IPC 细分技术分支的专利申请趋势如图 6-29 所示。

表 6-17　　　　　　　　　局部放电检测技术 IPC 含义及专利申请量

IPC	含　义	专利申请量/件
G01R31/12	测试介电强度或击穿电压	3186
H02J13/00	对网络情况提供远距离指示的电路装置	492
G01D21/02	用不包括在其他单个小类中的装置来测量两个或更多个变量	466
G01R31/00	电性能的测试装置；电故障的探测装置	367
G01R31/08	探测电缆、传输线或网络中的故障	239
G01R31/14	所用的电路	218

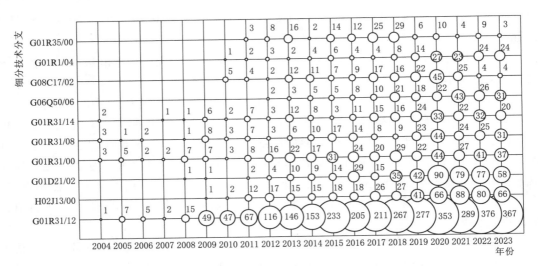

图 6-29　局部放电检测技术 IPC 细分技术分支的专利申请趋势图

局部放电传感器技术在电力系统中的应用主要集中在分类号 G01R31/12（测试介电强度或击穿电压）技术分支中。排名前六的技术分支中，都表现出 2012 年后开始增长，在 2020 年到达一个高峰期。其中，分类号 G01R31/12（测试介电强度或击穿电压）的专利数量最多，主要涉及局部放电的检测相关技术，该类传感器的 IPC 技术分支较为集中，表明核心关键技术仍然为直接相关的局部放电技术。

（2）关键词云分析。局部放电检测技术关键词云图如图 6-30 所示，对局部放电传感器近 5 年（2015—2019 年）的高频关键词进行分析，可以发现局部放电、变压器和传感器是核心的关键词，在电力行业涉及局部放电及检测的传感器中，主要应用载体为变压器、变电站、配电网及电力设备。为了实现有效控制，传感器会涉及数据监测、局放检测、采集器等过程控制关键词，对应性能指标为可靠性、灵敏度、准确度、工作效率等。值得注意的是，机器人、特高频、神经网络、GIS 等关键词也出现在局部放电检测的技术发展趋势中。

如图 6-31 所示，进一步对出现频率较低的长词术语进行分析，可以发现一方面出现

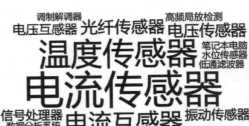

图 6-30　局部放电检测技术关键词云图　　　图 6-31　局部放电检测技术的低频长词术语词云图

了多种其他类型的传感器,另一方面高频局放检测表明这是局放检测的重点方向,同时也出现了气体绝缘开关、低功率线圈等相关装置术语。数据分析系统及信息管理系统表示局部放电检测技术中后续的分析及信息处理是重要技术环节。

4. 光纤传感器技术分布分析

(1) IPC 申请趋势分布。光纤传感器 IPC 细分技术分支的专利申请趋势如图 6-32 所示,光纤传感器 IPC 含义及专利申请量见表 6-18。

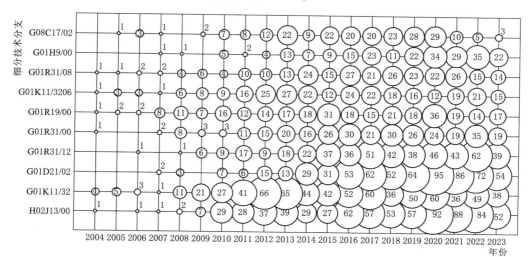

图 6-32 光纤传感器 IPC 细分技术分支的专利申请趋势图

表 6-18   光纤传感器 IPC 含义及专利申请量

IPC	含 义	专利申请量/件
H02J13/00	对网络情况提供远距离指示的电路装置	746
G01K11/32	利用在光纤中的透射、散射或荧光的变化的温度测量	711
G01D21/02	用不包括在其他单个小类中的装置来测量两个或更多个变量	644
G01R31/12	测试介电强度或击穿电压	477
G01R31/00	电性能的测试装置;电故障的探测装置	309
G01R19/00	用于测量电流或电压、用于指示其存在或符号的装置	297

光纤传感器技术排名前六的技术分支中,2009 年后开始快速增长,在电力系统中的应用主要集中在分类号 H02J13/00、G01K11/32、G01D21/02 三个技术分支中。分类号 H02J13/00(对网络情况提供远距离指示的电路装置)技术分支专利数量最多,在 2020 年到达一个高峰。涉及利用在光纤中的透射、散射或荧光的变化的温度测量的分类号 G01K11/32 在 2012 年到达高峰。G01D21/02(用不包括在其他单个小类中的装置来测量两个或更多个变量)相关专利仍在稳步增长,上述结果表明,对网络情况提供远距离指示的电路装置仍是主要的技术发展方向。

(2) 关键词云分析。光纤传感器关键词云图如图 6-33 所示,对光纤传感器近 5 年

（2015—2019 年）的高频关键词进行分析，可以发现光纤传感器、控制器、探测器、温度传感器等是核心的关键词，在电力行业涉及光纤传感器的主要应用载体为变压器、输电线路、断路器、激光器、变电站等设备。传感器涉及的性能指标主要包括稳定性、灵敏度、可靠性等指标。值得注意的是，机器人、陀螺仪等关键词的出现，以及在线监测作为光纤传感器的技术发展趋势，体现了实时电网智能化监测的重要性。

光纤传感器低频长词术语词云图如图 6 - 34 所示，进一步对出现频率较低的长词术语进行分析，可以发现最重要的关键词是温度传感器，同时还出现了多种其他类型传感器，表明光纤传感器通常会与其他传感器组合使用，监测多种物理量。分布式光纤传感代表了光纤传感的发展方向。

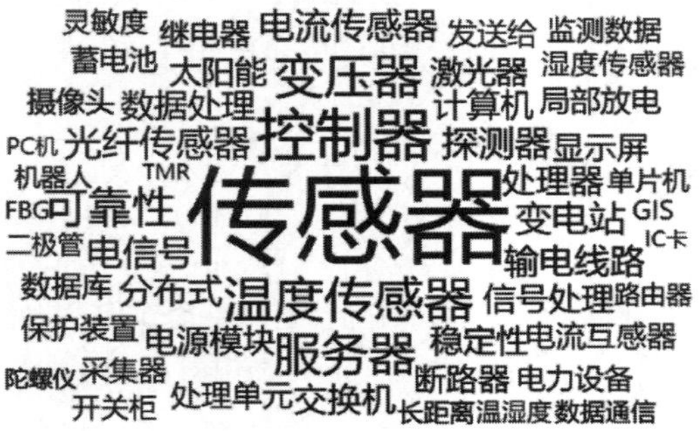

图 6 - 33　光纤传感器关键词云图 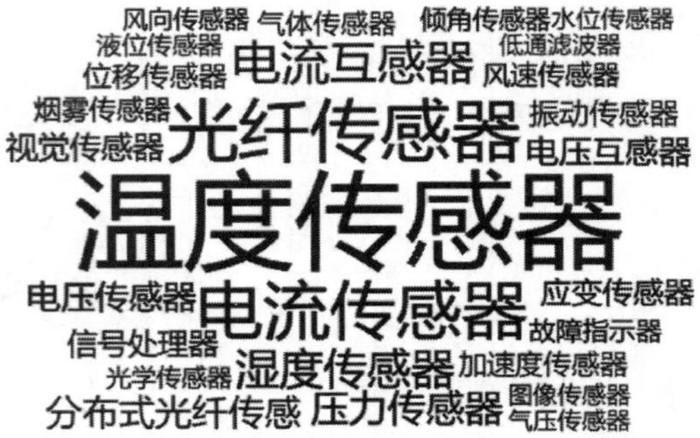　　　　　图 6 - 34　光纤传感器低频长词术语词云图

5. 光学传感器技术分布分析

（1）IPC 申请趋势分布。光学传感器 IPC 细分技术分支的专利申请趋势如图 6 - 35 所示，光学传感器 IPC 含义及专利申请量见表 6 - 19。

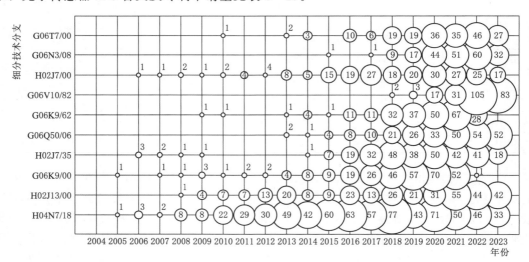

图 6 - 35　光学传感器 IPC 细分技术分支的专利申请趋势图

光学传感器技术排名前六的技术分支中，2010 年后开始快速增长，在电力系统中的应用主要集中在分类号 H04N7/18、H02J13/00、G06K9/00。三个技术分支中分类号

H04N7/18（闭路电视系统，即电视信号不广播的系统）技术分支专利数量最多，在 2020 年到达一个高峰。配电网远程控制相关的专利分类号 H02J13/00 下的专利在 2015 年至今始终处于比较活跃的状态。涉及用于阅读或识别印刷或书写字符或者用于识别图形的分类号 G06K9/00 则在 2015 年起发展较快，从 2012 年快速增长。上述结果表明，电通信技术的闭路电视系统技术是主要的技术发展方向。

表 6 - 19　　　　　　　　　　光学传感器 IPC 含义及专利申请量

IPC	含　义	专利申请量/件
H04N7/18	电通信技术的闭路电视系统，即电视信号不广播的系统	694
H02J13/00	对供电或配电网络情况提供远距离指示的电路装置	324
G06K9/00	用于阅读或识别印刷或书写字符或者用于识别图形	303
H02J7/35	有光敏电池的	303
G06Q50/06	电力、天然气或水供应	261
G06K9/62		244

　　（2）关键词云分析。光学传感器关键词云图如图 6 - 36 所示，对光学传感器近 5 年（2015—2019 年）的高频关键词进行分析，可以发现红外传感器、控制器、图像识别、摄像头等是核心的关键词，在电力行业涉及光学传感器的主要应用载体为太阳能电池板、配电网、电源、变电站、开关柜等电力设备。光学传感器涉及的性能指标包括准确度，这主要是指图像识别的准确度。值得注意的是，摄像头、机器人、机械手、电动车等作为光学传感器的物理载体成为技术发展趋势，体现了智能化实时监测、无人监测、远程监测的新需求。

　　如图 6 - 37 所示，进一步对出现频率较低的长词术语进行分析，可以发现最重要的关键词是红外传感器，进一步给出光学传感器具体可包括光纤传感器、红外摄像机、可见光传感器、图像传感器、视觉传感器、紫外传感器。同时，智能电能表、人工神经网络、分布式计算、移动机器人等术语的出现表明基于光学传感器数据应用人工智能大数据等先进技术解决电网相关的远程图像识别、机器人巡线巡检等应用已经成为主要发展方向。

图 6 - 36　光学传感器关键词云图

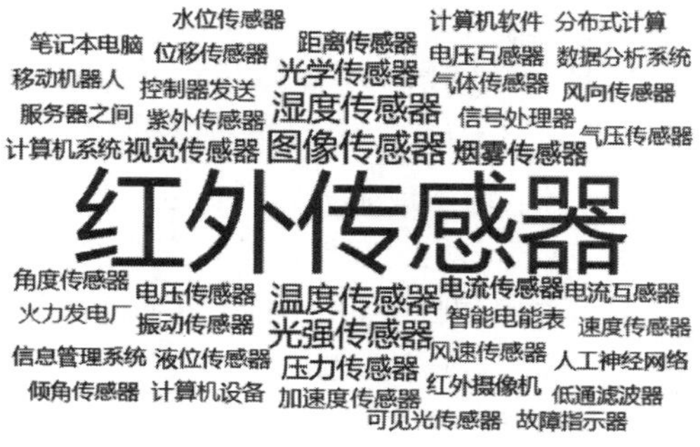

图 6 - 37　光学传感器低频长词术语词云图

6. 环境传感器技术分布分析

（1）IPC 申请趋势分布。环境传感器 IPC 细分技术分支的专利申请趋势图如图 6-38 所示，环境传感器 IPC 含义及专利申请量见表 6-20。

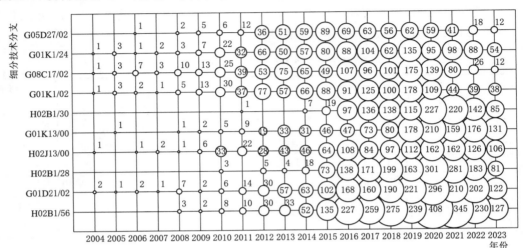

图 6-38　环境传感器 IPC 细分技术分支的专利申请趋势图

表 6-20　　　　　　　　　　　环境传感器 IPC 含义及专利申请量

IPC	含　义	专利申请量/件
H02B1/56	冷却；通风的框架、盘、板、台、机壳；变电站或开关零部件	2383
G01D21/02	用不包括在其他单个小类中的装置来测量两个或更多个变量	1856
H02B1/28	防尘、防溅、防滴、防水或防火	1620
H02J13/00	对网络情况提供远距离指示的电路装置	1204
G01K13/00	特殊用途温度计	1201
H02B1/30	供电或配电用的配电盘、变电站或开关装置的间隔型外壳	1187

　　环境传感器技术排名前六的技术分支中，2011 年后开始快速增长，在电力系统中的应用主要集中在分类号 H02B1/56、G01D21/02、H02B1/28 三个技术分支中。分类号 H02B1/56（冷却；通风的框架、盘、板、台、机壳；变电站或开关零部件）技术分支专利数量最多，在 2020 年到达一个高峰，其主要提供环境传感器的工作空间或监测环境。多变量检测相关的专利分类号 G01D21/02 下的专利在 2020 年到达一个高峰。分类号 H02B1/28（防尘、防溅、防滴、防水或防火）则在近年发展较快，2020 年到达一个高峰。上述结果表明，基于环境传感器的相关部件以及相配合的工作空间结构是主要的技术发展方向。

　　（2）关键词云分析。环境传感器关键词云图如图 6-39 所示，对环境传感器近 5 年（2015—2019 年）的高频关键词进行分析，可以发现温度传感器、湿度传感器、控制器、变压器等是核心的关键词，在电力行业涉及环境传感器的主要应用载体为变压器、电源、变电站、开关柜、继电器、断路器等电力设备。环境传感器性能指标包括可靠性、稳定性、实用性，涉及物理量主要是温湿度。相关联的部件主要为控制器、PLC 控制器、单片机及壳体、箱体、风扇、风机等。值得注意的是，散热是主要功能需求，基于互联网的智能在线监测成为技术发展趋势。

环境传感器低频长词术语词云图如图 6-40 所示，进一步对出现频率较低的长词术语进行分析，可以发现最重要的关键词是温度传感器及湿度传感器，进一步给出环境相关的雨量传感器、水位传感器、噪声传感器、烟雾传感器、水浸传感器、风速传感器等多种类型传感器。

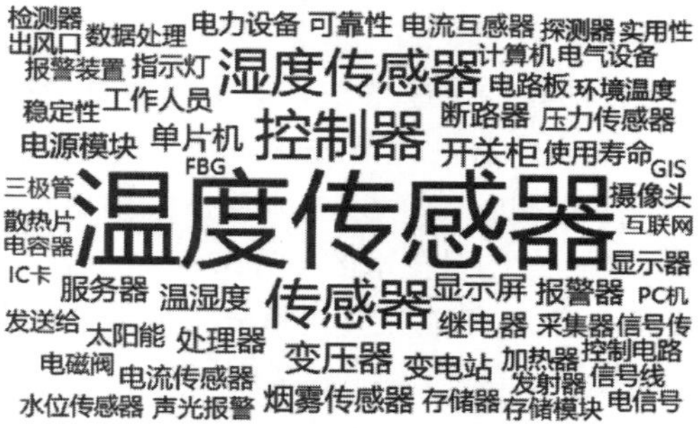

图 6-39　环境传感器关键词云图 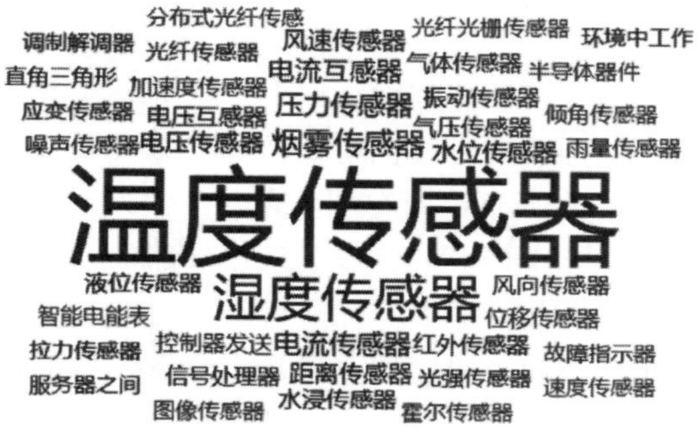　　　　图 6-40　环境传感器低频长词术语词云图

7. 其他传感器技术分布分析

（1）IPC 申请趋势分布。其他传感器 IPC 细分技术分支的专利申请趋势如图 6-41 所示，其他传感器 IPC 含义及专利申请量见表 6-21。

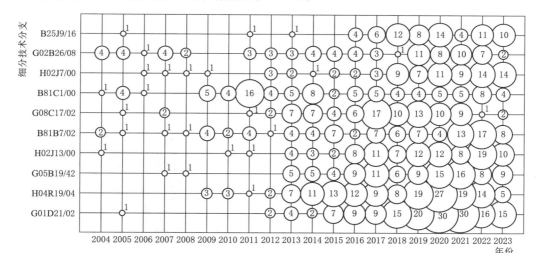

图 6-41　其他传感器 IPC 细分技术分支的专利申请趋势图

表 6-21　　　　　　　　　　其他传感器 IPC 含义及专利申请量

IPC	含　义	专利申请量/件
G01D21/02	用不包括在其他单个小类中的装置来测量两个或更多个变量	160
H04R19/04	传声器	153

续表

IPC	含　义	专利申请量/件
G05B19/42	记录和重放系统，即在此系统中记录了来自操作循环的程序	99
H02J13/00	对网络情况提供远距离指示的电路装置	99
B81B7/02	包括功能上有特定关系的不同的电或光学装置	95
G08C17/02	用无线电线路	92

其他传感器技术全部六个技术分支中，2013 年后都开始快速增长，但整体数量较少，可以认为仍处于随机增长状态。该类传感器多为新型传感器，大部分尚未成熟并大规模应用，因而 IPC 分类号呈现多样性，例如涉及传声器的 H04R19/04、涉及记录和重放系统的 G05B19/42、涉及无线电线路的 G08C17/02、涉及光控制技术的 B81B7/02 都分别会采用不同的 MEMS 传感器或专用传感器。整体而言，各个 IPC 分类技术分支的专利数量均呈现增长态势，但各项技术仍需进一步成熟完善。

（2）关键词云分析。其他传感器技术中的关键词云图如图 6-42 所示，对其他传感器近 5 年（2015—2019 年）的高频关键词进行分析，可以发现 MEMS 传感器、视觉传感器、机器人、陀螺仪等是核心的关键词，呈现多元性分布。在电力行业涉及其他传感器的主要应用载体为机器人、太阳能发电、电源、输电线路等电力设备。传感器涉及的主要性能指标包括稳定性、灵敏度、高精度、体积小、成本低等。加速度及加速度传感器是机器人及运动装置的重要参量及传感器。

其他传感器技术中的低频长词术语词云图如图 6-43 所示，进一步对出现频率较低的长词术语进行分析，可以发现最重要的关键词是视觉传感器及 MEMS 传感器，同时也出现了多种其他类型传感器，表明该两种传感器通常会与其他传感器配合使用。移动机器人和智能电能表给出了主要应用载体。视觉传感器是移动机器人感知周围环境的重要工具，加速度传感器是移动机器人动作控制的重要参考依据。

图 6-42　其他传感器技术中的关键词云图 　　图 6-43　其他传感器技术中的低频长词术语词云图

8. 磁敏传感器技术分布分析

磁敏传感器 IPC 细分技术分支的专利申请趋势如图 6-44 所示，磁敏传感器 IPC 含义及专利申请量见表 6-22。

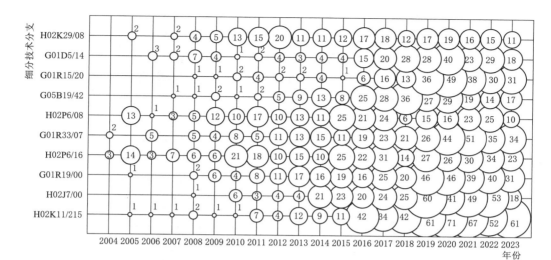

图 6-44 磁敏传感器 IPC 细分技术分支的专利申请趋势图

表 6-22 　　　　　　　　　　磁敏传感器 IPC 含义及专利申请量

IPC	含　　义	专利申请量/件
H02K11/215	磁效应装置	480
H02J7/00	用于电池组的充电或去极化或用于由电池组向负载供电的装置	352
G01R19/00	用于测量电流或电压或者用于指示其存在或符号的装置	347
H02P6/16	用于检测位置的电路装置	345
G01R33/07	霍尔效应器件	332
H02P6/08	用于控制单个电动机速度或转矩的装置	260

　　磁敏传感器技术排名前六的技术分支中，2013 年后开始快速增长，在电力系统中的应用主要集中在分类号 H02K11/215、H02J7/00、G01R19/00 三个技术分支中。分类号 H02K11/215（磁效应装置）技术分支专利数量最多，在 2021 年到达一个高峰。用于电池组的充电或去极化或用于由电池组向负载供电的装置的专利分类号 H02J7/00 下的专利在 2019 到达一个高峰。分类号 G01R19/00（用于测量电流或电压或者用于指示其存在或符号的装置）则在近年发展较快，2020 年到达一个高峰。上述结果表明，磁效应装置的相关技术仍是主要的技术发展方向。

6.3.3.4 专利质量分析

　　高质量专利是企业重要的战略性无形资产，是企业创新成果价值的重要载体，通常围绕某一特定技术形成彼此联系、相互配套的技术经过申请获得授权的专利集合。高质量专利应当在空间布局、技术布局、时间布局或地域布局等多个维度有所体现。

　　采用综合指标体系评价专利质量，该综合指标体系从技术价值、法律价值、市场价值、战略价值和经济价值五个维度对专利进行综合评价，获得每一专利的综合评价分值。以星级表示专利的质量高低，5 星级代表质量最高，1 星级代表质量最低，将 4 星级及以上定义为高质量的专利，将 1～2.5 星级的专利定义为低质量专利。

通过专利质量分析，企业可以在了解整个行业技术环境、竞争对手信息、专利热点、专利价值分布等信息的基础上，一方面识别竞争对手的重要专利布局，发现战略机遇，识别专利风险，另一方面也可以结合己方的经营战略和诉求，更高效地进行专利规划和布局，积累高质量的专利组合资产，提升企业的核心竞争力。

1. 机械及运动量传感器高质量专利分布分析

机械及运动量传感器专利质量分布如图 6-45 所示，机械及运动量传感器领域专利质量表现一般。高质量专利（4 星级及以上的专利）占比仅为 14.8%，而且上述高质量专利中，5 星级专利仅占 1.4%。如果将 1～2.5 星级的专利定义为低质量专利，66.7% 的专利为低质量专利。

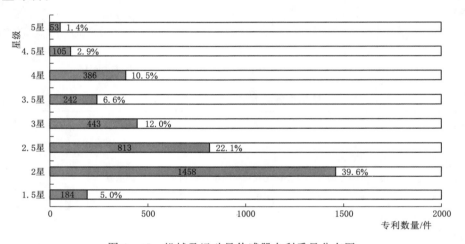

图 6-45 机械及运动量传感器专利质量分布图

机械及运动量传感器技术高质量专利中申请人分布如图 6-46 所示，进一步地对上述 14.8% 的高质量专利的申请人进行分析，结果如下：

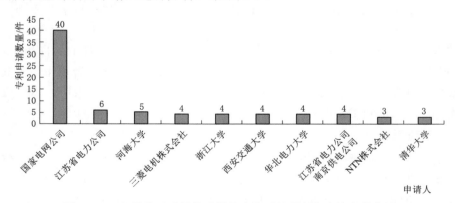

图 6-46 机械及运动量传感器技术高质量专利中申请人分布图

国家电网有限公司在高质量专利方面表现突出，其拥有的高质量专利数量为 40 件，遥遥领先于同领域的其他创新主体。从创新主体的类型看，高质量专利主要分布在网内企业和大学，典型电网企业例如江苏省电力公司和江苏省电力公司南京供电公司，典型大学有河海大学和浙江大学。

2. 电磁量传感器技术高质量专利分布分析

电磁量传感器专利质量分布如图 6-47 所示，电磁量传感器领域专利质量表现较差。高质量专利（4 星级及以上的专利）占比仅为 14.89％，而且上述高质量专利中，5 星级专利仅占 1.63％。如果将 1～2.5 星级的专利定义为低质量专利，66.47％的专利为低质量专利。

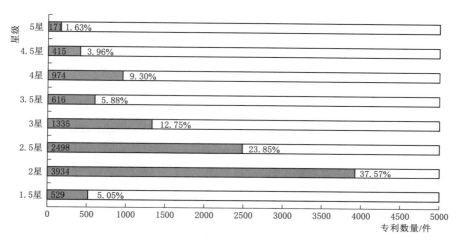

图 6-47 电磁量传感器专利质量分布图

电磁量传感器技术高质量专利中申请人分布如图 6-48 所示，进一步地对上述 14.89％的高质量专利的申请人进行分析，结果如下：

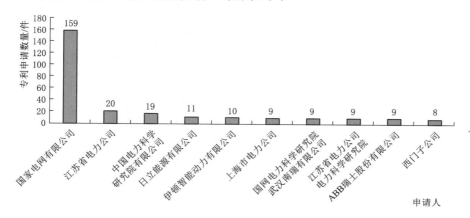

图 6-48 电磁量传感器技术高质量专利中申请人分布图

国家电网有限公司在高质量专利方面表现突出，其拥有的高质量专利数量为 159 件，遥遥领先于同领域的其他创新主体。从创新主体的类型看，高质量专利主要分布在网内企业和研究院，典型电网企业例如江苏省电力公司和中国电力科学研究院有限公司，典型研究院有江苏省电力公司电力科学研究院。

3. 局部放电检测技术高质量专利分布分析

如图 6-49 所示，局部放电检测技术领域专利质量表现一般。高质量专利（4 星级及以上的专利）占比仅为 16.4%，而且上述高质量专利中，5 星级专利仅占 0.9%。如果将 1～2.5 星级的专利定义为低质量专利，64.3% 的专利为低质量专利。

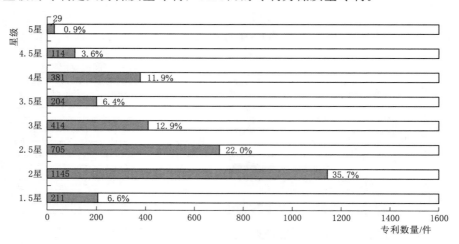

图 6-49　局部放电检测技术专利质量分布图

局部放电检测传感器技术高质量专利中申请人分布如图 6-50 所示，进一步地对上述 16.4% 的高质量专利的申请人进行分析，结果如下：

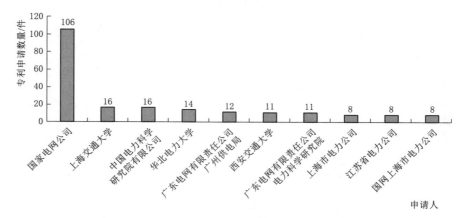

图 6-50　局部放电检测传感器技术高质量专利中申请人分布图

国家电网公司在高质量专利方面表现突出，其拥有的高质量专利数量为 106 件，遥遥领先于同领域的其他创新主体。从创新主体的类型看，高质量专利主要分布在网内企业和大学，典型电网企业例如中国电力科学研究院有限公司和广东电网有限责任公司广州供电局，典型大学有上海交通大学和华北电力大学。

4. 光纤传感器技术高质量专利分布分析

光纤传感器技术专利质量分布如图 6-51 所示，光纤传感器技术领域专利质量表现一般。高质量专利（4 星级及以上的专利）占比为 18.9%，而且上述高质量专利中，5 星级专利仅占 2.5%。如果将 1～2.5 星级的专利定义为低质量专利，61.4% 的专利为低质量专利。

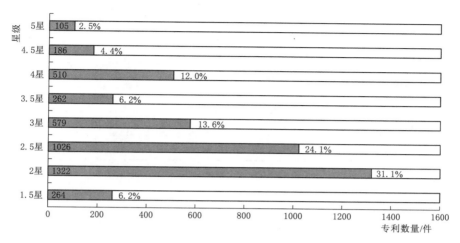

图 6-51 光纤传感器技术专利质量分布图

光纤传感器技术高质量专利中申请人分布如图 6-52 所示，进一步对上述 18.9% 的高质量专利的申请人进行分析，结果如下：

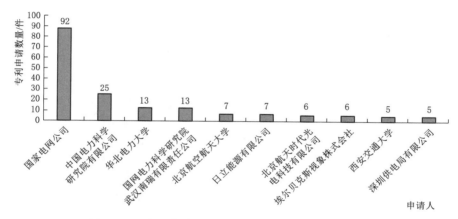

图 6-52 光纤传感器技术高质量专利中申请人分布图

国家电网公司在高质量专利方面表现突出，其拥有的高质量专利数量为 92 件，遥遥领先于同领域的其他创新主体。从创新主体的类型看，高质量专利主要分布在网内企业和大学，典型电网企业例如中国电力科学研究院有限公司和国网电力科学研究院武汉南瑞有限责任公司，典型大学有华北电力大学和北京航空航天大学。

5. 光学传感器技术高质量专利分布分析

光学传感器技术专利质量分布如图 6-53 所示，光学传感器技术领域专利质量表现一般。高质量专利（4 星级及以上的专利）占比为 12.5%，而且上述高质量专利中，5 星级专利仅占 1.1%。如果将 1～2.5 星级的专利定义为低质量专利，69.5% 的专利为低质量专利。

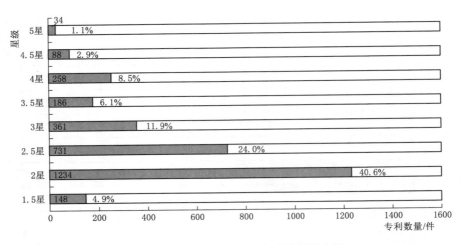

图 6-53　光学传感器技术专利质量分布图

光学传感器技术高质量专利中申请人分布如图 6-54 所示，进一步对上述 12.5％的高质量专利的申请人进行分析，结果如下：

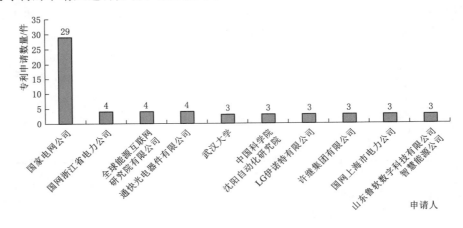

图 6-54　光学传感器技术高质量专利中申请人分布图

国家电网公司在高质量专利方面表现突出，其拥有的高质量专利数量为 29 件，领先于同领域的其他创新主体。从创新主体的类型看，高质量专利主要分布在网内企业和大学，典型电网企业例如国网浙江省电力公司和全球能源互联网研究院有限公司，典型大学有武汉大学。

6. 环境传感器高质量专利分布分析

环境传感器专利质量分布如图 6-55 所示，环境传感器技术领域专利质量表现较差。高质量专利（4 星级及以上的专利）占比为 7.9％，而且上述高质量专利中，5 星级专利仅占 0.8％。如果将 1～2.5 星级的专利定义为低质量专利，77.3％的专利为低质量专利。

环境传感器技术高质量专利中申请人分布如图 6-56 所示，进一步地对上述 7.9％的高质量专利的申请人进行分析，结果如下：

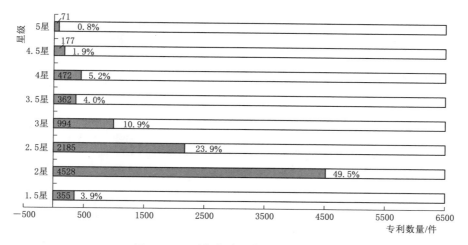

图 6-55 环境传感器专利质量分布图

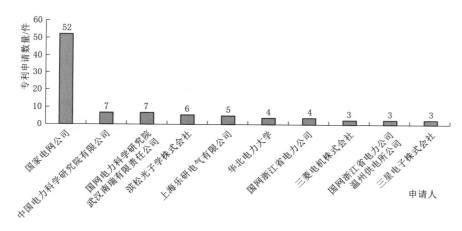

图 6-56 环境传感器技术高质量专利中申请人分布图

　　国家电网公司在高质量专利方面表现突出，其拥有的高质量专利数量为52件，遥遥领先于同领域的其他创新主体。从创新主体的类型看，高质量专利主要分布在网内企业和大学，典型电网企业例如中国电力科学研究院有限公司和上海乐研电气有限公司，典型大学有华北电力大学。

　　7. 磁敏传感器高质量专利分布分析

　　磁敏传感器专利质量分布如图6-57所示，磁敏传感器技术领域专利质量表现一般。高质量专利（4星级及以上的专利）占比为16.1%，而且上述高质量专利中，5星级专利占1.8%。如果将1～2.5星级的专利定义为低质量专利，低质量专利占比为65.4%。

　　磁敏传感器技术高质量专利中申请人分布如图6-58所示，进一步地对上述16%的高质量专利的申请人进行分析，结果如下：

　　OPPO广东移动通信有限公司在高质量专利方面表现居中，其拥有的高质量专利数量为8件，并无特别突出的拥有大量高质量专利的创新主体。从创新主体的类型看，高质量专利主要分布在非网内企业和高校，非网内企业包括OPPO广东移动通信有限公司、

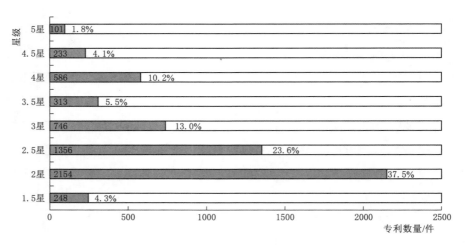

图 6-57 磁敏传感器专利质量分布图

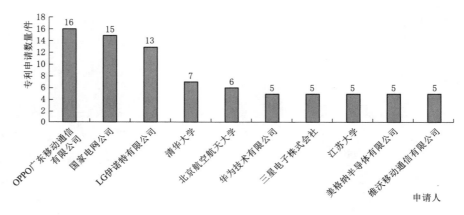

图 6-58 磁敏传感器技术高质量专利中申请人分布图

LG 伊诺特有限公司、华为技术有限公司、三星电子株式会社、美格纳半导体有限公司、维沃移动通信有限公司,拥有高质量专利数量排名前十的创新主体中,有 3 家大学,分别为清华大学、北京航空航天大学和江苏大学。

8. 其他传感器高质量专利分布分析

其他传感器专利质量分布如图 6-59 所示,其他传感器技术领域专利质量表现较好。高质量专利(4 星级及以上的专利)占比为 27.2%,而且上述高质量专利中,5 星级专利占 5.9%。如果将 1～2.5 星级的专利定义为低质量专利,低质量专利占比为 54.1%。

其他传感器技术高质量专利中申请人分布如图 6-60 所示,进一步对上述 27.2% 的高质量专利的申请人进行分析,结果如下:

国家电网公司在高质量专利方面表现居中,其拥有的高质量专利数量为 8 件,并无特别突出的拥有大量高质量专利的创新主体。从创新主体的类型看,高质量专利主要分布在网内企业,典型电网企业例如国网智能科技股份有限公司和通用电气公司,拥有高质量专利数量排名前十的创新主体中,仅有一家大学,为上海交通大学。

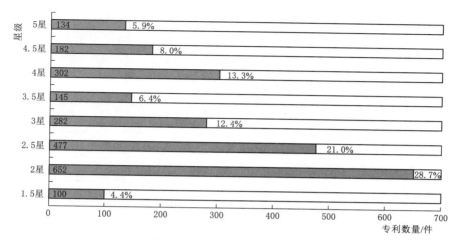

图 6-59 其他传感器专利质量分布图

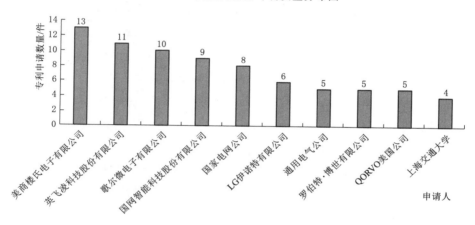

图 6-60 其他传感器技术高质量专利中申请人分布图

6.3.3.5 专利运营分析

专利运营分析的目的是洞察该领域的申请人对专利显性价值（显性价值即为市场主体利用专利实际获得的现金流）的实现路径。以及不同的显性价值实现路径下，优势申请人和不同类型的申请人选择的路径的区别等。通过上述分析，为电力通信领域申请人在专利运营方面提供借鉴。

1. 专利转让分析

专利转让市场主体排名如图 6-61 所示，网内公司是实施专利转让的主要市场主体。按照专利转让数量由高至低对市场主体进行排名，发现排名前 10 的市场主体中，国家电网有限公司的专利转让数量达 421 件，居于榜首，但相对于国家电网有限公司的总专利拥有量，专利转让数量占比较少；位于国家电网有限公司之后的其他市场主体的专利转让的数量与国家电网有限公司的专利转让数量相比，差距较大。位于国家电网有限公司之后的其他市场主体的专利转让数量位于同一数量级，专利转让数量由高至低，可以分为 3 个梯度。位于第一梯度（80～100 件）的市场主体包括 3 个，分别是广州供电局有限公司、中国电力科学研究院、国网电力科学研究院武汉南瑞有限责任公司。位于第二梯度（40～80 件）的市场主体包括 4 个，分别是上海市电力公司、国网山东省电力公司电力科学研究院、ABB 瑞士股份有限公司、国网电力科学研究院。位于第三梯度（40 件以下）的市场主体包括 1 个，为国网智能科技股份有限公司。

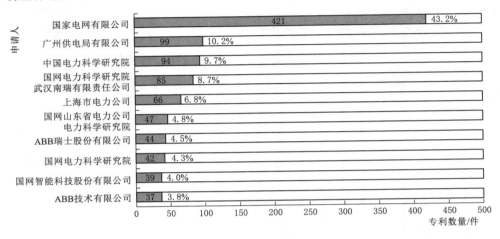

图 6-61　专利转让市场主体排名

2. 专利许可分析

专利许可市场主体排名如图 6-62 所示，湖州市湖梯协电梯技术服务有限公司是实施专利许可的主要市场主体。按照专利许可数量由高至低对市场主体进行排名，发现排名前 10 的市场主体中，国家电网有限公司的专利并无许可发生；其他市场主体的专利许可的数量总体而言差距不大。基本位于同一数量级，按专利许可数量由高至低，可以分为 3 个梯度。位于第一梯度（20～50 件）的市场主体包括 3 个，分别是湖州市湖梯协电梯技术服务有限公司、乐清市华尊电气有限公司、南京林业大学。位于第二梯度（15～20 件）的市场主体包括 3 个，分别是乐清市钜派企业管理咨询有限公司、中国西电电气股份有限公司、东台城东科技创业园管理有限公司。位于第三梯度（15 件以下）的市场主体包括 4 个，全部为高校，分别为中国地质大学（武汉）、江苏大学、三峡大学、东南大学。

3. 专利质押分析

专利质押市场主体排名如图 6-63 所示，按照专利许可数量由高至低对市场主体进行排名，发现排名前 10 的市场主体中，国家电网有限公司的专利并无质押发生；其他市场主体的专利质押可的数量总体而言差距不大。基本位于同一数量级，按专利许可数量由高至低，可以分为 3 个梯度。位于第一梯度（15～20 件）的市场主体包括 2 个，分别是杭州得诚电力科技股份有限公司、常州联力自动化科技有限公司。位于第二梯度（10～14 件）的市场主体包括 6 个，分别是北京恒源利通电力技术有限公司、西安金源电气股份有限公司、四川汇友电气有限公司、大连新安越电力设备有限公司、杭州银湖电气设备有限公司、河南科信电缆有限公司。位于第三梯度（10 件以下）的市场主体包括 2 个，分别为青山电气（内蒙古）股份有限公司、乐山晟嘉电气股份有限公司。

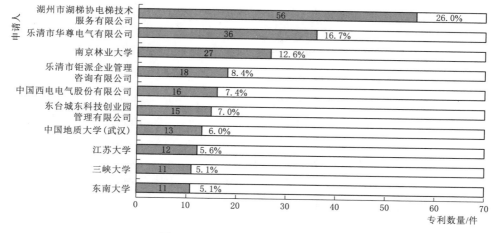

图 6-62 专利许可市场主体排名

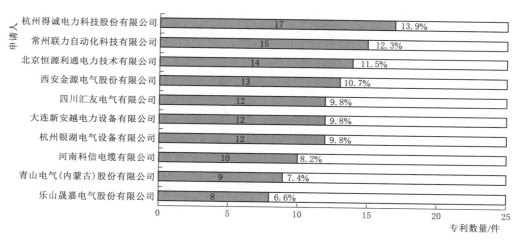

图 6-63 专利质押市场主体排名

6.3.4 主要结论

6.3.4.1 基于近两年对比分析的结论

在全球范围内看近两年的趋势变化，2023 年的专利公开量相对于 2022 年的专利公开量略有减少，一方面是因为传感器技术发展作为较为传统的技术目前已经比较成熟，专利申请量变化趋缓，另一方面是国内很多申请人一改往日一味追求数量的做法更加重视专利质量而缩减专利申请数量。

2023 年相对于 2022 年，居于专利申请总量排名榜上的 2023 年新晋级至排名榜上的申请人包括贵州电网有限责任公司、西安交通大学、三星电子株式会社、三菱电机株式会社、深圳供电局有限公司。采用 2023 年的优势申请人相对于 2022 年的优势申请人的变化，从申请人的维度表征创新集中度的变化。2023 年相对于 2022 年，在传感器技术领域的相关技术集中度整体上无变化，局部有调整。

2023 年居于排名榜的新增细分技术分支包括 G01N33/00，利用不包括在 G01N1/00 至 G01N31/00 组中的特殊方法来研究或分析材料。其他 IPC 分类细分技术分支基本未变，2023 年相对于 2022 年的创新集中度整体上变化不大，局部有所调整。

6.3.4.2 基于全球专利分析的结论

在全球范围内，电力信通领域传感器技术已经累计申请了将近 48 万件专利。

从近 20 年的整体申请趋势看，经历了萌芽期、增长期、调整期，当前处在调整期。但是，当前除中国外的其他国家/地区的专利申请增速放缓，而中国的专利申请增速显著。中国是提高全球专利申请速度的主要贡献国。采用全球专利申请增长率表征全球在电力领域传感器技术领域的创新活跃度，2008 年之后，中国是驱动全球在电力领域传感器技术领域创新活跃度增高的主要动力源。

从地域布局看，在中国的专利申请位居七国两组织专利申请榜首，日本和美国是除中国之外的第二、第三专利申请大国，但是，在美国和日本的专利申请总量相对于在中国的专利申请总量差距显著。采用在各个国家/地区的专利布局数量表征全球在电力领域传感技术领域的创新集中度，中国的创新集中度也表现突出，美国和日本的创新集中度基本相当，与中国有一定的差距。

由于在中国的专利申请总量占据七国两组织的专利申请总量的一半还多，因此排名前 10 位的中国专利申请人占一半，而且专利申请活跃度均表现突出。在中国专利申请总量相对于其他国家/地区的专利申请总量表现突出的情况下，电力领域传感技术的专利集中在中国专利申请人的数量相对于其他国家/地区专利申请人的数量较多，而且，中国专利申请人的创新活跃度相对较高。

在排除中国申请人的情况下，看国外申请人的申请量和活跃度发现，日本申请人的数量表现突出，但专利申请活跃度表现欠佳。电力领域传感技术的专利集中在日本专利申请人的数量相对于其他国家/地区专利申请人的数量较多。但是，日本专利申请人的创新活跃度相对于中国的专利申请人的创新活跃度较低。

6.3.4.3 基于中国专利分析的结论

在中国范围内，电力信通领域传感器技术已经累计申请了 12 万余件专利。从近 20 年的申请趋势看，经历了萌芽期、增长期，当前处在调整时期。当前中国在传感器技术领域的创新活跃度依旧表现突出。

从专利申请总排名前十的专利申请人看，居于排名榜上的申请人有七成属于供电企业或电力科学研究院。国家电网有限公司专利申请总量居于榜首，而且近五年的专利申请活跃度为 50.9%。西安交通大学的专利申请总量虽然排在第九位，但是近五年的专利申请活跃度最高，预计未来几年的排位会随之上升。供电企业和电科院申请人整体的集中度和创新活跃度也相对较高。

从专利申请量来看，电力信通领域传感器技术相关专利外国申请人在华申请量排名中，丰田自动车株式会社、西门子公司、三菱电缆株式会社的专利申请量位居前三位。国外申请人在中国的专利申请总量相对于中国本土申请人在中国的专利申请总量差距显著。在专利申请总量方面未形成集中优势。

　　从供电企业专利申请人前十名看，国家电网有限公司以10739件的专利申请总量居于榜首。其他申请主体的专利申请总量较国家电网有限公司均有一定的差距，专利申请数量基本相当，分布于200～800件。但是，近五年的专利申请活跃度上，国网福建省电力有限公司申请活跃度高达60.4%，广东电网有限责任公司申请活跃度高达59.3%，略高于国家电网有限公司和中国电力科学研究院有限公司，值得关注。传感器技术在网内申请人的集中度相对于网内研究院的集中度高，网内专利申请人整体的创新活跃度也相对较高。

　　从国内非供电企业专利申请前十名看，西安热工研究院有限公司以199件的专利申请总量居于榜首，近五年专利申请活跃度为82.7%。中国华能集团清洁能源技术研究院有限公司专利申请活跃度最高为90.1%，其余非供电企业专利申请活跃度差异较大。

　　从电科院专利申请前十名看，中国电力科学研究院以886件的专利申请总量居于榜首，但是近五年的专利申请活跃度表现一般。位于其后的其他专利申请人虽然在专利申请总量较中国电力科学研究院有一定的差距，但是近五年的专利申请活跃度整体上与中国电力科学研究院有限公司相差不大，个别公司高于其申请活跃度。电科院申请人在中国的专利申请总量相对于网内申请人在中国的专利申请总量略有差距，在专利申请总量方面具有集中优势。而且，电科院申请人近五年在传感器技术领域的创新活跃度相对较高，大多活跃度在40%以上。

　　从高校专利申请前十名看，华北电力大学以699件的专利申请总量居于榜首，而且近五年的专利申请活跃度表现较好为61.6%。其他高校专利申请人的专利申请总量分布在265～441件。高校申请人在中国的专利申请总量相对于网内申请人在中国的专利申请总量差距显著。在专利申请总量方面未形成集中优势。但是，高校申请人近五年在传感器技术领域的创新活跃度相对较高，例如西安交通大学69.5%，浙江大学66.9%。

　　从专利质量看，传感器技术领域的专利质量表现一般。高质量专利占比较低。持有高质量专利的申请人主要是网内申请人和高校，而且基于与专利拥有量成正比。也就是说，高质量专利持有者前三名在专利申请总量排名榜中也位于前三甲，分别是国家电网有限公司、中国电力科学研究院有限公司和华北电力大学。采用专利质量表征中国在传感器技术领域的创新价值度，当前中国在传感器技术领域的创新价值度表现一般。

　　从专利运营来看，专利转让是申请人最为热衷的专利价值实现路径，申请人对专利许可和专利质押路径的热衷度不高。网内申请人、网外申请人和高校是实施专利转让路径的主要市场主体。居于专利转让数量排名榜的前三名分别是国家电网有限公司、广州供电局和中国电力科学研究院。中国在传感器技术领域的创新价值度整体表现一般的大环境下，网内申请人、网外申请人和高校的创新价值度表现突出。采用专利转让表征中国在传感器技术领域的创新开放度，和较大的专利申请量相比目前中国在传感器技术领域的创新开放度表现不佳。主要的转让方集中在网内申请人或科研院，而受让方基本也以网内申请人或科研院为主。网外申请人和国外企业未上榜。

第 7 章
电力传感新技术产品及应用解决方案

7.1 发电领域

在发电领域，传感器主要围绕着发电生产过程的机组设备、能源供给设备、变电设备、辅助设备以及支撑发电生产的建筑、厂房和环境等展开研究及应用。针对发电机组设备主要有电气量和非电气量部分的压力、液位、温度、位移、流量、振动、摆度等传感器；针对能源供给设备主要有水力发电的大坝、管道、水位、流量等监测传感器，火力发电的输煤、输气、输油以及锅炉等设备的监测传感器，核电的反应堆、锅炉等监测传感器；针对辅助设备有油、气、水、化学等系统的监测传感器；针对发电生产的厂房及环境主要有水力发电的大坝、闸门、厂房等水工建筑等监测传感器，火力发电的厂房、构架、冷却塔、脱硫脱硝等建筑的监测传感器，核电的反应压力容器、厂房、构架、冷却塔等建筑的监测传感器。相对整个电力生产过程而言，发电领域的设备种类繁多，系统复杂，厂房等建筑规模较大，基本涵盖了整个电力生产过程所有的设备。所以对发电领域的监测、分析、控制、保护等要求比较高，传感器的种类、性能要求也是最多和最高的。下面列举几种发电领域传感器应用案例。

7.1.1 温度传感器

发电领域的温度监测是最重要的运行数据之一，发电机组设备温度监测主要是轴承的瓦温、油温监测，发电机线圈、铁芯温度监测，变压器线圈及油温监测，传输母线、电缆、断路器等温度监测。这些测点大都安装在设备内部，不到一个检修周期一般不能拆开，如果发生测温传感器的故障却不便更换处理，轻则影响正常发电，重则需要申请停机检修处理，给发电厂的安全生产带来极大的危害。过去机组配套的测温传感器，一是感温器件性能稳定性不够，故障率较高；二是测温头与引线处连接较弱，在机械振动下或其他的外力下很容易发生断裂；三是连线使用的不合理，易发生老化开裂，或在踩踏及其他外力时极易损坏。

7.1.1.1 发电机组的测温产品

1. 产品功能

针对发电机组测温传感器过去存在的这些问题和在发电机组不同部位的应用，深圳瑞德森自动化公司结合多年的服务经验，研制的 RST 型测温传感器产品满足了不同发电机组、不同位置的需要。首先，使用高性能测温器件，保证温度传感器长期高稳定性和高敏感性；其次，针对测温头与引线连接处，从内部引线处和弹簧保护管一起引出，使弹簧承受全部的外力而不会损害到引线；再次，自主研发的适合不同介质的测温导线，不宜老化，外加不锈钢的铠装护套，避免了测温线的机械损坏。

2. 产品特点

RST 型的温度产品专注发电厂的每一个细节：推力、导轴承、油槽、空冷器、主变、定子绕组、定子铁芯。不同部位的传感器具有不同的特点：耐油、耐温、防止根部断线、防渗油、易于安装，从而确保出色地完成每一个细节的监测任务。大型水力发电机组的测温传感器部署图如图 7-1 所示。

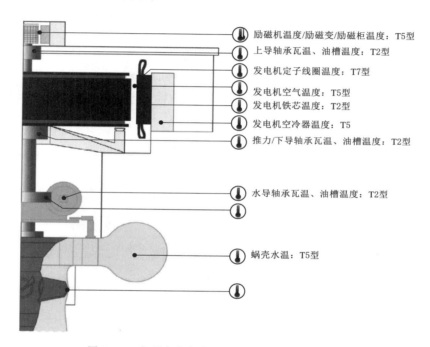

励磁机温度/励磁变/励磁柜温度：T5型
上导轴承瓦温、油槽温度：T2型
发电机定子线圈温度：T7型
发电机空气温度：T5型
发电机铁芯温度：T2型
发电机空冷器温度：T5
推力/下导轴承瓦温、油槽温度：T2型
水导轴承瓦温、油槽温度：T2型
蜗壳水温：T5型

图 7-1 大型水力发电机组的测温传感器部署图

（1）温度补偿：温控器内部设置一个温度补偿装置，温控器进行高低温环境模拟测试，满足复杂工业环境需求。

（2）探头优化：探头安装部位添加丁腈橡胶密封垫片，防止雨水及水蒸气进入套管，保证 Pt100 测量的是真实的油温。

（3）开关精度：耐高温性能出众，温控器继电器开关触点寿命可达 20W 次以上。

（4）特制电缆：具有极好的均衡度，屏蔽保护，可以将微弱的电量信号准确传输到百米之外。

RST 系列温度传感器均采用不锈钢保护外套，内部充填导热氧化物，延伸铠装丝，具有较好的防油、防水和抗振动等性能，传感器的特殊结构，使其更适用于大型发电机组测量的恶劣环境。

图 7-2 RST2K 型
温度传感器

3．技术参数

（1）RST2K 型测温传感器

采用铠装丝保护一体式测温传感器应用于大型发电机组瓦温和油温监测。应对复杂状况下的油流冲击，采用铠装丝导线保护装置，可防止机械振动带来的硬质损伤。RST2K 型温度传感器如图 7-2 所示。

特点如下：

1）芯片式感温元件，采用激光焊接技术，防止在强烈振动的场合下焊点松动或脱落，有效地提高了测量的稳定性。

2）活动螺纹连接方式，安装时导线不用随着探头旋转。

3）铠装丝导线保护装置，有效地承受刚性材料和柔性材料结合点的载荷，防止尾部导线在频繁摆动时导线断裂。

4）耐油耐高温屏蔽导线，外套及绝缘层采用特殊聚合物制作而成，可以在 100℃ 的油温中工作五年；紫铜镀银的线芯具有良好的导电性能，每百米的均衡度小于 0.02Ω。主要技术参数如表 7-1 所示，推荐参数如表 7-2 所示。

表 7-1　　　　　　　　　　　　主　要　技　术　参　数

序　号	指　标	技　术　参　数
1	测温范围	-50～200℃/-50～600℃
2	感温元件	PT100/PT1000A 级精度
3	线制	三线制/四线制
4	过程连接	活动卡套螺纹 M16×2 或其他尺寸
5	套管材质	304/316 不锈钢
6	套管外径	$\phi 8$、$\phi 10$、$\phi 12$
7	保护装置	铠装丝保护
8	绝缘电阻	大于 100MΩ
9	响应时间	$\tau_{0.5} < 15s$
10	导线规格	RST59080
11	铠丝外径	$\phi 4/\phi 5$

表 7-2　　　　　　　　　　　　推　荐　参　数

选型型号	套管外径/mm	插入深度/mm	螺纹/mm	波纹管长/mm	过程连接	接线形式	对数感温元件	应用部位
选型型号：RST2K12-300-X-2332	$\phi 12$	300mm	活动卡套纹 G1/2″	18mm	600mm	针形	双支	轴承瓦温及油温
选型型号 RST2K08-200-X-2332	$\phi 8$	200mm	活动卡套螺 M16×2	14mm	600mm	针形	双支	轴承瓦温及油温

（2）RST7 型测温传感器。RST7 型测温传感器针对大型发电机组定子测温环境中复杂的磁场环境，对耐受高温、绝缘、防电晕和抗磁化进行了特别考虑。用于发电机线圈，铁芯及变压器的线圈监测，可安装在狭小空间内，不易拆卸，具有高灵敏性、体积小、响应快和长期稳定性。有的采用活套式安装，有的可带尾部弹簧，为便于安装有的可以任意弯曲，有的是贴片式结构，可以根据用户设备情况选择以达到最好的测量效果。RST7 型线圈测温传感器如图 7-3 所示，RST7 型铁芯测温传感器如图 7-4 所示。

图 7-3　RST7 型线圈测温传感器

图 7-4　RST7 型铁芯测温传感器

传感器采用激光焊接技术，防止在强烈振动的场合下焊点松动或脱落，有效地提高了测量的稳定性。主要技术参数见表 7-3，推荐参数见表 7-4。

特点如下：

1）导线绝缘层选用耐高温、抗拉伸材料制造；

2）传感器外层包裹热塑膜，有效地提高耐温等级和机械性能；

3）封装材料特别考虑到抗磁化、耐温和绝缘性能；

4）技术指标符合 JB/T 56041.2 和 JB/T 6041.3—92。

表 7-3　　　　　　　　　　　　　RST7 型测温传感器主要技术参数

序　号	指　　标	参　　数
1	测温范围	−50～200℃
2	感温元件	Pt100/PT1000A 级精度
3	线制	三线制/四线制
4	过程连接	半导体漆安装固定
5	封装材料	抗磁化特殊聚合物
6	尺寸厚度	最小可到 2mm
7	绝缘电阻	大于 100MΩ
8	响应时间	$\tau_{0.5} < 15s$

表 7-4　　　　　　　　　　　　　推　荐　参　数

选型型号	尺寸 /(mm×mm)	长度 /mm	感温元件对数	接线形式	应用部位
RST7S-60- X-2332	2.5×10	60	双支	针形	发电机绕组、铁芯温度

4．应用成效

RST 型测温传感器系列产品在中国长江三峡集团、中国华能集团、中国华电集团、中国大唐集团、国家开发投资集团等大型发电集团的机组上得到广泛应用，特别是在水电 700MW 机组以及火电 1000MW 机组等上得到成功应用，大大减少了发电机组因温度产品故障引起的非停事故。RST7 型温度传感器现场应用如图 7-5 所示。

（a）某大型发电机组轴承油槽RST型温度传感器安装现场

（b）某大型发电机组轴瓦RST型
温度传感器安装图

（c）某大型发电机组轴承温度传感器出线装置安装图

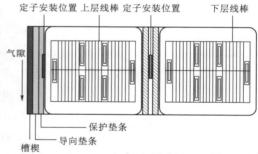

（d）某大型发电机组定子线圈温度传感器安装位置图

（e）某大型发电机组定子线圈温度传感器安装图

图 7-5　RST7 型温度传感器现场应用图

7.1.1.2　光纤荧光式温度传感器

在发电厂变压器、发电机风洞、发电机集电环室、封闭母线、高压开关等大电流、强电场密闭空间内，因其封闭空间电磁场和空间的局限性，且密闭空间内环境温度高，设备电压高、电流大，一般传感器的抗干扰能力差，导致测量值偏差大。需要采用抗干扰强、精度高的光纤荧光式测温传感器。

1. 产品功能

深圳瑞德森自动化公司研制的 RSF600 型荧光光纤温度传感器主要是利用荧光光纤测温原理构成了一种具有结构简单、体积小、重量轻、测量精度高、测量范围大、抗腐蚀、抗电磁干扰能力强等优点的光纤温度传感器。光纤探头具有本质安全，高压绝缘，抗电磁干扰的特性；系统工作稳定可靠无漂移，全寿命无需标定校验；采用模块化设计，可随意灵活组网，随时无限扩展，无资源浪费；数字及模拟输出，便于进行自动化实时控制及数据管理；探头及解调器小巧灵活，易于安装及维护。RSF600 型荧光光纤温度传感器如图 7-6 所示。

图 7-6 RSF600 型荧光光纤
温度传感器

2. 产品特点

（1）纯光纤探头具有本质安全，高压绝缘，抗电磁干扰。

（2）系统工作稳定可靠无漂移，全寿命无需标定校验。

（3）采用模块化设计，可随意灵活组网，随时无限扩展，无资源浪费。

（4）数字及模拟输出，便于进行自动化实时控制及数据管理。

（5）探头及解调器小巧灵活，易于安装及维护。

3. 技术参数

RSF600 型荧光温度传感器系统在线监测变压器绕组、母线、集电环、风洞、高压断路器等大电流设备温度。荧光温度传感器是利用荧光稀土物质的寿命随温度变化的规律，对待测点的温度进行温度感知，并通过光纤通道连接到温度信息解调设备。整套传感器系统包含荧光温度传感器、温度信息采集装置等。RSF600 型荧光温度传感器主要参数见表 7-5。

表 7-5　　　　　　　　　　RSF600 型荧光温度传感器主要参数

序号	指　标	技　术　参　数
1	布局方式	分布式/单点式
2	温度范围	−40～80℃；−40～250℃；−40～400℃
3	测量精度	±0.05℃；±0.1℃；±0.3℃；±0.5℃；±1℃
4	探头类型	浸入型/接触型
5	探头尺寸	<0.5mm；0.5～1mm；2.3mm；3.2mm
6	采样频率	≤10Hz；20Hz；1kHz；200kHz
7	输出接口	模拟/数字输出

4. 应用案例

RSF600 型测温传感器系列产品在大中型发电企业得到广泛应用，特别是在干式厂用变压器、高压开关柜、母线、断路器等大电流设备上得到成功应用，在线监测发电机组因温度异常引起的故障。RSF600 型测温传感器应用如图 7-7 所示。

（a）RSF600型在变压器线圈应用

（b）RSF600型在油浸变压器应用

（c）RSF600型在母线槽上应用

（d）RSF600型在高压开关柜上应用

（e）RSF600型在高压开关上应用

图 7-7　RSF600 型测温传感器应用图

7.1.2 多模态智能油混水传感器

在发电机组这类大型旋转设备的运行中，轴承润滑、冷却油以及压力油系统是至关重要的辅机设备。压力油及润滑油系统在运行过程中，因冷却水泄漏或油品受潮可能混入水分，工程实践证明，当油中微水含量大于45％时，会对轴承、电磁阀、油缸等机械设备产生伤害，从而影响机组的使用寿命，增加了故障率。深圳瑞德森公司的RAW2020型多模态智能油温水检测传感器，能够监测油中混入水的程度，作为分析和预警信号，当出现大量水分时能及时报警，防患于未然，同时检测了油品的质量，预防油品质量变坏的风险。

1. 产品功能

（1）油中微水传感器。油中所含水分为两个阶段：一是油中可溶解的水分，当达到饱和时就会产生游离水，一般用ppm表示，大型机械压力油一般饱和点从几百ppm到上千ppm，称为油中微水。饱和点大小和油品及温度等相关性很高；二是游离水，此时油会产生乳状油或凝结为水滴。目前，水电厂油混水监测装置大多只能监测这种游离水含量，一般用含水量达到油槽油的百分值表示。而在大型机械压力油及润滑系统的油中水越少越好。工程实践证明，当油中微水含量大于45％时，会对轴承、电磁阀、油缸等机械设备产生伤害，从而影响使用寿命，增加了故障率。所以大型水电机组压力系统及轴承油槽的微水监测成为必要。

选用瑞德森公司油中微水传感器，能够连续监测油0～100％（饱和点）的含微水量，用于监测油中含水尚未达到饱和状态时的含水值。采用紧凑和坚固的传感器，精确度高，稳定性好，可靠耐用。适用于水轮机组等震动的恶劣环境，可精确连续检测油中微水含量。特别适合监控水轮机组轴承油、压力油、绝缘油等处的油品状况，预告机械油品劣化的趋势，提高机组轴承的安全指标。安装：以向家坝机组应用为例，根据向家坝机组的具体情况，安装位置在油槽冷却器的出油管上。油中微水传感器安装位置如图7-8所示。

图7-8 油中微水传感器安装位置

（2）油中游离水监测传感器。选用瑞德森公司油中含游离水监测传感器，监测水导油槽油中游离水的含量，通过油中混入水后介电常数变化的特性，传感器电极测量到的信号变化函数对应油中混水的比例值，通过数字滤波分析，对应输出油中含水量的模拟信号和控制报警接点信号，可以对乳状油和游离水可靠测量和报警。以向家坝机组应用为例，根据向家坝机组水导油槽的结构特点，安装两组传感器，一组在外油箱顶部，一组在下油箱侧面。油中含水传感器安装示意图见图7-9。

通过RAW2020型多模态智能油混水传感器采集油中水数据，实际应用中采用多只油中水传感器和油中微水传感器及温度等数据，通过多模态的综合建模判断，解决轴承油槽的油混水监测控制问题，把控不同工况状态的油中含水状态，为机组轴系安全建立更

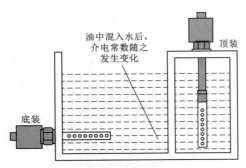

图7-9 油中含水传感器安装示意图

加清晰的防护边界。

2. 产品特点

（1）目前监测油中含水量的手段主要有两种：一种是油中积水测量，主要监测油中游离水的含量，通常用百分数％表示，防止出现大量漏水的状况。但测量精度不高若油混入少量游离水或安装位置不当则无法准确测量。另一种是油中微水测量，是监测油中含有非游离态水分的多少，预防油品质量变坏的风险。但是结构复杂，技术含量高，很难在现场应用。瑞德森公司的RAW2020型多模态智能油混水传感器采用两种高精度高可靠的传感器，很好地解决发电厂油混水监测控制这个问题。

（2）特点及参数。

1）监测到油中含水量的百分数；

2）监测到油中含水的微水值及风险；

3）输出两种测量方式的模拟量；

4）两种监测报警及综合报警；

5）具有温度测量、校正及显示；

6）测量准确可靠，避免误报和漏报；

7）方便地调试及免维护。

3. 技术参数

RAW2020型多模态智能油混水检测技术参数见表7-6。

表7-6　　　　　　　　RAW2020型多模态智能油混水检测技术参数

序号	类　别	指　标	技　术　参　数
1	采集数据	微水含量	$0\sim100\%$
		含水量	$0\sim4\%$
		温度	$25\sim100℃$
		工作压力	$<50Bar$
		流体流速	$<5m/s$
2	输出数据	微水量信号	$4\sim20mA$（相当于$0\sim100\%$）
		校准精度	$\pm2\%f_{smax}$
		精度	$\pm3\%f_s$（典型）
		含水量	$4\sim20mA$
		精度	$\pm2\%f_{smax}$
3	报警输出	微水报警	无源24V2A，预设报警85％
		含水率报警	无源24V2A，预设报警3％
		综合报警	无源24V2A

序号	类　别	指　　标	技　术　参　数
4	环境条件	温度范围为	−20～80℃
		储存温度	−40～90℃
		传感头	IP67 的保护等级
5	电源数据	电源电压	DC24V
		电压纹波	5%，反极性，短路保护

4. 应用案例

RAW2020 型多模态智能油混水传感器监测更为精细，报警可靠，且功能全面，采集控制输出正确，数据上送无误，各性能均能满足大型特别是超大型发电机组的使用需求，在多家发电厂的超大型机组上成功应用。RAW2020 型多模态智能油混水传感器应用如图 7−10 所示。

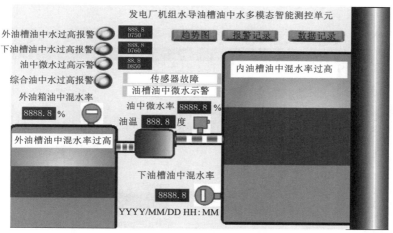

（a）在某大型水电机组水导油槽中水监测应用

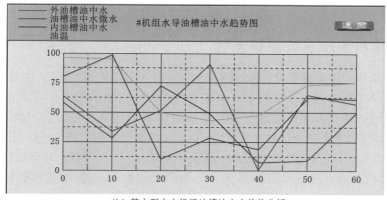

（b）某大型水电机组油槽油中水趋势分析

图 7−10（一）　RAW2020 型多模态智能油混水传感器应用图

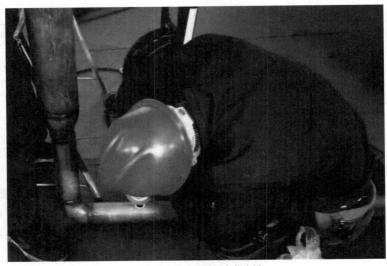

（c）油中微水传感器安装应用

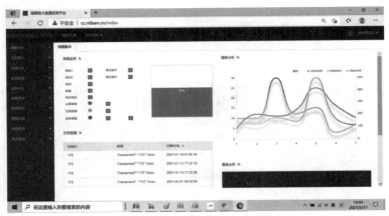

（d）多模态油中水传感器远程分析平台应用

图 7-10（二） RAW2020 型多模态智能油混水传感器应用图

7.1.3 发电机组状态监测传感器

传统的发电机组以定期的"预防性维修"为主，也称"计划检修"，主要以时间为基础。这种检修方式灵活性较差，效率偏低，难以预防时间空白期内的事故，导致机组故障率偏高、可靠性较低。现代数字化智能化电厂建设是以状态监测为基础的"预测性维修"，即"状态检修"。需要对发电机组状态展开监测分析，发电机组状态监测分析如图 7-11 所示。不仅可以减少发电机组运行过程中的人力投入，还能增加运行的可靠性，降低机组运行成本。

发电机组状态监测分析中最主要部分是监测机械振动，监测的内容主要包括主结构振动、主轴承的摆动幅度、流体压力脉动等。对应采用特定的速度或加速度传感器监测机架、轴承振动；采用位移传感器监测主轴摆动；采用压力脉动传感器监测水力蜗壳或火力燃烧室的压力脉动。以下重点介绍压力脉动传感器的应用。

1. **产品功能**

压力脉动传感器：压力是表征被测流体力学特性的重要参量，对于非稳态或者脉动流动过程具有动态变化特征，信号的表现主要由周期的脉动成分和随机信号成分体现，因此需要脉动压力传感器监测动态压力信号。

瑞德森公司 RPP8211 型压力脉动传感器是一种测量动态压力的传感器，采用高精度的进口芯体，集成电路放大器对传感器进行激励并对信号进行调理之后输出高质量的压力脉动信号。具有较高的分辨率和较小的尺寸。用于测量的动态液压和气压，如脉动、湍流、噪声等。在发电机组的试验及流体监测中，需要不失真地测量蜗壳等系统的变化频率，动态压力波形与幅值、有效值等，要求监测压力脉动的传感器具有高的固有频率，极短的上升时间和宽广优良的响应频带，以保证足够的动态测压精度。RPP8211 型压力脉动传感器如图 7-12 所示。

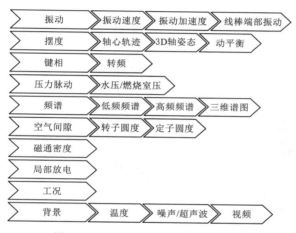

图 7-11 发电机组状态监测分析图

图 7-12 RPP8211 型压力脉动传感器

2. **产品特点**

（1）压力测量范围宽。

（2）固有频率高。

（3）工作稳定。

（4）抗干扰能力强。

（5）性能可靠。

（6）外形尺寸小。

（7）不锈钢外壳，抗腐蚀性能强。

3. **技术参数**

RPP8211 型压力脉动传感器技术参数见表 7-7。

4. **应用案例**

RPP8211 型压力脉动传感器在发电机组状态监测系统中得到广泛应用，特别是机组稳定控制需要对流态的状态监测分析，脉动传感器显得尤为重要。RPP8211 型压力脉动传感器应用如图 7-13 所示。

表 7 - 7 RPP8211 型压力脉动传感器技术参数

序号	指 标	参 数
1	测量范围	$-0.1\sim3.5$MPa
2	综合精度	$0.1f_s$；$0.2f_s$；$0.5f_s$
3	压力上升时间	$\leqslant 2\mu s$
4	频率响应范围	$0.5\sim200$kHz
5	线性度	$\leqslant 1\%f_s$（动态试验中）
6	低频响应	0.50Hz
7	共振频率	$\geqslant 250$kHz
8	工作温度	$-23\sim80$℃
9	工作电压	DC18$\sim$30V
10	输出信号	$4\sim20$mA；DC0$\sim$5V
11	材料	SUS
12	过载能力	$150\%f_s$

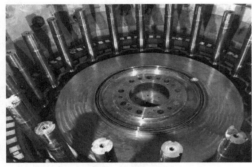

（a）某抽水蓄能机组压力脉动传感器安装应用

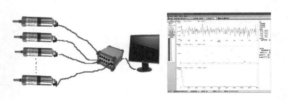

（b）机组试验压力脉动传感器采集分析应用

（c）蜗壳压力脉动传感器测试应用

（d）燃机压力脉动传感器应用

图 7 - 13 RPP8211 型压力脉动传感器应用

7.1.4 振动温度传感器

1. 产品功能

SVT 型振动温度传感器（图 7-14）是专为设备状态监测和故障诊断应用而设计的工业级传感器。传感器集成了振动和温度采集功能，具有低噪声、高精度、超低功耗和坚固耐用等特点，适合在各种恶劣工业环境中长时间使用。

传感器具备有线和无线两种通信方式，采用了高性能的三轴加速度传感器来测量设备的振动信号。SVT110、SVT210 和 SVT510 采用了三轴 MEMS 传感器，而 SVT220 和 SVT520 的主轴（Z 轴）采用了高性能压电传感器，副轴（X 轴和 Y 轴）则采用了 MEMS 传感器，SVT520 - Z 则采用了三轴压电传感器。SVT210S 型号采用三轴 MEMS 传感器。而 SVT220S 型号可选择单轴或三轴配置，单轴配置采用高性能压电传感器，三轴配置的主轴（Z 轴）采用高性能压电传感器，副轴（X 轴和 Y 轴）则采用 MEMS 传感器。

(a) 无线   (b) 无线

图 7-14 SVT 型振动温度传感器

传感器采用工业级结构设计，能完整无损地采集被测设备的振动信号。同时，传感器具有强大的边缘计算能力，可计算出 24 维特征振动数据，用于发现各种机械异常和故障。

传感器在物理层兼容产业链成熟的 RS485、LoRa、LoRaWan、蓝牙、Cat1 等多种通信技术，支持周期性采集或低功耗唤醒触发采集，将采集到的特征数据和波形数据通过有线无线传输送至远程监控平台。用户可以随时远程监控设备的振动和温度参数，及时察觉设备的异常运行状态。通过对波形数据进行深入分析，用户能够进行故障诊断，包括但不限于旋转设备的松动、不平衡、不对中、轴承故障、齿轮故障、叶片故障等。这种实时监控和远程诊断能力有助于保障设备的安全运行，避免因故障而导致的非计划停机，进而降低了运维时间和成本。

2. 产品特点

（1）精准测量：采用低噪声、工业级结构设计，能够实现精准的设备振动测量。

（2）便捷安装：可通过螺纹紧固、粘贴或磁吸方式方便地安装传感器。

（3）支持无线：多种通讯方式可选，可稳定传输特征数据和波形数据。

（4）超低功耗：功耗微瓦级，无线传感器内置电池可持续工作 2～10 年。

（5）坚固耐用：防水、防尘、防震、耐腐蚀，适用于恶劣的工业环境。

（6）远程监控：可随时随地获取数据，实现自动报警，长期无需维护。

（7）手机直连：支持蓝牙 5.0 技术，可直接连接手机 App 进行设备巡检。

3. 技术参数

振动温度传感器主要技术参数见表 7-8。

表 7 - 8　　　　　　　　　　　振动温度传感器主要技术参数

序号	指　标	参　数
1	分析诊断软件	专业的故障分析诊断工具，包络频谱图、包络图、包络谱图、功率谱图、交叉谱图、相位图、倒谱图、时频图、轴承库、故障频率计算等分析计算工具
2	特征数据	频率、加速度峰值、加速度有效值、速度有效值、位移峰峰值、加速度包络、歪度、歪度指标、裕度因子、波峰因子、峭度、峭度指标、脉冲因子、一倍频幅值、二倍频幅值、三倍频幅值、半倍频幅值、方差、谱方差、谱均值、谱有效值、倾斜角、翻滚角、俯仰角
3	加速度量程	16g，50g，100g 可选
4	加速度灵敏度	最高 0.006mg/LSB
5	加速度频率响应	最高 15kHz
6	加速度采样频率	最高 64ksps
7	波形数据	支持 10～20000ms 的采样时长，可设置
8	数据采集间隔	无线：低功耗振动唤醒触发，或定期最小 1 分钟可设置； 有线：最小 1s，可设置
9	通信	无线通信：2.4GHz 可视通信距离 300 或 600m；LoRa2km；Cat1 没有距离限制； 有线通信：RS485/Modbus 协议
10	防爆等级	ExiaIICT4Ga
11	防护等级	IP67

4. 应用案例

嘉兴博感科技有限公司产品已经成功应用于多个火电厂、钢厂等工业领域的各种旋转机械上。目前安装了超过 13000 个传感器，产品连续稳定运行 3 年以上。帮助客户随时远程监控设备的振动和温度参数，及时察觉设备的异常运行状态进行故障诊断，保障了设备的安全运行，避免了因故障而导致的非计划停机，降低了运维时间和成本。电机设备振动监测故障示例如图 7-15 所示，火电厂设备振动温监测示例如图 7-16 所示。

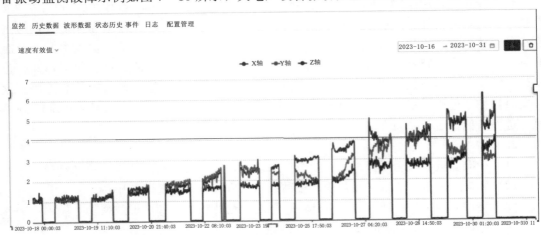

图 7 - 15　电机设备振动监测故障示例图

7.1.5　无线螺栓监测传感器

1. 产品功能

无线螺栓监测传感器是专为工业设备关键螺栓的紧固状态监测应用而设计的工业级

图 7-16 火电厂设备振动温度监测示例图

传感器。传感器具有抗干扰、高精度、超低功耗和坚固耐用等特点，适合在各种恶劣工业环境中长时间使用且免维护，如应用于输电铁塔螺栓、风电叶根塔筒螺栓和锚栓、变电站 GIS 设备和电抗器设备螺栓监测等。

无线螺栓松动传感器采用 MEMS 技术，能够精确测量螺母相对螺栓的相对旋出角度，从而监测螺栓的松动状态。同时，传感器还配置了姿态传感器，可以监测螺栓的移动、跌落等状态变化。SA210 适用于普通螺栓的监测，而 SA220 采用超薄设计，适用于螺栓端面安装高度较小的情况，比如风力发电机的叶根螺栓。无线螺栓松动传感器如图 7-17 所示。

无线螺栓预紧力传感器采用超声波技术，能够精确测量超声波回波时间。同时，传感器还配置了温度探头，可以测量螺栓表面的温度。通过应用温度补偿算法，传感器能够在不同工作温度下测量准确可靠的螺栓预紧力（轴向应力）。无线螺栓预紧力传感器如图 7-18 所示。

传感器的数据通过无线传感网络传输到监控平台。用户可以远程监控传感器测量的螺栓的旋出角度、预紧力、跌落、断裂等情况，及时接收螺栓发生报警信息，持续跟踪螺栓松动的全过程，保障设备的安全运行，避免非计划停产，有效降低运维的时间和成本。

图 7 - 17   无线螺栓松动传感器

图 7 - 18   无线螺栓预紧力传感器

2. 产品特点

（1）非侵入式：不破坏螺栓原有结构和强度。

（2）精准测量：抗干扰、精度高。

（3）便捷安装：无连线、体积小、重量轻，可通过粘接和卡扣方式固定传感器。

（4）无线传输：采用 2.4GHz 无线传感网络，数据传输稳定可靠。

（5）超低功耗：功耗微瓦级，内置电池可持续工作 10 年以上。

（6）坚固耐用：防水、防尘、防震、耐腐蚀，适用于恶劣的工业环境。

（7）远程监控：可随时随地获取数据，实现自动报警，长期无需维护。

（8）手机直连：支持蓝牙 5.0 技术，可直接连接手机 App 进行设备点检。

3. 技术参数

无线螺栓监测传感器主要技术参数见表 7 - 9。

表 7 - 9   无线螺栓监测传感器主要技术参数

序号	指　标	技　术　参　数	
		无线螺栓松动传感器	无线螺栓预紧力传感器
1	特征数据	螺栓松动角度、螺栓姿态、温度	预紧力、温度、断裂位置、螺栓姿态
2	测量精度	松动角度±0.5°	预紧力精度＜1.5%
3	数据采集间隔	2min 及以上可设置	

序号	指 标	技 术 参 数	
		无线螺栓松动传感器	无线螺栓预紧力传感器
4	无线通信	2.4GHz 可视通信距离 300 米	
5	防爆等级	ExiaIICT4Ga	
6	防护等级	IP67	

4. 应用案例

自 2019 年起，嘉兴博感科技有限公司的输电线路、变电站、轨道交通、风电螺栓监测传感器已在辽宁、江苏、广东等共计 15 个省份得以广泛部署，累计应用规模达 2 万套以上，覆盖 500 台以上的风机。经过严格的实际应用验证，该系列产品已连续稳定运行超过 6 年，充分证明了其高品质和可靠性。

无线螺栓监测传感器在电力检修领域的应用，不仅提高了检修的准确性和实时性，还为巡检人员提供了便捷的远程监控手段，有效减轻了巡检人员的工作负担。同时，该传感器还能及时监测和预警固件设备的安全隐患，为电力系统的安全经济可靠运行提供了有效的解决方案。变电站、输电铁塔和风电螺栓松动监测示例如图 7-19 所示，螺栓预紧力失效示例如图 7-20 所示。

图 7-19 变电站、输电铁塔和风电螺栓松动监测示例图

7.1.6 风电场智能巡检机器人

1. 产品功能

风电场智能巡检机器人基于可见光、超声等微型传感器的应用，可实现对风电厂风电塔筒、叶片内外部以及机舱等场景的智能巡检及清洁等多项功能，从而解决因人工操作带来的工作效率低、危险性高、漏检率高以及历史操作记录无法保存等诸多问题。

风电塔筒清洗检测机器人主要作业内容包括塔筒油污清洗以及焊缝无损检测，同时兼备全程高清实时监控能力。该系统包含塔筒爬壁机器人本体、带回收功能的油污清洗模块、具有高扬程的压力泵系统模块、基于相控阵探伤技术的无损探伤仪模块、高清摄像

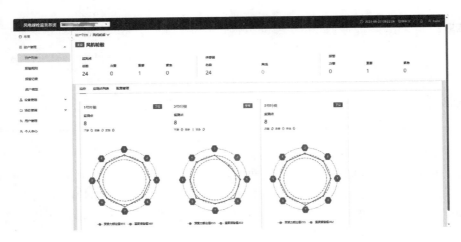

图 7 - 20   螺栓预紧力失效示例

头监测模块等多种作业模块以及地面远程人员操控系统。风电塔筒清洗检测机器人主要部件如图 7 - 21 所示。

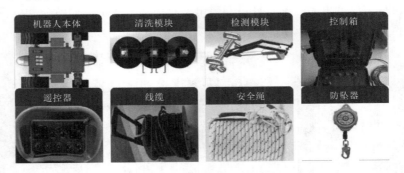

图 7 - 21   风电塔筒清洗检测机器人主要部件

风电机舱巡检机器人以挂轨式风电机组机舱巡检机器人为核心，配合温振、声音、倾角等各类传感器，实现对风电机组机舱、塔筒的多维度实时在线监测，解决风电机组巡检频次低，自身配套的传感器、设备无法完全掌握风电机组的机舱设备、塔筒健康状态的问题。风电机舱巡检机器人在机舱内部部署情况展示如图 7 - 22 所示。

风电机组叶片外部检测机器人可以替代人工作业方式实现风电机组叶片检测，真空吸附机器人系统可以搭载高清视频、超声检测、图像检测、通信和存储等装置和仪器，实现对风电机组叶片的全面检测，以及关键区域的快速重点检查，相关检测结果以可视化、系统化、规范化的方式汇总给运维检修人员、技术专工及管理人员，为消除安全隐患、科学决策提供帮助。机器人系统主要有真空吸附和运动装置、高清视频、超声检测系统、电源系统及安全吊坠系统组成。风电机组叶片外部检测机器人结构如图 7 - 23 所示。

风电机组叶片内部检测机器人通过在叶片的前缘、后缘、腹板之间的空间内行进，对前梁、后梁与壳体之间的粘接胶及腹板内补强胶的空胶、裂纹、开裂等缺陷，以及腹板

机器人外观-正面

机器人外观-侧面

图 7-22 风电机舱巡检机器人在机舱内部部署情况展示图

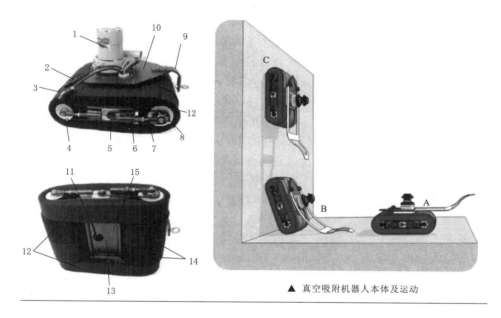

▲ 真空吸附机器人本体及运动

图 7-23 风电机组叶片外部检测机器人结构图

1—车载真空电机（如图所示可调节）；2—信号缆索连接头（CAT 5/6 电缆）；3—电源电缆连接头；

4—后传动轴与主轴；5—传动链轮；6—履带调整杆；7—驱动链；8—前传动轴、主轴和主传动轴链轮；

9—跌落防护舌；10—底盘顶板；11—真空管；12—移动履带；13—真空传感口；14—滚筒；15—真空室

内侧蒙皮及中间主梁帽的裂纹、泛白、褶皱等缺陷进行检测。深入叶片内腔长度可达叶片长度的 85% 以上。

2. 产品特点

（1）在线监测：设备智能监测和预警。

（2）状态诊断：实现设备状态检修。

（3）智能巡检：减少人工干预。

（4）人员安全：更安全、更健康。

3. 技术参数

风电塔筒清洗检测机器人的污清洗回收模块主要由 3 组电动毛刷盘、喷头、清洗液储存器、隔膜泵及相应的辅助加持机构组成。加持机构固接在主体平台上，毛刷盘固接在加持机构上，三组刷盘一字排开，能够覆盖 780mm 宽的区域。加持机构为分段式设计，铰接位置能够调整相对角度，使得刷盘能够适应曲面曲率，保证清洁效率。同时，毛刷盘由电机驱动做定向旋转运动，隔膜泵连接喷头及清洗液存储器将清洗液喷洒在毛刷清洁盘上，利用清洁盘的旋转动作实现油污的清洁。该模块还集成有带有刮条的污水回收仓，可以将多余的污水液体等导向收集到平台腹部的空间，进行污水回收，避免污染其余壁面。清洗液存储器容积为 4L，单个毛刷盘清洁面积为 0.12m²，清洁幅宽为 780mm，可通过匹配合适的机器人运动速度，以保证清洁效率。

风电机舱巡检机器人搭载红外相机、高清可见光相机、温湿度监测和气体监测等传感器，实时获取机舱内的信息；机器人搭载升降杆，配合检测角度可旋转的云台，使检测更加灵活、方便、准确；机器人内置拾音器，可实现机舱内工作人员与集控室人员对讲和广播功能；机器人支持自动巡检或者手动控制，具备前后避障功能；机器人采用滑触线进行供电和数据传输，将机器人检测的各类数据实时传回服务器，并实时交由大数据处理系统分析处理，除滑触线外，还支持 4G/5G 或者 WiFi 进行数据传输；基于数字孪生、大数据及三维模型等技术构建的实时可视化监测系统，能够在三维模型中看到机器人当前的位置，检查点数据等信息；通过搭载的可见光摄像头，结合智能识别模型，使机器人具备多种识别分析能力，包括表计识别、跑冒滴漏识别、异响分析等；巡检机器人有强大的后台大数据平台支持，可以实时存储海量传感数据；机器人的任务管理可支持全面巡检、例行巡检、专项巡检、特殊巡检、自定义任务、地图选点及任务展示等功能；系统可根据机器人读取的数据以及监测点阈值设置，实现实时告警功能。

风电叶片内部检测机器人采用双进口电机六轮驱动，柔软橡胶轮胎与合理的重心布置，使其可极限攀爬向上倾斜 30° 的叶片，即使在叶片内曲率较大的面上，或出现极端爬升角度的情况下，车轮也可依靠在大梁上，用单侧轮驱动前进。机器人具备前进、后退、原地转向、掉头、行进中转向的能力，配备两套大小不同的轮子，具备优秀的越障能力，处于狭小空间时使用六个小轮行进，处于宽广空间时采用小轮、大轮组合行进。其核心参数为：200 万高清像素摄像、10 倍光学变焦、实时录像、拍照，在机器人无法继续行进时，还可通过拉近远处影像，增加检测长度；摄像云台可实现轴向 360°、径向 220° 旋转，检测范围全面覆盖；高亮 LED 灯光，使机器人在全黑工况下也能轻松完成检测。

4. 应用案例

广东粤电电白热水风电场位于茂名市电白区麻岗镇北部热水村附近山脊上，有 32 台风电机组，总装机容量为 49.5MW。北京中安吉泰科技有限公司在 1 台 1.5MW 风电机组和 1 台 2.0MW 风电机组上安装了风电机舱智能巡检机器人系统。风电机舱智能巡检机器人系统包括：巡检机器人、配套的轨道系统、供电系统、通信系统、振动检测模块等模块，在风电场集控中心部署风场智能巡检软件系统 1 套，实现机器人的任务管理、巡检、控制和监控等功能，内置风机 1∶1 等比例三维模型，在模型中实时展示机器人在风机中的位置、运动情况及监测数据，借助软件系统的人工智能算法平台，为机器人摄像头赋予智能化识别能力，实现机舱内部表计识别、烟雾火情识别、人员违规识别、异响分析等。另外，为弥补机舱内传感器不足的问题，在主轴、齿轮箱、发电机等关键位置安装有温振传感器，在电控柜，发电机附近安装有局放检测设备，实现对风机的全方位巡检和实时监测。某风电机舱智能巡检机器人系统如图7-24所示。

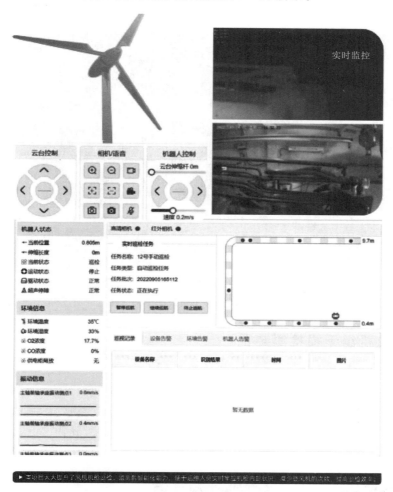

图7-24 某风电机舱智能巡检机器人系统

　　大唐（赤峰）新能源有限公司隶属于中国大唐集团有限公司，位于内蒙古自治区赤峰市，负责赤峰地区的风力发电、太阳能发电等新能源项目的开发、建设、生产运营。截至目前，公司已累计实现装机151.03万kW，投运10个风电场，共安装9个风电机组厂家的14种机型风电机组1136台。风电机组种类、数量多，给风场的运维管理工作带来很大的挑战。为此北京中安吉泰科技有限公司研发出两款机器人：一款是塔筒清洗检测机器人，主要作业内容包括塔筒油污清洗以及焊缝无损检测，同时兼备全程高清实时监控能力，该系统包含塔筒爬壁机器人本体、油污清洗模块、基于TOFD仪器的塔筒焊缝探伤模块、高清摄像头监测模块等多种作业模块以及地面远程人员操控系统。另外一款是叶片内部检测机器人，通过在叶片的前缘、后缘、腹板之间的空间内行进，对前梁、后梁与壳体之间的粘接胶及腹板内补强胶的空胶、裂纹、开裂等缺陷，以及腹板内侧蒙皮及中间主梁帽的裂纹、泛白、褶皱等缺陷进行检测。深入叶片内腔长度可达叶片长度的 85％ 以上。大唐（赤峰）新能源多功能机器人在风电机组塔筒、叶片检查清洗及无损检测中的应用如图 7-25 所示。

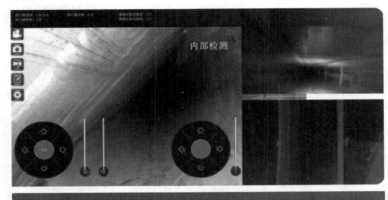

图 7-25　大唐（赤峰）新能源多功能机器人在风电机组塔筒、
叶片检查清洗及无损检测中的应用

7.1.7　风电机组无损检测装置

1. 产品功能

风电机组无损检测装置主要包括基于超声检测原理的风机叶片粘接部位、拉挤主梁、风电机组主轴等部位无损探伤，以及基于白光、紫外、红外的视觉检测产品，可对风电机组叶片或其他复杂狭小设备内部空间的腐蚀、裂纹、焊缝、异物、磨损以及零部件内部的加工等情况进行细致全面的检测。风电机组无损检测装置如图 7-26 所示。

图 7-26　风电机组无损检测装置

MWS-6 手动超声波叶片扫查器是专门用于在役风电叶片检测的手动线性扫查器。该扫查器易于操作，检测结果易归档存储，便于风力发电厂的业主和运营商可以灵活地对安装的叶片进行随机检测，是用于复合材料结构的手动线性扫查器，其本体带有一个单探头支架和一个编码器轮。

Gscan 200 相控阵螺栓检测仪是基于超声相控阵检测原理针对在役及非在役螺栓检测的一套专用无损检测探伤仪。该机体积小、重量轻、硬件性能强、软件功能完善、操作简单，是现场检测的不二之选。

AMS-46 风电机组叶片超声波自动化扫描器是一款自动爬行 XY 扫描器，专用于检测风电机组转子叶片及其部件。AMS-46 由模块化扫描器组件设计而成，可根据实际要求配置扫描器，例如配置高性能超声探头和各种扫描路径。

GM100 工业视频内窥镜为手持式一体化设计，携带方便，操作简易，可插拔的电池设计，符合人体工程学设计理念，其探头外壳为钛合金材质，检测线为多层钨丝编织构成。

2. 产品特点

MWS-6 手动超声波叶片扫查器很容易在一个安装着风电叶片的竖立工作平台上操作，是一个理想的全尺寸补充扫查设备，它可预先识别检测新区域，或对已知关注区域进行复检。扫查器采用铝安装杆，探头支架，手柄，支撑轮，编码器轮和特殊附件安装，该设计将扫查器组件配置为 3 种不同的线阵扫描情况：与边平行的线扫描；垂直于边的线扫描；线扫描在一个平面上与边缘无关。扫查器电缆通过 UT 信号和编码器、开关信号的两个电子模块连接到扫描处理器。

Gscan 200 相控阵螺栓检测仪为 8.4 英寸彩色液晶触摸屏，有 16/64 型、32/64 型两种型号可选，配备 AutoCAD 高级工件轮廓图形加载模块，配置螺栓检测专用探头兼具常规相控阵检测功能，有 A、B、S、C、TOFD、离线 3D 等多种显示模式。

AMS-46 风电机组叶片超声波自动化扫描器可通过摄像机和转向控制进行远程扫描仪控制，可设定主梁层压板和粘接胶的检测速度、分辨率和效率，具有自动式爬行扫描器单元。

GM100 工业视频内窥镜拥有 720P 百万高清像素，镜头硬质部分长度仅 10mm（需定制）；可快速插拔更换 2.4mm/4mm/6mm/8mm 等不同直径的白光、紫外、红外检测线，一机多用，节约成本；拥有高分辨率 5 英寸 LCD 显示屏，提供流畅、真实、清晰、稳定的动静态检测画面；通过机械遥杆控制，360°旋转，操控灵活省力，提高工作效率；可旋转式微调步进阻尼，轻松精准的停留在观测角度；其白平衡、AGC、曝光、影像模式、荧幕亮度、荧幕对比度、荧幕比例可调；具有智能化拍照、录像一体功能，方便及时记录检测数据；前端超亮 LED 照明，优化照明系统设计，照度 5 级可调；后端高亮 LED 辅助照明；具备 WIFI 视频传输、内置扬声器、温度传感、拍照防抖、实时图像旋转、图片重命名、文本注释等实用功能。

3. 技术参数

MWS-6 手动超声波叶片扫查器技术参数见表 7-10。

表 7-10　　　　　　　　　　MWS-6 手动超声波叶片扫查器技术参数

指　　标	技术参数	指　　标	技术参数
编码器的分辨率	2000p/r	防尘防水	IP 54
分辨力	3mm	工作温度	0~50℃
高×宽×长	84mm×217mm×161mm		

Gscan 200 相控阵螺栓检测仪技术参数见表 7-11。

表 7-11   Gscan 200 相控阵螺栓检测仪技术参数

项　目	指　标	相阵控通道参数	常规通道参数
配　置	接收/发射	32/64	112
	范围	9900μs	9900μs
	声速	635～15240m/s	—
	聚焦法则数	1024	635～15240m/s
脉冲发生器	检测模式	PEIPC	PE/PC/TT/TOFD
	脉冲电压	50V/1100V/1130V	100V/1200V/1400V
	脉冲方式	负方波	负方波
	脉冲宽度	30～500ns	30～500ns
	脉冲上升时间	<8ns	<8ns
	脉冲重复频率 PRF	20kHz	20kHz
	延迟	10μs/2.5ns	10μs/2.5ns
	阻尼	—	50Ω/500Ω
接收器	增益范围	0～80dB	0～110dB
	带宽	0.5～15MHz	0.5～15MHz
	输入阻抗	500Ω	500Ω
	输入电容	60pF	60pF
	接收延迟	10μs/2.5ns	10μs/2.5ns
扫描与显示	扫描类型	线性/扇形扫查	—
	显示模式	A/B/C/S	A/B TOFD
	测量单位	mm/inch	mm/inch
DAC	点数	16	—
TCG	点数	16	—
	最大增益量	40dB	—
	最大增益斜率	40dB/μs	—
闸门	门限	A/BII	—
	闸门阈值	0～98%	—
	闸门触发模式	峰值/前沿	—
检测报告	报告格式	网页格式	—
综合数据存储	可插拔存储器	U 盘/SD 卡	—
显示器	尺寸	8.4inch	—
	分辨率	800×600pixel	—
	类型	TFT LCD 触摸屏	—
I/O 接口	USB	2 个	—
	以太网	10/100M	—

项　目	指　标	相阵控通道参数	常规通道参数
I/O 接口	视频输出	DVI‑D	—
	编码器	支持	—
语言	语种	中文/英语	—
电池和电源	直流供电电压	DC15V 4A	—
	电池类型	鲤电池	—
	充电方式	主机上充电，可同时操作设备	—
	连续工作时间	3.5h	—
外壳	尺寸	296mm×209mm×89mm	—
	重量	3.5kg（含电池）	—

AMS‑46 风机叶片超声波自动化扫描器技术参数见表 7‑12。

表 7‑12　　　　　　　**AMS‑46 风机叶片超声波自动化扫描器技术参数**

指　标	参　数
最大 X 方向速度	100mm/s
最大 Y 方向速度	250mm/s
风速 Y 方向	2×500mm
最小曲率	1.000mm
最小宽度	400mm
系统接口	扫描器可与任何类型的 P 扫描系统 4 或 P 扫描模块系统超声控制单元连接
重量（标准配置）	103kg
用途	车载数码相机系统，用于扫描路径的视觉监控。远程转向控制
	喷涂系统，用于在扫描操作前对叶片表面进行预润湿
	扫描器接口可用于不同类型的电机驱动控制器

GM100 工业视频内窥镜技术参数见表 7‑13。

表 7‑13　　　　　　　　**GM100 工业视频内窥镜技术参数**

探头直径	2.4mm	3.9mm	6mm	8mm
图像传感器	CMOS 1/18	CMOS 1/9	CMOS 1/6	CMOS 1/6
像素数	16 万 pixel	720P	720P	720P
景深范围	5～30mm	8～80mm	5～50mm /15mm～e	5～50mm /15mm～e
视场角	>120°	>120°	>120°	
外壳材料	钛合金	钛合金	钛合金	钛合金
照明亮度	5000lux	18000lux	50000lux	70000lux
插入管直径	2.4mm	3.9mm	6mm	8mm
插入管长度	1.5m	2m	2m/3.5m	2m/3.5m/6m

弯曲选择	弯曲方向	手动 360°全方位
	弯曲角度	360°旋转大于 90°弯曲
主控制器重量		1.073kg
LCD 显示器		5 寸
分辨率		1280×720
对比度		900：1
量度		600 CD/m²
牵拉结构可插拔		是
输出接口		HDMI/AV
白平衡		自动/手动可选
存储卡		32GB
电池使用时间		＞4h
图像格式		JPEG 1024×768（4：3）/1200×720（16：9）
视频格式		AVI 4：3 800×480 16：9 640×480/1200×720
图像旋转		实时图像 0°、180°旋转
温度传感		6/8mm 产品可添加
LED 亮度等级显示		5 级显示
图片重命名		中英文数字
文本注释		中英文数字符号
拍照防抖		有
WIFI 视频传输		有（可连接手机、平板电脑等）
音频		内置 MIC 扬声器

4. 应用案例

风电机组无损检测装置已在相控阵风电大型齿轮监测、在役风电叶片超声自动化检测、齿轮箱内窥镜检测、内窥镜机器人在役叶片检测、风电螺栓监测等场景得到应用。风电机组无损检测应用如图 7-27 所示。

7.1.8 海上风电运维母船（SOV）用主动波浪补偿栈桥

1. 产品功能

登靠栈桥是将海上风电运维人员从运维母船送达海上平台的关键装置。带主动波浪运动补偿功能的登靠栈桥可基本消除船舶和风机平台的相对运动，保证人员在登靠过程中的安全和舒适性，其中包含激光定位雷达、减摇系统等先进装备，但相关产品一直被国外垄断。运维母船及主动波浪补偿栈桥如图 7-28 所示。

2. 产品特点

着眼我国海上风电运维技术由近海向远海、由浅蓝向深蓝、由依托岸基平台向海基平台的发展趋势，鹏瑞新能源（南通）有限公司对标国际前端技术，充分发挥先期技术

图 7-27 风电机组无损检测应用

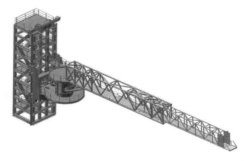

图 7-28 运维母船及主动波浪补偿栈桥图

积累优势，业内资深专家与人才优势，集中一切力量资源潜心钻研，攻坚克难，率先开展了海上风电运维母船（SOV）及其关键设备波浪补偿栈桥的国产化开发与制造，该技术具有独特创新性与实用性，拥有完全自主自控知识产权，技术水平国内领先、世界先进，可极大满足国内海上风电运维需求，提升我国海上风电运维安全性、高效性、舒适性。鹏瑞新能源（南通）有限公司研制的鹏瑞航梯具有以下特点：

（1）鹏瑞舷梯集成的 HPU 和控制站，可安装在任何甲板上的任何位置，以满足特定的项目 W2W 要求或甲板布置。

（2）鹏瑞舷梯使用主动补偿系统，可满足高达 3.5m 的有义波高，提供海上风电平台的安全的登乘作业，这种主动补偿舷梯可在恶劣海况的影响下确保船员安全有效地转移。

（3）鹏瑞舷梯安装在带有集成升降机的高度可调底座上，从而可以水平降落在任何高度海上风电平台并保持连续的工作。适用于不同的风电场和不同的潮汐条件。人员转运更安全便捷。

（4）所有关键组件都是冗余设计，例如运动单元和控制装置，标准的"故障操作"理念。

（5）舷梯采用模块化设计，可以轻松接入到船舶系统。

（6）AI 人脸识别系统可实现运维人员的登乘的智能管理。

3. 主要技术参数

主要技术参数见表 7 - 14。

表 7 - 14　　　　　　　　　　主 要 技 术 参 数

名　　称	参　数	备　　注
主动补修/被动波浪补偿	主被动复合补偿	
搭接方式：系固/压力接触	压力接触	
工作海况	5 级海况	自存海况无限航区
栈桥工作高度	不超过 15m	最大操作高度 12.5m
最大变幅角度：向上	＋20°	
最大变幅角度：向下	－20°	
回转角度：	±90°	覆盖甲板吊货区域
工作载荷	250kg（2 人）	按 ABS 规范推荐
最大工作风速	13.8m/s	
设计温度	－10℃/＋45℃	

4. 应用案例

目前，主动波浪补偿栈桥和新一代智能运维船技术已经成功应用至"兴鹏"轮风电运维母船（SOV）改造中，该项目主要是将一艘平台供应船（PSV）改装成风电运维母船。该运维母船拥有 DP2 动力定位能力，100 人的居住区，波浪补偿栈桥，25t×25m 折臂吊机、减摇系统、激光定位雷达等先进装备。项目交付后，该轮将成为我国首艘自主研制作业于国内风场安装的海工登乘栈桥风电运输母船。

7.2　输电领域

7.2.1　无线温度传感器

1. 产品功能

北京智芯微电子科技有限公司基于自主低功耗温度传感器芯片研制的无线温度传感

器应用于输电线路接头温度在线监测，将其安装到高压输电线路耐张线夹、管母接头等位置，能够有效监测接头过热、温升及相间温差，及时发现发热故障并快速定位，为运维管理单位针对线路状态检修提供监测手段和判据，大幅提升运维效率。产品采用无线通信技术，内置国密 SM1/SM7 芯片进行身份验证与数据加密，融合智能调频技术及低功耗自组网技术实现传感器长寿命、免维护。无线温度传感器如图 7-29 所示。

图 7-29 无线温度传感器

无线温度传感器的功能特点包括：

（1）高集成：温度传感器基于主控、通信、安全、传感芯片集成技术，实现小型化、高集成设计。传感器的静态功耗约为 $2\mu A$。

（2）高精度：采用低温系数敏感元件和高可靠动态调零温度补偿电路，使传感器的输出零点漂移小于 25mV。

（3）抗干扰：改进芯片屏蔽材料与结构，抗电磁干扰能力从 30V/m 提升至 80V/m。优化芯片抗静电精准模型，抗静电等级由 2～4kV 提升至 4～5kV。

（4）宽温区：改进传感器芯片可靠电源网络分布策略，提高抗温漂能力，工作温区范围可由 $-40\sim85\text{℃}$ 扩大至 $-55\sim125\text{℃}$。

2. 技术参数

无线温度传感器主要参数见表 7-15。

表 7-15　　　　　　　　　　　　无线温度传感器主要参数

序号	指　标	参　数
1	通信频率	433～435MHz
2	温度测量精度	±1℃
3	平均功耗	功耗≤$2\mu A$（3V）@25℃
4	最长测量周期	60s（4～60s 随温度变化率智能跟随）
5	信息安全	国密 SM1/SM7 芯片硬加密
6	防护等级	IP67

3. 应用成效

自 2018 年至今，北京智芯微电子科技有限公司研制的无线温度传感器已在江苏、四川等 26 个省份应用 16 万只，覆盖杆塔 7 千余基，产品连续稳定运行 5 年，成功预警输电线路故障隐患 100 余次。耐张线夹温度传感器在架空线路中的应用，不仅提高了测温的准确性和实时性，还为巡检人员提供了便捷的远程监控手段，有效减轻了巡检人员的工作负担。同时，该传感器还能及时监测和预警输电线路超温隐患，为电力系统的安全、经济可靠运行提供了有效的解决方案。温度传感器应用示例如图 7-30 所示。

图 7-30　温度传感器应用示例图

7.2.2　绝缘子串泄漏电流监测装置

1. 产品功能

北京智芯微电子科技有限公司基于隧道磁阻（TMR）技术研制的高精度绝缘子串泄漏电流监测装置，安装在绝缘子串顶部，对绝缘子因污染、受潮等因素产生的泄漏电流进行实时监测，可实时采集泄漏电流，并通过无线通信方式将采集到的数据上传输电边缘智能终端。可以减少检测人员上杆塔带电检测的次数，提高微小泄漏电流测量精度，及时避免由于绝缘子闪络造成的事故，为运行部门制订合理的检修计划提供科学依据。绝缘子串泄漏电流监测装置如图 7-31 所示。

2. 功能特点

（1）泄漏电流采集终端基于巨磁阻（GMR）与隧道磁阻（TMR）相结合的原理设计，具有采样精度高、测量范围宽的特点。具备自保护功能，防止在大电流时损坏传感器。

（2）具有自动采集数据及远程控制采集数据功能。

（3）采用密封金属盒，具有良好的抗电磁干扰、封闭、防雷、防雨、防尘等功能。

（4）采用太阳能及蓄电池的供电方式，具有电池监测功能。

图 7-31　绝缘子串泄漏
电流监测装置

3．技术参数

绝缘子串泄漏电流监测装置产品系列主要参数见表7-16。

表7-16　　　　　　　绝缘子串泄漏电流监测装置产品系列主要参数

序号	指　　标	参　　数
1	电流幅值测量范围	$10\mu A \sim 100mA$
2	精度	大于$50\mu A$时小于1%；小于$50\mu A$时小于5%
3	平均功耗	$<5mA$
4	工作温度范围	$-40 \sim 85℃$

4．应用成效

北京智芯微电子科技有限公司研制的绝缘子串
泄漏电流监测装置遵循简单、可靠、适用的原则，
采用标准化、模块化、小型化以及低功耗设计，并
满足输电线路户外自然环境下长期可靠运行的要
求。单回路输电线路每基杆塔配置3个传感器以及
1套输电边缘智能终端。双回路输电线路每基杆塔
配置6个传感器以及1套输电边缘智能终端。绝缘
子串泄漏电流监测装置已在江苏、甘肃省试点应
用，可实时监测绝缘子绝缘状态，具有微安级泄漏
电流监测能力，为制定科学合理的绝缘子检修计划

图7-32　绝缘子串泄漏电流监测
装置应用示例图

提供数据支撑。绝缘子串泄漏电流监测装置应用示例如图7-32所示。

7.2.3　基于无线传能绝缘子的杆塔侧供电应用系统

1．产品功能

架空线路是电力输送主干道，其在线监测系统的全天候远程通道可视、全视角协同
自主巡检，以及自然灾害全景感知功能是保障电力供应安全的重要基础。架空线路运行
状态监测需在杆塔侧部署摄像头、微气象传感器、杆塔倾斜传感器、通信网关、无人
机机巢等设备。目前杆塔侧监测装置以光伏供电为主，易受天气因素影响，长期使用
表面易积灰，影响供电稳定性。此外在沙戈荒、东北地区，光伏板还会因为沙尘、冰
雪等覆盖而失效，制约了架空线路在线监测系统应用的可靠性。针对这一应用场景，
开发出基于无线传能绝缘子的杆塔侧供电应用系统，具备不受气候因素影响的全天候
优势，可通过调整系统组件，灵活适应不同电压等级线路的杆塔侧供电需求，为杆塔
侧摄像头、无人机机巢、微气象传感器、杆塔倾斜传感器等设备提供稳定的综合供电
能量站。

2．功能特点

基于无线传能绝缘子的杆塔侧供电应用系统，由线路侧感应取电装置、无线传能绝
缘子、能量汇聚综合管理装置等几部分组成，其通过电磁感应在线路侧获得高电位电能，
进而通过无线传能技术，将高电位电能绝缘传递至杆塔侧，并基于能量汇聚综合管理装

图7-33 基于无线传能绝缘子的杆塔侧
供电应用系统产品图

置为负载提供稳定供电。基于无线传能绝缘子的杆塔侧供电应用系统具备全天候、大功率、易部署等特点，可在雨雪、沙尘等恶劣气候下持续可靠工作，满足全天候应用需求；可提供数十瓦至百瓦的持续电能供给，可支撑摄像头、无人机机巢等大功率应用；相对于传统光伏供电方式，在供电功率相同情况下，系统总体积可减少50%以上，总重量可减少30%以上。基于无线传能绝缘子的杆塔侧供电应用系统产品如图7-33所示。

3. 技术参数

基于无线传能绝缘子的35kV线路杆塔侧供电应用系统主要参数见表7-17。

表7-17 基于无线传能绝缘子的35kV线路杆塔侧供电应用系统主要参数表

序号	指标	参数	序号	指标	参数
1	额定工作电压等级	35kV	4	供电功率	10W
2	工频耐受电压	100kV	5	供电电压	12V
3	雷电冲击耐受电压	185kV	6	无线传能DC/DC效率	60%

4. 应用成效

基于无线传能绝缘子的杆塔侧供电应用系统无需维护，可有效减少运行维护成本；可为架空线路全天候远程通道可视的摄像头、全视角协同自主巡检的无人机、自然灾害全景感知的监测传感器及通信网关等提供瓦级的持续电能供给；具有不受天气因素影响的优势，可提升架空线路在线监测系统运行稳定性，保障电网运行安全。

目前，基于无线传能绝缘子的杆塔侧供电应用系统产品已实际应用在国网江西省电力有限公司的35kV线路视频监测中，实现了线路高压侧电能在杆塔地电位侧的本地应用，解决了杆塔侧现有光伏供电系统易受风沙、雨雪等气候因素影响而供电失效的问题，有望进一步推广应用于无人机机巢、通信基站供电，助力智能运检和通信网络建设。该产品的持续推广，为电网状态监测系统稳定运行提供坚实保障，有利于推进电网数字化进程。基于无线传能绝缘子的杆塔侧供电应用系统用于架空线路视频监测如图7-34所示。

7.2.4 输电线路舞动监测装置

1. 产品功能

北京智芯微电子科技有限公司研制的输电线路北斗舞动在线监测装置，利用北斗定位技术、MEMS三轴加速度传感器、六轴IMU传感器技术和无线通信技术，对在恶劣环境中运行的高压输电线路的导线舞动频率和幅度进行实时采集，并将监测信息通过无线通讯发送给数据传输基站，由数据传输基站通过GSM/CDMA/GPRS/3G/4G/光纤/北斗短报文等无线或有线网络将监测信息发送给远程监控中心。

输电线路舞动监测装置如图 7－35 所示。输电线路舞动监测装置有以下功能特点：

图 7－34 基于无线传能绝缘子的杆塔侧供电
应用系统用于架空线路视频监测

图 7－35 输电线路舞动
监测装置

（1）终端装置监控主机采用智芯公司自研芯片，所有器件均采用工业级、低功耗、高稳定性设计。该装置在软件上使用稳定的、精简的嵌入式系统，使得其系统具备性能稳定、安全可靠的高效特性，满足长时间、不间断工作且易维护的需求；

（2）采用 2.4GHz 无线自组网技术建立传感器无线通信网，相比传统有线传感器，其无需配置安装传感器通信线缆，无需现场设置传感器参数。在监测点安装传感器后，其可自行完成组网，无需额外工作，现场安装更加便捷。

（3）传感器采用微功耗通信技术及微功耗元器件，平均功耗≤2μA，理论寿命可达 10 年。

（4）支持 GPRS/CDMA/3G/4G/WIFI/光纤多种通讯方式，根据用户实际需求选配。

（5）装置采用太阳能和蓄电池供电，供电方式稳定可靠。太阳能电池板为高效能单晶硅，具有良好的光电转换性能，光照不强时也可以浮充供电。太阳能充放电控制器采用 MPPT 最大功率点跟踪技术，可显著提高太阳能系统能量利用率。蓄电池可依据应用场景特性选择，太阳能电池板和蓄电池容量可根据项目具体定制。后台还可实现前端设备的电源管理，使设备进入休眠状态，降低功耗。

（6）装置配置有远程控制模块，通过远程升级调试工具可以实现对装置的远程程序升级、参数配置、信息查询等功能，避免上塔操作，可远程排查解决现场问题。

2．技术参数

输电线路舞动监测装置产品系列主要参数见表 7－18。

表 7－18　　　　　　　　　　输电线路舞动监测装置产品系列主要参数

序号	指　标	参　数
1	舞动监测功能	舞动传感器安装在被监测导线上，完成导线舞动加速度信息采集，并对加速度进行一次和二次积分得到速度、位移、导线舞动幅值、频率等信息，通过 Sub－G 网络将数据发送给边缘智能网关

序号	指　标	参　　数
2	舞动监测幅值	0~10.00m（p-p）
3	舞动监测精度	±10%
4	频率监测范围	0.1~5Hz
5	频率监测精度	±10%
6	通讯方式	4G
7	通讯协议	NTRIP、MQTT 和串口协议
8	数据上传间隔	≤3h
9	网关输入电压	DC16~36V
10	网关功耗	≤1W
11	供电电源	传感器支持太阳能供电，输出功率大于 3W，磷酸铁锂电池不小于 12Ah
12	数据管理	支持循环存储 30 天数据
13	远程升级	支持远程 OTA 固件升级功能，具有系统备份功能，升级失败后恢复备份系统
14	网关接口	RS485 端口×2 以太网端口×1
15	安装形式	采用分体式安装，由传感器和网关组成
16	结构尺寸	传感器不大于 400mm×150mm×200mm
17	外壳材质	传感器采用铝制外壳
18	重量	采集单元需小于 4kg
19	防护等级	传感器 IP67、网关 IP65
20	静电放电抗扰度	应满足 GB/T 17626.2 中规定的试验等级为 4 级的静电放电抗扰度要求
21	电快速瞬变脉冲群抗扰度	应满足 GB/T 17626.4 中规定的试验等级为 4 级的电快速瞬变脉冲群抗扰度要求
22	工频磁场抗扰度	应满足 GB/T 17626.8 中规定的试验等级为 5 级的工频磁场抗扰度要求

3. 应用成效

输电线路舞动监测装置已在国网冀北电力有限公司、国网湖南电力有限公司等电力公司安装 200 余套，产品采用先进的 MEMS 技术和智能算法，可真实还原导线舞动特征，实时监测输电线路电力线舞动状态，可避免因大风引起舞动超限导致的倒塔、导线断股断线等故障。输电线路舞动监测装置应用示例如图 7-36 所示。

7.2.5　输电线路多物理量集成传感器

1. 产品功能

输电线路多物理量集成传感器是一种用于输电线路导线、环境和通道实时全景智能监测的综合在线监测装备。其基于电磁感应原理，输电线路通电后，在线路周围的磁场作用下，四个分布式感应取电"握爪"内产生感应电流并联供电；利用握爪内部的铂电阻温度传感器和红外温度传感器，双模式可靠精准监测导线温度；采用 TMR 芯片阵列和

（a）正面　　　　　　　　　　　　　（b）侧面

图 7 - 36　输电线路舞动监测装置应用示例图

PCB 罗氏线圈双电流探头，实现工况和异常电流监测和录波；集成加速度和陀螺仪传感器，低功耗监测导线舞动轨迹。通信方面则利用无线公网和北斗系统与平台互联，将监测数据上传到南网云应用系统。

输电线路多物理量集成传感器模块化集成了输电线路通道可视化、导线舞动/温度/电流/弧垂测量、环境温湿度/气压/海拔测量、自供电、无线通信、故障录波、山火和外破等异常智能识别告警等功能，已接入南方电网全域物联网平台和输电运行支持系统。输电线路多物理量集成传感器外观如图 7 - 37 所示。

图 7 - 37　输电线路多物理量集成传感器外观

输电线路多物理量集成传感器的功能特点包括：

（1）拥有微控制器（MCU）+低功耗智能处理器（NPU）的端侧智能化解决方案，具备输电线路通道外破等各类异常的本地化实时智能识别与告警。

（2）拥有宽范围分布式高效感应取电、多级储能、自适应低功耗运行的取能储能运行调度方案，保障传感器高效可靠在线运行。

（3）拥有多传感单元冗余设计和低功耗智能融合监测，保障传感器功能性能的可用性和可靠性。

（4）支持模块化功能选配、带电安装、故障录波、固件和算法空中升级等。

2. 技术参数

输电线路多物理量集成传感器主要参数见表 7 - 19。

表 7 - 19　　　输电线路多物理量集成传感器（四分裂北斗 RTK 版）主要参数

序号	指　标	参　数
1	启动电流	≤20A（单根导线）
2	防护等级	IP67

续表

序号	指　标	参　数
3	导线电流测量（数量 4 个）	单根导线额定量程：1kA，最大允许误差：±0.5%
4	导线温度测量（数量 4 个）	测量范围：-20～125℃，最大允许误差：±1℃
5	通道可视	至少包含 5 个星光级高清摄像头，实现输电通道前向、后向和下方全景可视，图像分辨率：≥2560×1920
6	环境温度测量	测量范围：-40～70℃，最大允许误差：±1℃
7	环境湿度测量	测量范围：5%～+100%RH，最大允许误差：±3%RH
8	气压测量	测量范围：800～1100Pa，测量误差：±50Pa
9	导线舞动幅值测量	测量范围：0.1～10m（p-p） 最大允许误差：±15%
10	导线舞动频率测量	测量范围：0.1～2.0Hz， 最大允许误差：±15%
11	通信方式	支持 4GAPN
12	数据接入	支持接入南方电网全域物联网平台和运行支持系统
13	北斗 RTK 定位	支持高精度北斗 RTK 定位，北斗定位精度：水平≤20cm，高程≤30cm
14	智能化功能	支持远程拍照、视频点播、端侧智能图像自动识别等功能
15	附加功能	支持导线状态、环境及通道状态参数感知与告警，监测频率等支持远程下发

3. 应用成效

输电线路多物理量集成传感器的多参量传感集成了导线振动/舞动/温度/电流/弧垂、环境温湿度/气压、图像、红外、空间位置等物理量；采用低功耗、分布式融合感应自取电，达到最大化能量输出；设计兼容多型号导线的"握爪"高可靠连接；使用国产化低功耗神经网络处理器。在可视化平台上开发了基于输电线路多物理量传感器的输电线路在线监控应用，实现了基于智瞰装置与安装位置的关联，可在线查看装置实时在线状态、告警信息，导线电流、温度、环境温湿度、气压、通道可见光图像与红外图像等，并可查看长期历史监测数据，确保对输电线路的全方位、不间断监控。输电线路多物理量集成传感器在线监测如图 7-38 所示。

直到 2024 年年初，输电线路多物理量集成传感器在广东、广西、云南、贵州、海南等省区多条 500kV 输电线路上安装 300 余套，在广西壮族自治区南宁市陵邕甲线等 5 条线路实现示范应用。自安装投运以来工作正常，运行情况良好，获得用户一致好评。值得一提的是，2021 年央视新闻对输电线路多物理量传感器在云南迪庆带电安装过程进行了全程直播。输电线路多物理量集成传感器应用示例图如图 7-39 所示，输电线路多物理量集成传感器安装央视直播截图如图 7-40 所示。

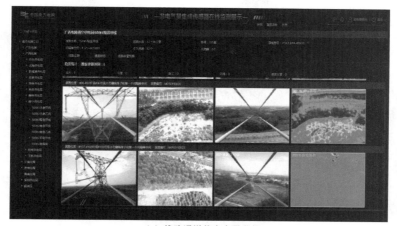

（a）线路通道状态全景监控

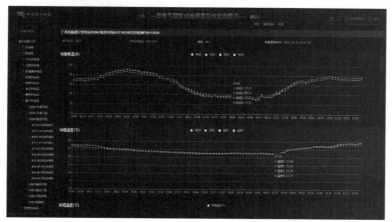

（b）导线电流、温度监测

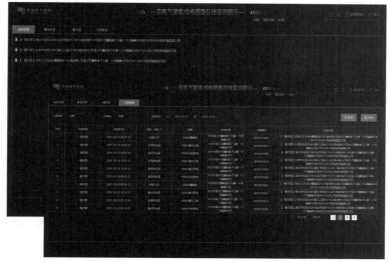

（c）告警界面

图 7-38 输电线路多物理量集成传感器在线监测图

图 7 - 39　输电线路多物理量集成传感器应用示例图

图 7 - 40　输电线路多物理量集成传感器安装央视直播截图

7.3 变电领域

7.3.1 避雷器泄漏电流传感器

1. 产品功能

北京智芯微电子科技有限公司避雷器泄漏电流传感器是基于高精度电流传感芯片研制的一种用于监测避雷器泄漏电流的设备，可在线测量氧化锌避雷器（以下简称"避雷器"）的全电流、阻性电流（相对值）、谐波电流及雷击动作次数等，并可实现数据的远程传输。该产品适用于 10～1000kV 电压等级变电站、输电线路等场合的避雷器绝缘状态在线监测。避雷器泄漏电流传感器如图 7-41 所示。

图 7-41 避雷器泄漏电流传感器

避雷器泄漏电流传感器功能主要包括：

（1）根据实时监测避雷器的全电流，阻性电流（相对值）以及 1 次、3 次、5 次、7 次、9 次谐波电流及雷击动作次数等特征量，及时发现异常情况。

（2）自动记录避雷器的运行状态，方便后期维护。

（3）具有报警功能，当泄漏电流超过设定值时，会自动报警。

（4）具有数据存储功能，可以存储大量的监测数据，方便后期分析。

（5）具有数据远传功能，通信协议符合《智慧变电站技术规范 第 4 部分：数字化远传表计》（Q/GDW 12355.4—2023）规范要求。

2. 技术参数

避雷器泄漏电流传感器主要参数见表 7-20。

表 7-20 避雷器泄漏电流传感器主要参数

指　标	参　数
工作环境	温度：−40～70℃；湿度：0～100％RH
工作电源	DC24V，功率低于 0.4W
全电流检测范围及精度	0.1～5mA，≤±（标准读数×2％＋5μA）
阻性电流检测范围	0.1～5mA（相对值）
雷击动作计数范围	0～9999，单次累加
方波电压耐受	动作计数电流范围 8～20μs（峰值）50A～20kA，2ms 方波冲击电流耐受（峰值）2500A，（4/10μs）大电流冲击耐受（峰值）100kA
异常情况报警	雷击动作、数据超标报警和装置异常报警等
通信方式	RS−485、微功率无线，协议符合《智慧变电站技术规范 第 4 部分：数字化远传表计》（Q/GDW 12355.4—2023）要求
防护等级	IP65

3. 应用成效

北京智芯微电子科技有限公司研制的避雷器泄漏电流传感器主要应用于监测避雷器

193

的运行状态，提高电力系统的安全性和稳定性，应用成效主要体现在以下方面：

（1）实时监测和预警：传感器能够实时监测避雷器的泄漏电流，及时发现异常情况，并通过报警功能提醒工作人员进行处理，避免了因避雷器故障导致的电力系统事故，保障了电力系统的安全稳定运行。

（2）数据存储和分析：传感器具有数据存储功能，可以记录大量的监测数据。这些数据可以用于后期分析，帮助工作人员了解避雷器的性能和运行状况，从而制定更加合理的维护计划。

（3）优化维护策略：通过对监测数据的分析，工作人员可以及时发现避雷器的潜在故障，并采取相应的措施进行维修，避免了因故障导致的停电等影响，提高了电力系统的可靠性和服务质量。

（4）降低维护成本：传感器具有自动记录和报警功能，减少了人工巡检的频率，降低了维护成本。同时，通过对监测数据的分析，工作人员可以更加精准地确定维修方案，减少不必要的工作。

（5）提高监测精度：传感器采用高精度电流测量技术，能够准确测量避雷器的泄漏电流，避免了传统的人工测量误差，提高了监测精度，为电力系统的安全稳定运行提供了更加可靠的保障。

综上所述，避雷器泄漏电流传感器在变电站中的应用成效显著，可以提高电力系统的安全性和稳定性、降低维护成本、优化维护策略等。随着技术的不断进步和应用范围的不断扩大，避雷器泄漏电流传感器将在未来的变电站中发挥更加重要的作用。避雷器泄漏电流传感器应用示例如图 7-42 所示。

图 7-42　避雷器泄漏电流传感器应用示例图

7.3.2　避雷器数字化表计应用

1. 产品功能

避雷器数字化表计是一款基于物联网框架的新型智能表计，主要用于变电站避雷器泄漏电流、阻性电流、泄漏电流 3 次谐波电流和雷击动作次数的测量。该款表计融合了传统机械表盘视窗和先进智能测量功能，满足现场巡视和远程监测的双重需求。避雷器数字化表计通过站内无线网络将数据远程传至远端平台，配合平台内置应用进行阻性电流计算和历史趋势分析，及时判断避雷器运行过程中因内部受潮或机械缺损等造成的异常情况，防止事故的发生，提高电力系统运行的可靠性。同时，数字化表计兼容有线通讯和无线通讯 2 种方式，支持包括国家电网公司关于物联网通信协议在内的多种协议，安装接入方便。避雷器数字化表计如图 7 - 43 所示。

图 7 - 43　避雷器
数字化表计

避雷器数字化表计的功能特点包括：

（1）多种通信方式。数字化表计兼容有线通讯方式和无线通信方式，无线通信方式支持物联网及 WAPI 标准协议，监测结果既能够现场观察，也能在无线远端平台查看。

（2）阻性电流智能诊断。增加环境参量测量功能，排除环境因素带来的影响，使阻性电流测量结果更准确、可靠，实现对避雷器阻性电流的测量和智能诊断分析。

（3）微能量采集智能控制。采用高效微能量收集技术及电源管理技术，解决泄漏电流的取能困难问题，极大提高能量的收集和利用效率，提高表计的稳定性。

（4）表计使用寿命长。结构设计小巧紧凑、密封性能优越；最新异形天线设计隐藏在结构内部，整体美观大方，抗腐蚀耐震性好，便于运输安装。

（5）现场观测方便。电流测量展示采用特制直流毫安表，具有读数清晰准确、小电流区分辨率高的优点；在测量量程内使用彩色刻度分别标度出避雷器泄漏电流的运行区域，可通过高清摄像头远程观察表计指示情况，不受辐射、强电磁干扰影响，极大地方便了用户判断避雷器的运行状况。

（6）应用场景广泛。现场安装具有灵活性，可适应不同结构、大小以及尺寸的绝大部分场景的安装。

2. 技术参数

避雷器数字化表计产品主要参数见表 7 - 21。

表 7 - 21　　　　　　　　避雷器数字化表计产品主要参数

指　标		参　数
测量参数	全电流有效值测量范围	0.1～5mA
	全电流有效值测量精度	±（标准读数×2％＋5μA）
	全电流远传数据精度	≤5％fs
无线参数	频段制式	2.4GHz/470MHz*
	发送功率	≤17dBm
供电参数	使用寿命	≥10 年
	供电方式	自取电/DC24V
	采集周期	无线：≥5min 有线：根据需求设置，最小可设 1min

指　标		参　数
其他指标	防护等级	IP67
	工作温度	−40～+70℃
	工作湿度	0～100％RH
	安装方式	螺丝固定
	产品重量	约2.53kg

　　* 采用470MHz通信频段的智能表计具有阻性电流计算功能，2.4GHz通信频段的表计无阻性电流测量功能。

　　3. 应用成效

　　（1）应用服务。避雷数字化表计在江苏某220kV变电站开展了试点应用工作，目前运行情况良好，为该变电站的设备状态评价提供数据支撑，提高了运检人员的工作质效和设备管理的数字化水平。目前，该表计的应用已经在江苏省内13个地市公司全面铺开，安装运行表计近4000只，覆盖110～500kV各个电压等级，省外也在陆续推广应用中。避雷器数字化表计与变电站内设备集成应用示例如图7−44所示。

图7−44　避雷器数字化表计与变电站内设备集成应用示例

　　（2）技术升级推进监测效能提升。避雷器数字化表计融合了微电流传感器技术、无线通信技术、数字化处理技术等，解决了产品在现场运用中存在的诸多技术难题，例如阻性电流计算不准确、显示功能单一、可靠性稳定性差、取能模块损耗高等。

　　安装在变电站内的避雷器数字化表计，对有效监测电力系统设备运行状况具有显著提升效用，一是能将监测数据无线远传，替代人工巡视抄表，提高了设备运维人员的工作效率；二是研发基于环境参量影响下的新算法计算避雷器基波阻性电流，替代周期性的带电测量，减少了人工测量误差，提高了数据的准确性和可靠性；三是采用低功耗能量收集模块、智能化控制方式，极大提高了能量的利用效率，解决了装置的供电问题，安装使用极其方便；四是采用多种协议，方便接入不同的监控智辅系统，提升了设备管理的智能化水平。

（3）保障电力系统的安全稳定运行。避雷器数字化表计能够监测避雷器的状态，通过历史数据变化曲线，准确发现设备潜在问题，并采取及时的维护措施，从而确保电力系统的稳定运行。实时在线监测功能不仅提高了电力系统的安全性和可靠性，还显著降低了因避雷器故障导致的经济损失。

（4）促进电力系统智能化发展。通过无线通信接入避雷器在线监测平台，为设备状态评价提供数据支撑，实现了数据智能分析、设备主动预警等功能，推动电力物联网在输变电等多领域多场景的广泛应用，促进了智慧输电线路、智慧变电站建设，提升了设备状态实时感知能力及运检工作智能替代能力，提高设备管理质效。随着避雷器数字化传感器产品技术的不断革新也将推动自动化产业的升级和转型，促进自动化设备的集成和优化，推动自动化产业的发展进步。

7.3.3 超声波局放传感器

1. 产品功能

局放的成因涉及电力设备内部或附近的电场、介质应力和粒子力的不平衡状态。在设备内部如变压器、GIS 等发生局放时，伴随有声波能量的放出，超声波通过不同介质（油纸、隔板、绕组、油等）向四周传播，北京智芯微电子科技有限公司超声波局放传感器通过检测局部放电（PD）生的声学效应，将超声波信号转换为电信号，从而实现设备内部放电隐患监测。超声波局放传感器适用于换流变压器、高压电抗器、GIS 组合电器、开关柜等设备内部局放产生的超声波振动信号监测、放电类型判别及放电源位置定位。传感器遵循 Q/

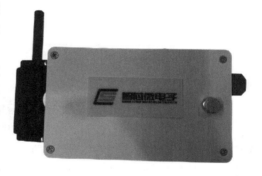

图 7 - 45 超声波局放传感器

GDW 12020—2019《输变电设备物联网微功率无线网通信协议》标准，支持 470MHz 低功耗窄带无线通信方式，采用电池供电、磁吸方式安装，满足物联体系即插即用、灵活部署要求。超声波局放传感器如图 7 - 45 所示。

超声波局放传感器包括以下功能特点：

（1）采用低功耗无线通信，传输距离远，使用寿命长。

（2）磁吸式安装方式，部署灵活，无需停电安装。

（3）20～200kHz 宽频带范围监测，不受电磁干扰。

（4）均值灵敏度不小于 40dB，线性度误差不大于±20%。

（5）支持生成声波图谱，有效识别放电类型。

（6）实现放电源的有效物理定位。

（7）符合输变电设备物联网协议，满足标准化数据接入。

（8）IP67 等级的高防护、高耐候特点，适应工区应用场景。

2. 技术参数

超声波局放传感器产品系列主要参数见表 7-22。

表 7-22 超声波局放传感器产品系列主要参数

序号	指 标	参 数
1	通信方式	输变电设备物联网微功率无线网通信协议，470MHz 低功耗窄带无线通信
2	供电方式	电池
3	传感器灵敏度	峰值灵敏度不小于 60dB［V/(m/s)］均值灵敏度不小于 40dB［V/(m/s)］
4	检测灵敏度	测到不大于 40dB 的传感器信号
5	检测频带	峰值频率在 20～80kHz 范围内
6	动态范围	不应小于 40dB
7	线性度误差	＜±20％
8	重复性	＜±5％
9	外形尺寸	165mm×85mm×83mm
10	相对湿度	(5％～95％) RH
11	防护等级	IP67
12	环境温度	−25～75℃

3. 应用成效

北京智芯微电子科技有限公司研制的超声波局放传感器已经在国家电网河南省电力公司、国家电网内蒙古东部电力公司、国家电网四川省电力公司等多个网省公司的换流站、变电站工程陆续投入运行，在换流变压器等设备区域安装超声波局放传感器主要针对 20～80kHz 的局放信号进行实时监测。超声波局放传感器对主变压器高压套管升高座以及油箱壁处等重要部位进行监测，利用多点定位原理可以实现对局放点的定位功能。相较于原本每年定期的带电检测工作，超声波局放传感器的安装极大减轻了运行、检修人员的工作量，提升了变压器、GIS 等关键设备的监测频次，对于保障关键设备安全运行具有重要意义，另外还可配合高频局放传感器、声纹监测装置、油色谱监测等在线监测装置，进一步实现对变压器等设备的多维综合监测，为运维人员提供更具参考性的故障研判建议。超声波局放传感器应用示例如图 7-46 所示。

7.3.4 超声波及地电压一体化局放传感器

1. 产品功能

超声波及地电压一体化局放传感器主要适用于电力系统中的开关柜监测。其主要功能是低功耗定时采集柜体表面温度、超声局部放电、暂态地电压（TEV）局部放电信号，采集的信号通过调理电路后，经无线传输至上层汇聚节点，通过后端分析计算，生成温度曲线、局放图谱等，再根据人工智能算法确定当前温度是否异常、局放信号缺陷类型。超声波及地电压一体化局放传感器遵循 Q/GDW 12020—2019《输变电设备物联网微功率无线网通信协议》标准，支持 470MHz 低功耗窄带无线通信方式，采用电池供电、磁吸方式安装，满足物联体系即插即用、灵活部署要求。超声波及地电压一体化局放传感器如图 7-47 所示。

图 7-46　超声波局放传感器应用示例图　　图 7-47　超声波及地电压一体化局放传感器

超声波及地电压一体化局放传感器的功能特点包括：

（1）采用低功耗无线通信，传输距离远，使用寿命长。

（2）磁吸式安装方式，部署灵活，无需停电安装。

（3）温度信号、超声波信号、暂态地电压信号三位一体综合监测。

（4）20～200kHz 宽频带范围监测。

（5）支持生成声波图谱，有效识别放电类型。

（6）符合输变电设备物联网协议，满足标准化数据接入。

2. 技术参数

超声波及地电压一体化局放传感器产品系列主要参数见表 7-23。

表 7-23　　　　　　超声波及地电压一体化局放传感器产品系列主要参数

序号	指　　标	参　　数
1	通信方式	输变电设备物联网微功率无线网通信协议，470MHz 低功耗窄带无线通信
2	供电方式	电池
3	超声波频率测量范围	20～200kHz
4	TEV 传感器线性度误差	＜±20%
5	TEV 传感器测量量程	0～60dBmV
6	TEV 传感器稳定性误差	＜±20%
7	TEV 传感器重复性	＜±5%
8	TEV 传感器检测范围	3～100MHz
9	超声波谐振频率	40kHz
10	超声波动态范围	40dB
11	超声波线性度误差	＜±20%

续表

序号	指　标	参　数
12	超声波稳定性误差	＜±20％
13	超声波重复性	＜±5％
14	温度测量范围	－40～120℃
15	温度分辨率	1℃
16	外形尺寸	126mm×126mm×50mm
17	环境温度	－25～70℃
18	环境湿度	（5％～95％）RH

图 7-48　超声波及地电压一体化
局放传感器应用示例图

3. 应用成效

北京智芯微电子科技有限公司研制的超声波及地电压一体化局放传感器已经在国家电网河南省电力公司、国家电网内蒙古东部电力公司、国家电网四川省电力公司等多个网省公司的换流站、变电站工程陆续投入运行，在高压开关柜等设备区域安装超声波及地电压一体化局放传感器，融合温度、超声波、暂态地电压、多参量同时监测，每天可实现对开关柜局放信号多次采集，相较于需要站内人员定期使用手持式局放仪进行检测的传统方式，超声波及地电压一体化局放传感器在线监测的安装及应用极大减轻了运行、检修人员的工作量，同时也极大地提升了对高压开关柜设备的监测频次，对于保障关键设备安全运行具有重要意义。超声波及地电压一体化局放传感器应用示例如图 7-48 所示。

7.3.5　低功耗无线传感网成套装置

1. 产品功能

低功耗无线传感网成套装置，包括微功率/低功耗无线传感通信模组、物联汇聚节点设备、边缘融合终端及边缘应用平台等系列产品。其基于网格状无线传感网架构，由通信模组采集传感器数据，经物联汇聚节点设备将数据进行中继转发，最后由边缘融合终端提供统一的数据接入和网络管理，实现各类传感器数据的安全接入、边缘数据分析和展示。低功耗无线传感网成套装置如图 7-49 所示。低功耗无线传感网成套装置具备自组网调度、网络自愈、边缘智能、入网认证、数据轻量级加密传输等特点，可应用于变电站、换流站、输电管廊、电缆隧道、架空线路等多种输变电场景，全面支持状态感知全景化、健康诊断科学化、运行维护智能化、检修抢修精益化、生产管控平台化的智能运检新模式。

低功耗无线传感网成套装置的功能特点包括：

（a）微功率无线传感通信模组

（b）低功耗无线传感通信模组

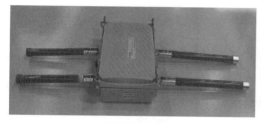

（c）物联汇聚节点设备

（d）边缘融合终端

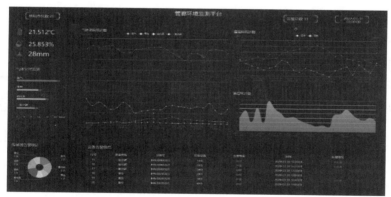

（e）边缘应用平台

图 7-49　低功耗无线传感网成套装置

（1）遵从输变电设备物联网系列企业标准，具有较好的兼容性。

（2）支持多跳中继组网、自组网调度、网络自愈、抗干扰等功能。

（3）支持基于传感器指纹的入网认证机制、支持雷-麦瑟（Lai-Massey）结构的轻量级数据加密传输，保证传感数据传输安全性。

（4）通信模组尺寸小、微瓦级功耗，可根据传感业务数据量大小和采集频次，集成相应的微功率/低功耗无线传感通信模组，降低传感器整体功耗，提高传感器寿命。

（5）可提供通用的边缘应用，支持电气量、状态量、环境量等多类型传感器感知数据的融合分析，同时可以结合用户特定的数据分析需求提供定制化开发。

2. 技术参数

(1) 微功率无线传感通信模组技术参数见表 7 - 24。

表 7 - 24　　　　　　　　　　　微功率无线传感通信模组技术参数

序号	指标类别	指标名称	参　　数
1	射频指标	调制方式	CSSLoRa
2		工作频段	2400～2484MHz
3		最大输出功率	12.5dBm（可调）
4		发射带宽	默认 812.5kHz
5		发射频率容差	±30ppm（@812.5kHz）
6		杂散发射	$\leqslant-30$dBm
7		接收灵敏度	-113dBm（$SF=8$，$BW=812.5$kHz）
8		接收频率容差	±50ppm
9	电气性能	工作电源	DC 3.3V（2.4V～3.6V）
10		休眠电流	$\leqslant2$uA
11		接收状态电流	$\leqslant16$mA
12		发射状态电流	$\leqslant35$mA（10dBm）
13	环境适应性	工作温度	-40～$+85$℃
14		恒定湿热	（25%～75%）RH
15	可靠性	平均无故障工作时间	$\geqslant5$ 年
16		使用寿命	$\geqslant8$ 年
17	尺寸		30mm×24mm×4mm

(2) 低功耗无线传感通信模组技术参数见表 7 - 25。

表 7 - 25　　　　　　　　　　　低功耗无线传感通信模组技术参数

序号	指标类别	指标名称	参　　数
1	射频指标	调制方式	CSSLoRa
2		工作频段	470～510MHz
3		最大输出功率	22dBm（可调）
4		发射带宽	默认 500kHz
5		发射频率容差	±30ppm（@812.5kHz）
6		杂散发射	$\leqslant-36$dBm
7		接收灵敏度	-108dBm（$SF=8$，$BW=812.5$kHz）
8		接收频率容差	±50ppm
9	电气性能	工作电源	DC3.3V（2.4V～3.6V）
10		休眠电流	$\leqslant4$uA
11		接收状态电流	$\leqslant16$mA
12		发射状态电流	$\leqslant108$mA（22dBm）

序号	指标类别	指标名称	参　数
13	环境适应性	工作温度	−40～+85℃
14		恒定湿热	（25%～75%）RH
15	可靠性	平均无故障工作时间	≥5 年
16		使用寿命	≥8 年
17	尺寸		30mm×24mm×4mm

（3）物联汇聚节点设备技术参数见表 7-26。

表 7-26　　　　　　　　　　物联汇聚节点设备技术参数

序号	指标名称	参　数
1	网络容量	传感器接入数≥3000
2	通信距离	1km@470MHz；200m@2.4GHz
3	多跳级数	≥16 级
4	通信速率	62.5kbps@470MHz/2.4GHz
5	接受灵敏度	优于−110dBm@470MHz； 优于−100dBm@2.4GHz
6	设备功率	≤1.5W
7	工作温度	−40～+85℃
8	防护等级	IP65
9	供电	AC220V
10	尺寸	204mm×202mm×74mm
11	重量	≤4kg
12	安装方式	壁挂式安装
13	支持标准	《输变电设备物联网微功率无线网通信协议》（Q/GDW 12020—2019） 《输变电设备物联网节点设备无线组网协议》（Q/GDW 12021—2019） 《输变电设备物联网无线节点设备技术规范》（Q/GDW 12083—2021） 《输变电设备物联网传感器数据规范》（Q/GDW 12184—2021）

（4）边缘融合终端技术参数见表 7-27。

表 7-27　　　　　　　　　　边缘融合终端技术参数

序号	指标名称	参　数
1	网络容量	传感器接入数≥3000，物联汇聚节点设备接入数≥1000 个
2	通信距离	1km@470MHz、200m@2.4GHz
3	北向通信	支持以太网、光纤、4G/5G 无线
4	通信速率	62.5kbps@470MHz/2.4GHz
5	接受灵敏度	优于−110dBm@470MHz； 优于−100dBm@2.4GHz

续表

序号	指标名称	参　　　数
6	设备功率	≤5W
7	工作温度	−40～+85℃
8	防护等级	IP65
9	供电	AC 220V
10	尺寸	483mm×300mm×44.5mm
11	重量	≤3kg
12	安装方式	标准机柜安装
13	支持标准	《输变电设备物联网边缘计算应用软件接口技术规范》（Q/GDW 12185—2021） 《统一边缘计算框架技术规范》（Q/GDW 12120—2021） 《输变电设备物联网微功率无线网通信协议》（Q/GDW 12020—2019） 《输变电设备物联网节点设备无线组网协议》（Q/GDW 12021—2019） 《输变电设备物联网无线节点设备技术规范》（Q/GDW 12083—2021） 《输变电设备物联网传感器数据规范》（Q/GDW 12184—2021）

3. 应用成效

国网智能电网研究院有限公司联合国网江苏省电力有限公司电力科学研究院、国网福建省电力有限公司信息通信分公司等单位已分别在苏通1000kV特高压GIL输电管廊、福州220kV凤排线电缆隧道、河南±800kV特高压中州换流站等多个输变电场景下部署低功耗无线传感网成套装置开展了物联感知工程应用，实现微功率/低功耗无线传感通信模组与气体、水位、温湿度、超声波局放、噪声等多种监测传感器的集成，并通过输变电监测数据边缘融合分析与预警App实现了感知数据分析和设备管控；同时，大量应用了天线拉远、分布式多天线等创新技术，实现了无线传感网的覆盖增强和灵活接入，提高了网络通信性能与抗干扰水平，降低了系统部署成本，为输变电工程数字化转型提供了低成本、高效益的智慧运检解决方案。下一步，我国将充分总结低功耗无线传感网成套装置在输变电状态感知现场的工程应用经验，加快提升产品成熟度，加速产业化及推广进程。低功耗无线传感网成套装置在输变电状态感知场景工程应用如图7-50所示。

（a）低功耗无线传感器在管廊应用　　　　（b）无线噪声传感器在换流站应用

图7-50（一）　低功耗无线传感网成套装置在输变电状态感知场景工程应用图

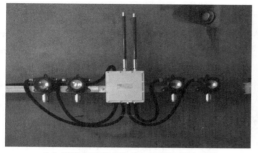
（c）物联汇聚节点设备与管廊气体传感器

（d）物联感知数据平台展示

图 7-50（二） 低功耗无线传感网成套装置在输变电状态感知场景工程应用图

7.3.6 高频局放传感器

1. 产品功能

高频局放传感器（HFCT）是一种带有高频磁芯的穿心式电流互感器。当电力设备发生局部放电时，通常会在其接地引下线或其他地电位连接线上产生脉冲电流，通过高频局放传感器监测接地引下线或其他地电位连接线上的高频脉冲电流信号，实现对电力设备局部放电的带电监测。高频局放传感器如图 7-51 所示。

高频局放传感器的功能特点包括：

（1）采用低功耗无线通信，传输距离远，使用寿命长。

（2）磁吸式安装方式，部署灵活，无需停电安装。

（3）采用开合式穿心电流采集，无需对接地线等原设备进行改造。

（4）3～30MHz 宽频带范围监测，高灵敏度脉冲信号检测。

图 7-51 高频局放传感器

（5）支持生成声波图谱，有效识别放电类型。

（6）符合输变电设备物联网协议，满足标准化数据接入。

2. 技术参数

高频局放传感器产品系列主要参数见表 7-28。

表 7-28　　　　　　　　　　高频局放传感器产品系列主要参数

序号	指　标	参　数
1	通信方式	输变电设备物联网微功率无线网通信协议，470MHz 低功耗窄带无线通信
2	供电	电池供电
3	检测频率	3～30MHz 范围内，带宽不应小于 2MHz
4	线性度	动态范围为 40dB 时，检测线性度误差不应大于 15%

序号	指　标	参　　数
5	灵敏度	小于 50pC
6	测量范围	0～8dB
7	抗干扰性能	可在 3～30MHz 频段内调整检测频率，对窄带干扰信号的抑制能力不应低于 20dB
8	传感器尺寸	136mm×136mm×52mm
9	处理单元尺寸	182mm×85.5mm×68mm
10	运行温度	−25～70℃
11	相对湿度	(5%～95%) RH
12	防护等级	IP67
13	工作环境温度	−25～75℃

图 7-52　高频局放传感器应用示例图

3. 应用成效

北京智芯微电子科技有限公司研制的高频局放传感器已经在国家电网河南省电力公司、国家电网内蒙古东部电力公司、国家电网四川省电力公司等多个网省公司的换流站、变电站工程陆续投入运行，每天可实现对变压器铁芯、夹件放电脉冲电流信号多次采集，且对高频局放信号实时监测，相较于每年定期开展的带电检测的传统工作方式，高频局放传感器的安装及应用极大减轻了运行、检修人员的工作量，同时也极大地提升了对变压器高频局放信号的监测频次，还可配合超声波局放传感器、声纹监测装置、油色谱监测等在线监测装置，进一步实现对变压器等设备的多维综合监测，为运维人员提供更具参考性的故障研判建议。高频局放传感器应用示例如图 7-52 所示。

7.3.7　特高频局放传感器

1. 产品功能

局部放电所激发的信号，除了以脉冲电流的形式通过变压器绕组和电力线向外传播外，还会以电磁波的形式向外传播，特高频局放传感器是通过采集在 300MHz～1.5GHz 监测频段内的特高频局放电磁波信号，并对接收到的信号进行分析，从而达到局部放电的检测和定位，有效预防绝缘故障。该传感器遵循 Q/GDW 12020—2019《输变电设备物联网微功率无线网通信协议》标准，支持 470MHz 低功耗窄带无线通信方式，采用电池供电，满足物联体系即插即用、灵活部署要求。特高频局放传感器如图 7-53 所示。

特高频局放传感器的功能特点包括：

（1）用低功耗无线通信，部署灵活，无需停电安装。

（2）实时分析局部放电特征参量，有效识别放电类型。

（3）监测频带 300MHz～1.5GHz，有效避免电晕干扰。

（4）采集灵敏度不大于 7.6V/m。

（5）动态范围不小于 40dB。

（6）平均有效高度不小于 8mm，高于国网标准要求。

（7）符合输变电设备物联网协议，满足标准化数据接入。

图 7-53　特高频局放传感器

（8）IP67 高防护、高耐候特点，适应工区应用场景。

2. 技术参数

特高频局放传感器产品系列主要参数见表 7-29。

表 7-29　　　　　　　　　特高频局放传感器产品系列主要参数

序号	指标	参数
1	通信方式	输变电设备物联网微功率无线网通信协议，470MHz 低功耗窄带无线通信
2	供电方式	电池
3	传感器灵敏度	峰值灵敏度不小于 60dB［V/(m/s)］，均值灵敏度不小于 40dB［V/(m/s)］
4	检测灵敏度	测到不大于 40dB 的传感器信号
		峰值频率在 20～80kHz 范围内
5	动态范围	不应小于 40dB
6	线性度误差	＜±20％
7	重复性	＜±5％
8	外形尺寸	165mm×85mm×83mm
9	相对湿度	(5％～95％) RH
10	防护等级	IP67
11	工作环境温度	－25～75℃

3. 应用成效

北京智芯微电子科技有限公司研制的特高频局放传感器已经在国家电网河南省电力公司、国家电网内蒙古东部电力公司、国家电网四川省电力公司等多个网省公司的换流站、变电站工程陆续投入运行。由于变电站空气中电晕干扰的电磁波频段主要集中在 300MHz 以下，而特高频局放监测传感器的检测频带主要集中在 300MHz 以上，因此该传感器具有较高的抗干扰能力，能实现实际工作中局部放电巡检、定位及缺陷识别和诊断功能。特高频局放传感器可对气体绝缘金属开关设备（GIS）区域 CT、PT 气室等测点在 300～1500MHz 频率范围内的局放信号进行监测，可实现对 GIS 区域局放信号的实时采集，相较于需要使用手持式局放仪进行检测且检测间隔大约在半年至一年的传统工作方式，GIS 特高频局放传感器在线监测的安装及应用不仅极大减轻了运行、检修人员的工作量，同时也做到了被监测设备局放信号的实时采集，能在局放信号出现的第一时间进行预警、报警并分析放电类型，为定位局放点提供依据。特高频局放传感器应用示例如图 7-54 所示。

7.3.8 非侵入式空间宽带射频局放探测系统

1. 产品功能

变电主设备发生局部放电时会激发出几十兆赫兹至吉赫兹的宽带射频电磁波信号，设备内部局放电磁波可透过非金属部分（如套管和变压器夹缝）泄漏出来，可为在变电设备外部进行的非侵入式的局放检测提供检测依据。非侵入式空间宽带射频局放探测系统通过多个宽带射频传感器构成的阵列及全波形采样、识别、分离并定位现场的有效放电和干扰信号，该系统如图 7-55 所示。相比于特高频局放检测，通过采样高频窄带时域信号且主要依据相位图谱对现场复杂信号分类辨识的准确率较低，该系统一方面通过高速采样并保留放电信号的有效信息，支撑挖掘放电信号特征，为识别、分离现场复杂信号提供依据；另一方面高速采样获取放电信号的原始时域波形，可用来判断放电信号的首波到达时刻，从而实现对各放电源精确定位，有助于局放快速排查和干扰辨识排除，提高局放检测可靠性和设备检修效率。

图 7-54　特高频局放传感器应用示例图　　　图 7-55　非侵入式空间宽带射频局放探测系统

非侵入式空间宽带射频局放探测系统的功能特点：无需与变电设备接触，安全易部署；可对局放产生的宽带射频信号进行全波形检测及分类辨识，对目标区域内的多个放电源进行精确定位；同时具备相位图谱、放电脉冲时域波形和频谱分析、放电脉冲相隔时间分布统计、放电脉冲信号强度分布统计等分析功能，为变电主设备状态预防性维护和避免重大故障提供信息支持，辅助专家决策，有效减少局放漏报和误报，适用于变压器及套管、高抗、换流阀等设备局放带电检测。

2. 技术参数

非侵入式空间宽带射频局放探测系统主要参数见表 7-30。

表 7-30　　　　　　　　　　　　　　主 要 参 数

序号	指　标	参　数
1	吉赫兹全波形信号检测带宽	50～800MHz
2	多放电源定位	支持 5 个以上放电源同时定位，多干扰源下设备级局放定位精度优于 1m

序号	指　标	参　　数
3	图谱功能	PRPD 图谱
		PRPS 图谱
4	放电信号信息	放电脉冲时域波形
		放电脉冲频谱分析
5	信号分类功能	支持多种聚类分析方法
6	特征统计	放电脉冲相隔时间分布统计
		放电脉冲信号强度分布统计

3. 应用成效

非侵入式空间宽带射频局放探测系统已经在十多个高电压实验室以及国家电网内蒙古东部电力公司、国家电网河南省电力公司、国家电网江西省电力公司、国家电网江苏省电力公司、国家电网重庆市电力公司的换流站、特高压站/变电站开展了全面局放测试及现场应用，取得良好成果。该系统可为已投入运行的特高压站/变电站的核心设备（换流变、变压器、高抗等）提供一种新型局放带电检测手段，具有抗扰能力强、检测范围大、多放电源设备级定位、非侵入式安全易部署的优点，可及时探测发现变电设备绝缘缺陷故障，显著提升变电设备带电检测局放缺陷识别的可靠性，减少突发故障停电带来的经济损失，为保障大电网安全稳定运行和超/特高压变电运维检修提质增效做出贡献，具有极为重要的实用价值和推广意义。非侵入式空间宽带射频局放探测系统现场应用示例如图 7-56 所示。

7.3.9　SF_6 气体综合在线监测系统

1. 产品功能

现阶段 SF_6 电气设备运行检测方式主要有在线检测、便携式仪器检测两种方式，其中便携式仪器，需要在现场进行检测，因受现场检测环境的种种主客观因素限制，通常难以检出潜伏性故障。通过在线监测技术手段，分析历史监测数据，从而判断设备运行状态的检测方式将更为科学，极大提高了设备运行中的潜伏性故障检出概率。统计表明，我国开关设备故障导致的经济损失为设备自身价值的数千倍甚至数万倍。因此一个可靠的气体绝缘开关设备（GIS）或断路器 SF_6 气体综合在线监测系统可大大减少 SF_6 开关设备因故障造成的损失。

厦门加华电力科技有限公司研制的 SF_6 气体综合在线监测系统主要包含感知单元、现场控制单元及云平台，如图 7-57 所示，其监测项目为 SF_6 分解产物、纯度、水分等。

SF_6 气体综合在线监测系统的功能特点：采用基于差分紫外原理（差分紫外 SO_2 传感器如图 7-58 所示）或电化学原理检测 SF_6 分解产物，具有抗干扰能力强，适合长时间连续监测；全封闭循环在线取样回充系统，实现了 SF_6 循环动态在线取样及监测，工作过程中无泄漏、无排放；实时监测设备中 SF_6 分解产物的含量及变化趋势，并同时监测气体微水、纯度等参数，给出专家诊断意见，对及时发现 GIS 设备的潜伏性故障具有重

（a）某±600kV换流变出厂试验

（b）国家电网内蒙古东部电力公司某±800kV
换流站换流变局放试验

（c）国家电网内蒙古东部电力公司某±800kV
换流站局放试验（阀厅内）

（d）国家电网河南省电力公司某1000kV
特高压站高抗局放带电检测

图 7-56　非侵入式空间宽带射频局放探测系统现场应用示例

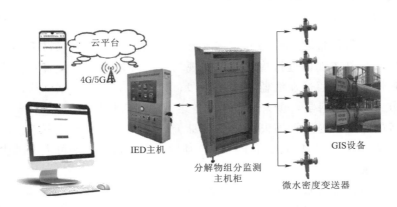

图 7-57　SF_6 气体综合在线监测系统

大意义；监测过程无需人工介入，所有的检测工作都由系统自动完成；可远程读取数据及控制系统，并具有主动异常告警功能。

2. 技术参数

SF_6 气体综合在线监测系统主要参数见表 7-31。

表 7 - 31　　　　　　　　　　　主　要　参　数

序号	指　标	参　　数
1	露点检测	检测范围 $-60 \sim 0^{\circ}\mathrm{C}$，检测误差 $\pm 1^{\circ}\mathrm{C}$
2	纯度检测	检测范围 $0 \sim 100\%$，检测误差 $\pm 0.1\%$
3	分解产物检测	SO_2、H_2S：检测范围 $0 \sim 100\mu L/L$，检测误差 $\pm 0.5\mu L/L$ 或 $\pm 5\%$（取较大值）
		CO：检测范围 $0 \sim 500\mu L/L$，检测误差 $\pm 2\mu L/L$ 或 $\pm 4\%$（取较大值）
4	最小检测周期	$\leqslant 1h$
5	系统漏气率	$1 \times 10^{-9} Pa \cdot m^3/s$（He）

3. 应用成效

SF_6 气体综合在线监测系统已于 2022 年 7 月成功应用于国家电力投资集团某电厂，系统稳定工作运行至今，并已累积气室运行数据近万条，且通过专家诊断系统评判气室运行状态良好。该系统扩展了 SF_6 分解产物诊断 GIS 设备运行状态的应用场景，丰富了诊断评估内涵及故障类型，可显著提高潜伏性故障的检出能力，减少突发故障停电带来的经济损失，为保障电网安全稳定运行和变电运维检修提质增效做出贡献，具有极为重要的实用价值和推广意义。SF_6 气体综合在线监测系统应用示例如图 7 - 59 所示。

图 7 - 58　差分紫外 SO_2 传感器

图 7 - 59　SF_6 气体综合在线监测系统应用示例图

7.4　配电领域

7.4.1　系列化空间磁场取能自供电传感器

1. 产品功能

输配电电缆及变电主设备场景广泛存在工频磁场能量，基于磁场取能的自供电传感器的应用，可有效提升传感器易部署与免维护能力。传统环形磁场取能方式，虽然可解决部分线路或单芯电缆场景的传感器供电问题，但由于三相磁场复合的原因，环形磁场取能无法在"品"字形部署电缆和三芯统包电缆场景获取电能，且难以应用在变电主设备内部等异形空间。空间磁场取能自供电传感器利用局部空间的磁场变化，实现平面型、小型化的空间磁场取能，在"品"字形部署电缆和三芯统包电缆等三相磁场复合场景依然可实现传感器自供电，且具有极高的部署灵活性，可应用于变电主设备内部监测。空间磁场取能自供电传感器包括温度、温湿度、水浸、振动、形变等多种传感类型，可实现电缆线路及电力主设备的运行状态在线感知，保障电网运行安全。空间磁场取能自供电传感器产品外观如图 7-60 所示。

图 7-60　空间磁场取能自供电传感器产品外观图

空间磁场取能自供电传感器的功能特点：无需外部电源、更换电池、布线，具有易部署、免维护的优势；仅相当于火柴盒大小（约 1.5cm×3.5cm×5.5cm），体积小、重量轻、不受部署空间限制；具备智能自控监测功能，支持两阶预警阈值和三阶采样周期配置，可根据自动智能调节监测机制，避免常态下的通信与处理资源浪费，并保障在异常状态下自动提高监测频率，获取足量状态数据。

2. 技术参数

空间磁场取能自供电传感器主要参数见表 7-32。

表 7-32　　　　　　　空间磁场取能自供电传感器主要参数表

序号	指　　标	参　　数
1	供电方式	空间工频磁场取能
2	启动工频磁场强度	80μT
3	通信方式	Lora
4	尺寸大小	15mm×35mm×55mm
5	采样间隔	5min，可配置

3. 应用成效

空间磁场取能自供电传感器采用扁平式结构，体积小巧，安装简便，可有效减少施工成本，其免维护特性可大幅降低运行维护成本；可实现输配电电缆及电力主设备运行状态在线监测，有效缩短预警时间，解决了"品"字形电缆、三相统包电缆、换流阀等场景传统磁场取能技术无法应用的难题，具有良好的技术适用性与长期运行免维护能力，有利于提升电网数字化水平，助力可观、可测、可控新型电力系统建设。空间磁场取能自供电传感器应用如图 7-61 所示。

目前，空间磁场取能自供电传感器产品已在国家电网北京市电力公司的 10kV 配电三芯统包电缆、110kV "品"字形部署电缆、220kV 大直径电缆等多处开展了实际应用，实

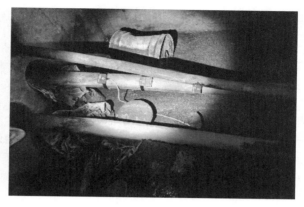

图 7 - 61　空间磁场取能自供电传感器应用图

现了电缆表面温度、中间接头温度，电缆管廊/沟道水浸及环境温湿度等参量的在线监测，支持输配电管廊/沟道全景数字化感知。后续将继续开展空间磁场取能自供电传感器的应用推广工作，将其应用于变电主设备内部监测，促进设备状态监测从外特性向内特性方向深化发展，逐步实现设备结构、元件的数字化，支持构建完整的设备画像。

7.4.2　分布式光纤温度传感技术

1. 产品功能

分布式光纤温度传感技术（Distributed Temperature Sensing，以下简称 DTS）是利用监测光纤散射光光强进行温度监测的新型传感技术，光纤既是信号感知体，也是信号传输载体。这种集感知和传输于一体的传感方式，可以实现大范围、连续信息收集，同时分布式光纤温度传感技术利用光时域反射技术进行空间精确定位。该技术可对光纤沿线的温度进行精确实时监测，具备多种报警功能。

该项技术应用于电缆的主要目的有：

（1）提供高压电缆的智能化，为高压电缆的智能化应用提供依据。

（2）提前发现电缆系统运行中的问题，提高监测效率，为检修创造条件。

（3）实时监控电缆的载流量，实现电缆的经济运行。

此外，该技术的应用必将大大降低电缆线路的事故率，使得供电部门可以有计划地对线路进行停电检修，减少突然停电带来的经济损失。除此，本技术还应用于日常民生等的重要场景，可实现火灾监测预警，做到防患于未然。

2. 应用特点

（1）受电磁干扰，本质安全，适用于特殊危险场合。

（2）分布式测量，可在测温光缆敷设沿线处获得实时温度信息。

（3）稳定性好，误报率极低。

（4）实时在线监测。

（5）结合定温和差温报警，可准确及时判断温度变化的起因，显示事故点温度读数及位置，响应速度快。

（6）长距离监测，整个系统简单可靠，易于维护。

（7）温度达到报警值后，不影响系统的使用，在不超过温度极限的情况下，使用寿命超过 30 年。

（8）可与后续报警系统联动，实现数据自动传输功能。

3. 技术参数

（1）分布式光纤温度传感技术参数见表 7-33。

表 7-33　　　　　　　　　　　分布式光纤温度传感技术参数表

序号	指 标 名 称	参　　数
1	最大测量范围	10km
2	温度分辨率	≤0.1℃
3	空间分辨率（最大测量范围）	±1m
4	最大范围内定位准确度	≤±1m
5	单通道测量时间	≤10s；（在空间分辨率为±1m，10km 测量范围条件下，温度分辨率为 1℃时）
6	测温主机寿命	＞20 年
7	测试通道端口	4 通道
8	测温主机工作温度/湿度	−25～70℃；0～95％无凝结
9	温度测量范围	−40～+150℃
10	报警	具备温度越限、温升速率、温差、功能异常等报警；告警响应时间≤3s
11	平均故障间隔时间（MTBF）	25000h
12	额定定压	380V～1000kV（可定制）
13	额定电流	50A～500kA（可定制）
14	二次供电电源	DC110V/220V±20％；＜30W
15	准确级	测量准确级：0.2、0.5；保护准确级：5TPE
16	输出接口	（1）光数字信号接口：IEC 60044-8 FT3 协议；（2）可根据项目需求定制
17	温度范围	−40～70℃
18	接口	RS232/485，以太网、具有扩展接口
19	光转换开关寿命	50 年；MEMS
20	供电电源	AC220V±10％；50Hz±5％
21	通信协议	投标人承诺免费配合完成测温数据与电力公司集中监控系统、电力公司调通中心的远程传输，并按照相关规约传送至买方要求的集中监控系统数据库
22	远传通信端口	TCP/IP 接口，10/100M 以太网口
23	监控主机	工业计算机；i7、四核，内存不低于 1G，硬盘不低于 8TB
24	显示器	尺寸不小于 24 寸液晶彩显

（2）测温光缆。测温光缆采用高强度的双层铠铠装设计，具有很好的抗拉、抗压等机械性能。结构简单，外径小，热渗透快，测温响应快；环保阻燃 PVC 或 LSZH 护套，具有良好防护性能；光缆柔韧性极好，便于施工等特点。测温光缆技术参数见表 7-34。

表 7-34　　　　　　　　　　　测温光缆技术参数表

序号	技术参数名称	技 术 指 标
1	测温光纤模式	62.5/125μm，低烟无卤，螺旋铠装
2	测温光纤芯数	单芯
3	外部直径	≤3.0mm
4	外护套材料	低烟无卤，阻燃型热塑材料
5	抗张强度	工作时间内不小于 600N；敷设时不小于 1000N
6	抗压强度	工作时间内不小于 300N/10cm；敷设时不小于 1000N/10cm
7	线性碾压力	300N/cm 引起 0~0.3mm 的变形
8	允许的曲率半径	工作时为光纤外径的 10 倍；敷设时为光纤外径的 20 倍
9	温度范围	长期：−40~85℃；短时（60min）：120℃
10	使用年限	30 年
11	标准	IEC 60332-3C

4. 应用成效

分布式光纤温度传感技术应用系统部署于国网荆州供电公司城区主要电缆廊道，可以实现电缆火灾隐患的早期探测，预防火灾事故发生，如图 7-62 所示。该系统网络拓扑

图 7-62　应用示例图

结构如图7-63所示，设备连接图如图7-64所示。该系统结构功能如下：

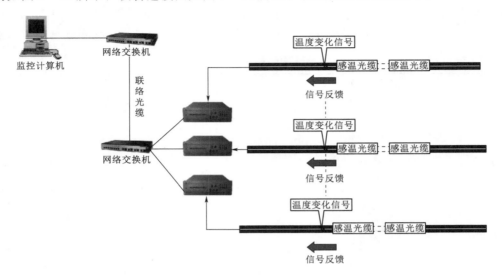

图7-63　网络拓扑结构

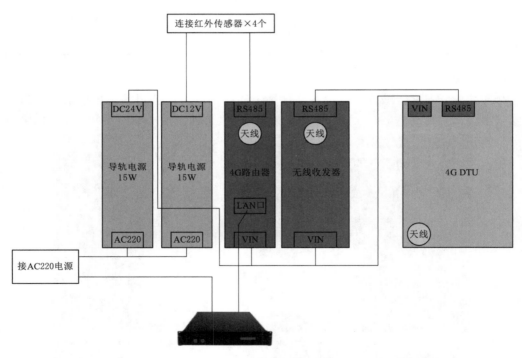

图7-64　设备连接图

（1）监测数据接口：软件通过以太网接口与测温主机连接，可实时读取长距离实时温度数据，获取实时测量电缆桥架内的温度分布值，给出每一监测点的温度信息和空间位置信息。

（2）监测主界面：主视图为电缆桥架布局图或接线图，并标注所有关键指标，鼠标点击任一监测对象，则显示电缆的温度分布和其他相关具体视图。

（3）实时温度曲线显示：实时显示测温线路上的温度分布曲线和温度变化曲线。用户可以选定测温曲线上的任一点进行放大显示，以观察测温细节。温度曲线可以按日、小时、分或者测温周期显示。可按照用户鼠标选定显示任何一通道温度细节。

（4）历史数据查询：可查询各分区温度历史数据，支持表格和曲线图方式展示。

（5）报警功能：系统正常显示为系统电缆温度分布图，出现报警信号时能发出提示，可切换到报警总画面及故障信号所在区域的分布图，并显示故障区域相关温度数据。

（6）可对不同分区进行不同报警参数设置，实现局部重点监测。

（7）可实时监测分区的最大温度、最小温度数据及其空间位置。

7.4.3 配电物联电气传感终端——微型智能电流传感模块

1. 产品功能

配电物联电气传感终端——微型智能电流传感模块创新性地采用了基于磁电阻的即贴即用电流测量技术和位移电流感应式非接触电压测量技术，实现了电压、电流等电气参数的精确非接触式测量。它采用巨磁阻芯片作为核心电流传感元件和多频信号注入的非侵入式电压测量技术手段，具有体积小、灵敏度高、低功耗、低成本、温度稳定性好、不受交流/直流限制、适用范围广、易维护、多参数量测等优点。该传感模块适用于0.4kV 及以下电压等级线路，为卡扣式带电安装方式，采用温度传感器、电流采样、电压采样、无线发射及安装部件一体化结构，采集主回路电流、电压以及监测点温度，直接将采集信息转换成数字量，并具备故障录波与谐波测量功能。配电物联电气传感终端——微型智能电流传感模块如图 7-65 所示。

图 7-65 配电物联电气传感终端——
微型智能电流传感模块

配电物联电气传感终端——微型智能电流传感模块功能特点包括：

（1）通过新型电流测量元件和先进测量方法，实现了导线稳态电流和故障电流的实时准确测量。

（2）高精密的电压感应探头，同非接触感知位移电流信号，通过信号调理电路以及机内自产生的高压、多频率参考信号实时校准，实现电压回路模型参数的准确还原，当前已经可实现500V，2%FS级电压测量。

（3）温度测量探头实时感知导线温度，取能磁芯为传感器运行提供高效可靠供电保障。

（4）主控单元具备自适应取能及低功耗电源管理技术，应用智能化、数字化处理及可靠通信技术，实现测量结果的实时输出。

（5）传感器体积小巧，重量仅约318g，支持卡扣式带电安装，适用于低压配电线路的电气量综合监测，满足设备状态的监测、保护等功能需求。

2. 技术参数

配电物联电气传感终端——微型智能电流传感模块主要参数见表 7－35。

表 7－35　　　　配电物联电气传感终端——微型智能电流传感模块主要参数

序号	指　标	参　数
1	供电电源	双电源供电，后备电源＋工频电磁场（最小启动电流 3A）
2	数据传输方式	蓝牙 5.0（2.4GHz）传输距离 100m（空旷）
3	适用电压等级	≤500V
4	电压测量范围	0～500V
5	电压测量精度等级	0.5
6	电流测量范围	0～720A
7	电流测量精度等级	0.5
8	极限耐受温度	85℃
9	卡扣孔径	32mm
10	安装方式	卡扣式，带电安装

3. 应用成效

配电物联电气传感终端——微型智能电流传感模块在实际应用中取得了显著的成效。其应用深度融入中国南方电网公司（简称南方电网）配网典型化设计中，自 2022 年起连续 2 年参与南方电网标准设计 V3.0 智能配电系列传感终端物资供应项目，为南方电网所辖五省各市、县供电局的生产运维工作带来了智能化变革。通过连续 2 年的规模化推广与海量部署，累计供货数量超 10 万只，有效地实现了对各类配电柜、配电箱、开关柜、电缆分接头、电缆分接箱以及架空线等关键设备的实时监控与数据分析。这不仅极大地提高了生产运维的效率和准确性，还为故障预警、能源管理优化等方面提供了强有力的数据支撑和科学决策依据。不仅有助于提升整体能源利用效率，还有助于推动电网进一步向智能、高效、可靠的方向发展。配电物联电气传感终端——微型智能电流传感模块应用示例如图 7－66 所示。

7.4.4　柔性电流传感器

1. 产品功能

柔性电流传感器采用长度可定制的柔性罗氏线圈作为核心测量单元，可满足各种应用场景下不同线径、尺寸导体的测量需求，适合在智能变电站、智能配电房的开关柜、断路器、环网柜等重要设备进出线电流测量中应用。柔性电流传感器适用于 10kV 及以下电压等级线路，可进行带电安装，采用温度传感器、电流采样、无线发射及安装部件一体化结构，采集主回路电流以及监测点温度，直接将采集信息转换成数字量，通过 2.4GHz 无线通信协议与中继器通信，实现采集数据的转发，用户可通过相应设备查看一次电流值和温度值。柔性电流传感器如图 7－67 所示。

图 7-66 配电物联电气传感终端——微型智能电流传感模块应用示例图

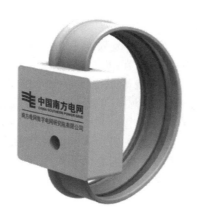

图 7-67 柔性电流传感器

柔性电流传感器的功能特点包括：

（1）高精度测量：测量精度高达 0.5S 级，确保在各种环境下都能提供准确可靠的测量数据，满足对精度要求极高的应用场景。

（2）宽广的量程：量程范围为 0～2160A，覆盖各种电流测量需求，无论是小电流还是大电流，都能轻松应对。

（3）优异的线性与频响性能：产品具有大线性范围和宽频响范围，处理复杂电信号时保持稳定的性能，避免失真或误差。

（4）无线通信与就地计算能力：支持无线通信功能，便于实时数据传输，同时具备就地计算能力，提高现场工作效率。

（5）紧凑的体积与便捷的安装：产品体积小巧，便于安装和部署，支持非停电安装，降低操作难度和风险。

2. 技术参数

柔性电流传感器主要参数见表 7-36。

表 7 - 36　　　　　　　　　　　　柔性电流传感器主要参数

序号	指　标	参　　数
1	供电电源	双电源供电，后备电源＋工频电磁场（最小启动电流1.5A）
2	数据传输方式	蓝牙5.0（2.4GHz）传输距离100m（空旷）
3	测量范围	0～2160A
4	测量精度	0.5
5	防护等级	IP67
6	产品尺寸	63.07mm×58.58mm×24.99mm
7	适用场景	10kV及以下线路电流测量、适用于大截面电缆、单相多电缆出线的大电流测量场景

3. 应用成效

柔性电流传感器在广东、广西、贵州、海南等地区开展了试点运行和广泛推广，凭借其卓越的性能和稳定的运行状态，赢得了众多用户的认可。2020 年 8 月，共计向广州、佛山、东莞、湛江、清远、梅州等 8 个地市供应了 3339 个传感器。同年 10 月，在广西电网智慧保供电指挥系统开发及装备研制科技项目中，作为关键数据采集终端，在荔园山庄、会展中心等固定保供电点的重要设备上安装了 852 个柔性电流传感器。此外，在海南博鳌论坛重点保供电设备监控及贵州凯里智能配网台区改造等示范项目中，也安装了 121 个传感器。2021 年，柔性电流传感器成功上架南方电网商城，开始面向全网进行销售推广。截至 2024 年 2 月，已累计销售柔性电流传感器 2 万余个，柔性电流传感器的规模化应用为网内外的电力用户提供了坚强的技术支持和保障，为电力系统的稳定运行和电力供应的可靠性做出了重要贡献。柔性电流传感器还可以与智能电网系统紧密集成，实现自动化的故障定位、隔离和恢复，极大地提高了电网的运维效率和可靠性。柔性电流传感器应用示例如图 7 - 68 所示。

图 7 - 68　柔性电流传感器应用示例图

7.5 用电领域

7.5.1 端子温度传感器

1. 产品功能

北京智芯微电子科技有限公司的端子温度传感器 SGC8106B 系列是工业级隔离温度传感器，主要用于电能表、断路器等终端设备的接线端子温度监测，基于热敏电阻及陶瓷封装工艺，实现强电区域的电气绝缘式温度测量。端子温度传感器外观尺寸如图 7-69 所示。SGC8106B 系列隔离温度传感器规格型号见表 7-37。

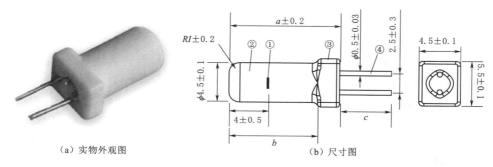

（a）实物外观图　　　　　　　　（b）尺寸图

图 7-69　端子温度传感器外观尺寸（单位：mm）

在 SGC8106B 系列中 $a=9.5$，$b=7.5$，$c=4.5\pm0.5$，SGC8106BX 中 $a=12.1$，$b=10.1$；$c=4.5\pm0.5$

表 7-37　　　　　　　　　　　SGC8106B 系列隔离温度传感器规格型号

序号	名　称	规　格　型　号
1	热敏电阻	R90＝8.984kΩ±0.8％，B25/50＝3970K±0.9％
2	环氧树脂	环氧树脂（高温）
3	壳	陶瓷壳
4	引线	镀锡铜引线 ϕ0.5mm

目前，端子温度传感器主要应用于物联电能表中，在电能表中加入温度监测功能，可对电能表中的关键线路进行动态温度安全监测，一旦发现温度超过警戒阈值，即可形成事件记录，为系统采取避险措施或事故原因排查提供依据。端子温度传感器在电能表中安装位置如图 7-70 所示。

端子温度传感器的功能特点包括：

（1）测温范围宽，工作范围为 $-40\sim+200$℃。

（2）技术参数为端子测温应用定制，产品测量范围大于标准要求测量范围（$+25\sim+150$℃），测温精度高于其他 NTC 厂商。

图 7-70　端子温度传感器
在电能表中安装位置

221

（3）基于热敏电阻及陶瓷封装工艺设计，强电区域的电气绝缘性能优异。

2. 技术参数

端子温度传感器产品主要参数见表 7-38。

表 7-38   端子温度传感器主要参数

序号	指 标	参 数
1	额定电阻	90℃零功率电阻，R90＝8.984kΩ±0.8％
2	耐电压	传感器头部放置于导电棉夹具中，然后对导电棉及线芯间施加 AC4500V 电压，5s，漏电流不大于 1mA，无击穿
3	绝缘电阻	传感器壳端与引线间通直流电压 500V，绝缘电阻 RI 不小于 100Ω
4	温度范围	40～＋200℃

图 7-71   端子温度传感器应用测试实例

3. 应用成效

目前，北京智芯微电子科技有限公司研制的端子温度传感器已应用于物联表、智能断路器中。2021 年至 2023 年 12 月，该产品已累计应用 300 余万只，实现了物联表、智能断路器等设备接线端子的温度监测，为治理线损提供有效数据支持，有效防止因端子温度过高而引起的火灾，为电力设备安全稳定运行提供有力保障。端子温度传感器应用测试实例如图 7-71 所示。

7.5.2   面向智能电表应用的 TMR 电流传感器

1. 产品功能

电流采样元件经过多年的发展，逐渐形成了电阻分流器、电流互感器、罗氏线圈、霍尔式电流传感器、光纤电流传感器和磁阻电流传感器等产品类型，面向智能电表应用的 TMR 电流传感器是基于磁阻电流传感芯片技术的传感器，其外观如图 7-72 所示，其内部结构构造图如图 7-73 所示。

图 7-72   面向智能电表应用的 TMR
电流传感器外观图

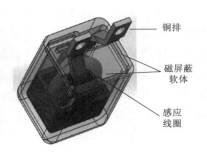

铜排

磁屏蔽软体

感应线圈

图 7-73   面向智能电表应用的
TMR 电流传感器内部构造图

通过优化屏蔽罩封装结构，提高电流传感芯片对外部磁场的抗干扰能力，主要通过对屏蔽罩材料选型及封装结构设计，将干扰磁场与被保护区域和元件隔开。

面向智能电表应用的 TMR 电流传感器选择带气隙的环形聚磁铁芯材料，在电磁特性、温度特性、成本方面有着较强优势；引入了反馈次级线圈结构，通过对次级线圈材料选型以及线圈加工工艺，首次解决了电流传感器的长期稳定运行性能问题；采用屏蔽罩封装模式，利用静磁屏蔽材料将干扰磁场与被保护区域隔开，提高电流传感器的抗电磁干扰能力。

2. 技术参数

面向智能电表应用的 TMR 电流传感器产品主要参数见表 7 - 39。

表 7 - 39　　　　　　　面向智能电表应用的 TMR 电流传感器主要参数

序号	指　　标	参　　数
1	基本误差	≤±0.1%
2	线性度误差	≤±0.1%
3	回差	≤±0.1%
4	零点失调电流（电压）误差	≤±0.1%
5	重复性误差	≤0.1%
6	温度漂移误差	≤±0.1%
7	比差和相位差	额定电流 5A/10A；比差≤±0.2%；相位差≤±8%

3. 应用成效

北京智芯微电子科技有限公司研制的 TMR 电流传感器，面向智能电表应用，可直接安装于智能电表中（见图 7 - 74），完成电表电流监测。可替代现有的电流互感器模块，实现更高精度准度的测量。

图 7 - 74　面向智能电表应用的 TMR 电流传感器安装图

面向智能电表应用的 TMR 电流传感器利用磁性多层膜材料的隧道磁阻效应对磁场进行感应，得到待测电流，其具有非接触测量、适用范围广、测量范围大、精度高、线性度好、动态性能好、过载能力强等优势。

7.6 资产管理领域

7.6.1 基于边缘计算的碳计量终端

1. 产品功能

碳计量终端，主要应用于建筑行业、楼宇用能、分布式光伏发电系统、电力系统、

通信行业等需要监测碳减排量和排放量的场景。主要对电气线路中的三相电压（最高支持 800V 线电压）、三相电流、有功功率、无功功率、频率、功率因数、正反向有功电能、四象限无功电能等电量参数进行实时计量并转化为碳减排量或排放量；开口式互感器安装，接头标准化，具备防误插功能；可通过 RS485 通信接口对本地设备进行采集，实现网关功能，简易部署，作为碳资产管理系统的监测终端产品，为发电、用电场景提供碳减排量和排放量的数据支持。碳计量终端产品如图 7 - 75 所示。

图 7 - 75 碳计量终端产品图

碳计量终端的功能特点包括：

（1）双向计量，用电数据、发电数据均可监测。

（2）支持 2～31 次谐波、需量、不平衡和相位角监测，以更高频的采集方式解决数据采集精度问题。

（3）支持断电告警，离线数据存储，解决通信短时故障下数据的稳定性及可靠性问题。

（4）开口式互感器，安装便捷，无需改线，可通过 RS485 下挂子设备，支持 Modbus - RTU 远程配置。

2. 技术参数

碳计量终端产品系列主要参数见表 7 - 40。

表 7 - 40　　　　　　　　　　　碳计量终端产品系列主要参数

指　标		参　数
输入	接线方式	三相三线，三相四线
	电源	AC85～400V
	采样电压	3×220V/380V，3×290V/500V，3×460V/800V
	互感器	开口式互感器×3
	精度	0.5%（kvar1%）
RS485 通信		Modbus - RTU，DL/T645
耐压		2500V

指 标		参 数
安装		35mm 导轨
环境	工作温度	−25～+60℃
	存储温度	−40～+70℃
	相对湿度	5％～95％（无凝露）
	海拔	≤2500m
其他	尺寸	125.4mm×150mm×65mm
	重量	—
功耗		≤5W

3. 应用成效

为助力实现"双碳"目标，碳计量终端产品面向政府、能源消费者等核心客户，聚焦楼宇、园区、高耗能企业等低碳用能核心领域，基于中国电网通州供电公司办公大楼及牛堡屯电力执法培训基地开展试点应用，目前已经在牛堡屯执法培训基地完成部署。碳计量终端在现有行业中实现了以数字化手段解决碳排放现场核查、远端传输的问题；实现了终端核查、平台存证、第三方核查机构在线出证的重大模式突破，解决了一系列技术难题；形成面向用户电力能源设备智能感知的全面性、实时性和灵活性计量模式，有效实现数据融合并开展碳分析与碳优化；实现基于全景感知及边云协同的双碳能源数字化服务；后续碳计量终端将进一步基于碳计量采集模式，总结工程应用经验，同时加大应用推广，探索结合分布式光伏等元素开展"终端＋软件"、"终端＋服务"的商业模式打造，实现碳采集服务可持续发展。碳计量终端安装应用示例如图 7-76 所示。

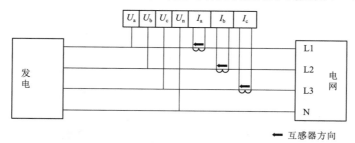

图 7-76 设备安装应用示例图

7.6.2 植入式 RFID 测温标签

1. 产品功能

智能芯片等尖端技术是传统电力电缆行业数智化变革的关键，通过植入式射频识别（RFID）标签实现全寿命周期全链物联感知为破解电力电缆行业发展瓶颈提供了最佳途径。针对电力电缆在生产挤塑、敷设施工等环节存在的高温、应力等环境因素，北京智芯微电子科技有限公司基于自主测温芯片研发的植入式 RFID 测温标签产品，具有抗金属、耐高温、抗应力等特点。在电缆生产环境植入电缆本体，实现厂内质量检测、物资抽样检测、工程质

225

量检验、设备状态巡检等质量信息全链追溯，保障电力电缆质量，实现信息便捷查询、精准识别定位及资产精确跟踪等应用，解决电力电缆资产管理难题，实现温度实时监测，为电力电缆线路安全稳定运行提供技术支持。植入式 RFID 测温标签如图 7-77 所示。

图 7-77　植入式 RFID 测温标签

2. 技术参数

植入式 RFID 测温标签主要参数见表 7-41。

表 7-41　　　　　　　　　　植入式 RFID 测温标签主要参数

序号	名　　称	指　　标
1	通信频率	920～925MHz
2	温度测量范围	−40～125℃
3	测温精度	±1℃
4	识别灵敏度	−17dBm
5	功耗	≤10μW
6	植入电缆后识别距离	≥3m
7	耐受瞬时温度	250℃

3. 应用成效

通过在电缆生产环节将 RFID 测温标签植入电缆本体，实现电缆物资的源头赋码；为每段电缆赋予唯一的电子"身份证"，实现电缆物资在生产、仓储、基建、运检、报废等全环节的"一码多用、全链追溯"，提升电网安全保障能力和运营质效。

该产品已在苏州古城区世界一流城市配电网工程、南京江北新区电缆工程等多个工程得到应用，累计敷设植入式 RFID 标签电力电缆 1200km，有效解决了电缆管理过程中电缆交付以次充好、施工取长用短、鉴别手段匮乏、质量追溯困难等问题。植入式 RFID 测温标签应用示例如图 7-78 所示。

图 7-78（一）　植入式 RFID 测温标签应用示例图

图 7-78（二） 植入式 RFID 测温标签应用示例图

第 8 章
电力传感器技术产业发展建议

电力公司与能源电力企业、互联网企业、设备制造企业、金融机构、科研机构、高校等单位携手，围绕高端输变电、配用电、智能运检和电力调度"四大支链"，积极利用现代数字技术为电网数智赋能，推动电网业务转型升级。其中，智能运检是以保障电网安全运行，提高运检质量、效率和效益为目标，以设备运维、检修和生产管理的信息化、数字化、智能化为途径，是具有状态感知全景化、健康诊断科学化、运行维护智能化、检修抢修精益化、生产管控平台化"五化"特征的运检新模式。作为联系物理世界和信息世界重要纽带的传感器，其具有信息采集、传递的功能，是实现"状态感知全景化"的基础，是智能运检产业链的重要支撑产业之一。在发展电力传感器的过程中，我们应重点开发电力传感器敏感材料，突破智能传感器核心算法，发挥电力传感器产业链上下游协同作用，形成更加贴合行业应用与市场需求的传感器解决方案，并不断丰富传感器应用场景，扩大电力传感器市场规模。

8.1 产业链上游企业应加强新型传感器材料研发

传感器材料是传感器产业发展的基石。传感器的性能依附于其敏感机理及材料特点。传感器材料是制造传感器必不可少的原料，其质量和供应也直接影响着传感器的质量和竞争力。传感器材料主要有半导体材料、陶瓷材料、金属材料、有机分子材料、光纤材料和磁性材料六大类。从全球市场发展趋势来看，磁性材料和压敏、压电、温湿度、气敏等陶瓷材料占据全球传感器材料的主要份额，但是近年来力敏、光敏、磁敏、气敏、声敏等半导体敏感材料在整个材料市场的占比正在迅速提升。

电力传感器材料企业应注重提升自身自主创新能力，对具有较高技术应用和市场前景的敏感材料进行研究开发，尤其加强针对特殊应用场景的新型材料开发。例如针对在发电、输配电、用电过程中涉及声表面波、红外及热电堆等非接触型温度检测特殊场景应用需求，电力传感器材料企业以需求带动供给，注重新型材料技术的研发。同时，随着输配电过程中磁阻电流传感技术、新型电压传感技术及电流取能技术等的不断突破与试用，对于电力传感器材料企业也提出了更高标准，电力传感器材料企业应紧跟市场需求的变化和调整，做好产业链上游布局。

在关键材料领域以政府为主导，各电力行业企业单位与研究机构联合研究，攻关大型基础研究项目，开发关键技术，扩大具有自主知识产权的半导体材料产品的比重，为企业提供发展平台。不断加强与国内外重点企业和科研院所的技术合作，通过团队引进、联合研发、设立研发中心等方式发展前沿技术，特别是对高端材料的研发和产业化，为提升电力传感器产业整体技术水平和可持续发展能力奠定坚实基础。

8.2　电力智能传感器系统企业应着力于软件算法设计

随着智能电网建设进程的逐步推进，电网对信息感知的广度、深度和密度不断提高，智能传感器将在发电装备故障诊断与健康监测、电网运行过程信息全面感知、智能化安全用电等领域发挥关键作用。

智能传感器是集成传感芯片、通信芯片、微处理器、驱动程序、软件算法等于一体的系统产品。近年来，全球智能传感器软件和算法的市场规模不断扩大，软件和算法已经成为智能传感器基本要素之一。传感器高灵敏、低误差、智能化的实现对软件算法设计提出了较高要求，电力行业企业只有持续加大在智能传感器算法和软件领域的创新力度，才能充分发挥智能传感器的使用价值，实现其高精度的信息采集、高利润价值以及多样化功能。

未来传感器技术将与人工智能、边缘计算等技术深入融合，软件算法对传感器的影响愈发重要。电力传感器芯片企业应注重突破算法与集成技术，重点发展模拟分析类与器件结构设计类等基础软件，以及 AI、边缘计算、多传感器融合、多元线性回归分析等算法。与此同时，随着智能感知应用范围从电网拓展到智慧园区、智能家居等领域，相关电力传感器芯片企业还应持续优化智能传感器算法和软件功能，积极开发适用于更多应用场景的智能传感器产品，不断提升信息处理效率。

8.3　上下游协同推进 MEMS 在电力市场规模应用

随着物联网应用的兴起，微机电系统（Micro Electro Mechanical System，MEMS）进入了高速发展时期，在国民经济各个方面都有着广泛的应用前景。具体在声学、光学、汽车工业、航空航天、生物和能源等领域均获得了广泛的应用。

MEMS 是一个独立的智能系统，可大批量生产，具有体积小、价格便宜、便于集成等特点，可以明显提高系统测试精度。目前，MEMS 技术日渐成熟，可以应用制作各种能敏感检测力学量、磁学量、热学量、化学量和生物量的微型传感器，有效节约企业生产成本、提高生产效率、保障产品质量，助力电力信息通信技术产业发展。

MEMS 上游设计环节学科交叉性强，研发难度大，量产周期长，中游生产制造环节与半导体制造技术相关，制程工艺对产品性能影响较大。因此电力行业相关 MEMS 传感器企业应在现有技术基础上，广泛吸收、消化、跟踪利用国外先进技术的同时，加大技术创新，并逐步实现自主开发、自我发展的良性循环；积极整合企业内外部资源，向产业链的上下游拓展延伸，构建自身的产业生态，布局潜力市场，实现产品的创新应用和推广。在 MEMS 应用领域，能源互联网应用领军企业可以携手相关传感器厂商，针对电力行业的特定需求，结合传感器、终端伙伴以及行业伙伴的实战经验，打造贴合电力行业应用与市场需求、通用能源互联网综合应用解决方案。使众多中小企业加入生态链并展现各自价值,打造平价传感器电商平台,提供质优价廉、即插即用的传感器产品,为能源互联网应用厂商解决传感器选型难、购买难问题。

8.4 电力传感器企业应关注存量市场与检测应用

随着各类低功耗、宽频带、高频响、高动态范围电力传感器的应用,电力传感器正在为电力行业各类检测应用场景提供较传统检测方案而言更为准确、便捷的解决方案。电力传感器应用企业应关注存量市场,积极扩大产品市场占有率,与此同时,加强对电网运行过程信息的实时感知,从而达到充分利用需求侧柔性负荷资源的效果。

在电力用电环节,在智能电网快速发展的带动下,智能硬件设备替代传统硬件设备的市场具有较大的存量空间,电力传感器应用企业可通过优化场景应用提高市场渗透率,占据更大的市场份额。

在电力检测环节,智能传感器应用的重要性越来越突出,电力传感器相关应用企业应注重电力传感器在高电压大电流测量、输变电线路运行状态测量、光缆电缆线路故障监测等领域的检测应用,实时分析设备运行状态,有效避免电力供给端出现故障不能及时修复而造成的巨大损失。不断拓宽电力传感器在日常各类检测应用场景的使用范围,提高传感器及量测装置在电能质量监测、负荷情况监测等领域的应用渗透率,充分利用需求侧柔性负荷资源,改善供需矛盾,提高电力系统运行效率。

附录 A
基于专利的企业技术创新力评价思路和方法

A1 研究思路

A1.1 基于专利的企业技术创新力评价研究思路

构建一套衡量企业技术创新力的指标体系。围绕企业高质量发展的特征和内涵，按照科学性与完备性、层次性与单义性、可计算与可操作性、动态性以及可通用性等原则，从众多的专利指标中选取便于度量、较为灵敏的重点指标（创新活跃度、创新集中度、创新开放度、创新价值度），以专利数据为基础构建一套适合衡量企业创新发展、高质量发展要求的科学合理评价指标体系。

A1.2 电力传感器技术领域专利分析研究思路

（1）在传感器技术领域内，制定技术分解表。技术分解表中包括不同等级，每一等级下对应多个技术分支。对每一技术分支做深入研究，以明确检索边界。

（2）基于技术分解表所确定的检索边界制定检索策略，确定检索要素（如关键词和/或分类号）。并通过科技文献、专利文献、网络咨询等渠道扩展检索要素。基于检索策略将扩展后的检索要素进行逻辑运算，最终形成传感器技术领域的检索式。

（3）选择多个专利信息检索平台，利用检索式从专利信息检索平台上采集、清洗数据。清洗数据包括同族合并、申请号合并、申请人名称规范、去除噪音等，最终形成用于专利分析的专利数据集合。

（4）基于专利数据集合，开展企业技术创新力评价，并在全球和中国范围内从多个维度展开专利分析。

A2 研究方法

A2.1 基于专利的企业技术创新力评价研究方法

A2.1.1 基于专利的企业技术创新力评价指标选取原则

评价企业技术创新力的指标体系的建立原则围绕企业高质量发展的特征和内涵，从

众多的专利指标中选取便于度量、较为灵敏的重点指标来构建，即需遵循科学性与完备性、层次性与单义性、可计算与可操作性、相对稳定性与绝对动态性相结合以及可通用性等原则。

1. 科学性与完备性原则

科学性原则指的是指标的选取和指标体系的建立应科学规范。包括指标的选取、权重系数的确定、数据的选取等必须以科学理论为依据，即必优先满足科学性原则。根据这一原则，指标概念必须清晰明确，且具有一定的、具体的科学含义同时，设置的指标必须以客观存在的事实为基础，这样才能客观反映其所标识、度量的系统的发展特性。完备性原则，企业技术创新力评价指标体系作为一个整体，所选取指标的范围应尽可能涵盖企业高质量发展的概念与特征的主要方面和特点，不能只对高质量发展的某个方面进行评价，防止以偏概全。

2. 层次性与单义性原则

专利对企业技术创新力的支撑是一项复杂的系统工程，具有一定的层次结构，这是复杂大系统的一个重要特性。因此，专利支撑企业技术创新力发展的指标体系所选择的指标也应具有体现出这种层次结构，以便于对指标体系的理解。同时，专利对于企业技术创新力发展的各支撑要素之间存在着错综复杂的联系，指标的含义也往往相互包容，这样就会使系统的某个方面重复计算，使评价结果失真。所以，专利支撑企业技术创新力发展的指标体系所选取的每个指标必须有明确的含义，且指标与指标之间不能相互涵盖和交叉，以保证特征描述和评价结果的可靠性。

3. 可计算性与可操作性原则

专利支撑企业技术创新力发展的评价是通过对评价指标体系中各指标反映出的信息，并采用一定运算方法计算出来的。这样所选取的指标必须可以计算或有明确的取值方法，这是评价指标选择的基本方法，特征描述指标无须遵循这一原则。同时，专利支撑企业技术创新力发展的指标体系的可操作性原则具有两层含义，具体如下：

（1）所选取的指标越多，意味着评价工作量越大，所消耗的资源（人力、物力、财力等）和时间也越多，技术要求也越高。可操作性原则要求在保证完备性原则的条件下，尽可能选择有代表性的综合性指标，去除代表性不强、敏感性差的指标。

（2）度量指标的所有数据易于获取和表述，并且各指标之间具有可比性。

4. 相对稳定性与绝对动态性相结合的原则

专利支撑企业技术创新力发展的指标体系的构建过程包括评价指标体系的建立、实施和调整三个阶段。为保证这三个阶段上的延续性，又能比较不同阶段的具体情况，要求评价指标体系具有相对的稳定性或相对一致性。但同时，由于专利支撑企业技术创新力发展的动态性特征，一方面应在评价指标体系实施一段时间后不断修正这一体系，以满足未来企业技术创新力发展的要求；另一方面，应根据专家意见并结合公众参与的反馈信息补充，以完善专利支撑企业技术创新力发展的指标体系。

5. 通用性原则

由于专利可按照其不同的属性特点和维度划分，其对于企业技术创新力发展的支撑作用聚焦至在对企业层面，因此，设计评价指标体系时，必须考虑在不同层面和维度的通用性。

A2.1.2 企业技术创新力评价指标体系结构

表 A2 - 1 指 标 体 系

一级指标	二级指标	三级指标	指 标 含 义	计 算 方 法	影响力
企业技术创新力指数	创新活跃度	专利申请数量	申请人目前已经申请的专利总量,越高代表科技成果产出的数量越多,基数越大,是影响专利申请活跃度、授权专利发明人数活跃度、国外同族专利占比、专利授权率和有效专利数量的基础性指标	—	5+
		专利申请活跃度	申请人近五年专利申请数量,越高代表科技成果产出的速度越高,创新越活跃	近五年专利申请量	5+
		授权专利发明人数活跃度	申请人近年授权专利的发明人数量与总授权专利的发明人数量的比值,越高代表近年的人力资源投入越多,创新越活跃	近五年授权专利发明人数量/总授权专利发明人数量	5+
		国外同族专利占比	申请人国外布局专利数量与总布局专利数量的比值,越高代表向其他地域布局越活跃	国外申请专利数量/总专利申请数量	4+
		专利授权率	申请人专利授权的比率,越高代表有效的科技成果产出的比率越高,创新越活跃	授权专利数/审结专利数	3+
		有效专利数量	申请人拥有的有效专利总量,越多代表有效的科技成果产出的数量越多,创新越活跃	从已公开的专利数量中统计已授权且当前有效的专利总量	3+
	创新集中度	核心技术集中度	申请人核心技术对应的专利申请量与专利申请总量的比值,越高代表申请人越专注于某一技术的创新	该领域位于榜首的IPC对应的专利数量/申请人自身专利申请总量	5+
		专利占有率	申请人在某领域的核心技术专利总数除以本领域所有申请人在某领域核心技术的专利总数,可以判断在此领域的影响力,越大则代表影响力越大,在此领域的创新越集中	位于榜首的IPC对应的专利数量/该IPC下所有申请人的专利数量	5+
		发明人集中度	申请人发明人人均专利数量,越高则代表越集中	发明人数量/专利申请总数	4+
		发明专利占比	发明专利的数量与专利申请总数量的比值,越高则代表产出的专利类型越集中,创新集中度相对越高	发明专利数量/专利申请总数	3+
	创新开放度	合作申请专利占比	合作申请专利数量与专利申请总数的比值,越高则代表合作申请越活跃,科技成果的产出源头越开放	申请人数大于或等于2的专利数量/专利申请总数	5+
		专利许可数	申请人所拥有的专利中,发生过许可和正在许可的专利数量,越高则代表科技成果的应用越开放	发生过许可和正在许可的专利数量	5+
		专利转让数	申请人所拥有的有效专利中,发生过转让和已经转让的专利数量,越高则代表科技成果的应用越开放	发生过转让和正在转让的专利数量	5+
		专利质押数	申请人所拥有的有效专利中,发生过质押和正在质押的专利数量,越高则代表科技成果的应用越开放	发生过质押和正在质押的专利数量	5+

233

一级指标	二级指标	三级指标	指 标 含 义	计 算 方 法	影响力
企业技术创新力指数	创新价值度	高价值专利占比	申请人高价值专利数量与专利总数量的比值，越高则代表科技创新成果的质量越高，创新价值度越高	4 星及以上专利数量/专利总量	5+
		专利平均被引次数	申请人所拥有专利的被引证总次数与专利数量的比值，越高则代表对于后续技术的影响力越大，创新价值度越高	被引证总次数/专利总数	5+
		获奖专利数量	申请人所拥有的专利中获得过中国专利奖的数量	获奖专利总数	4+
		授权专利平均权利要求项数	申请人授权专利权利要求总项数与授权专利数量的比值，越高则代表单件专利的权利布局越完备，创新价值度越高	授权专利权利要求总项数/授权专利数量	4+

　　一级指数为总指数，即企业技术创新力指数。二级指数分别对应 4 个构成元素的指数，分别为创新活跃度指数、创新集中度指数、创新开放度指数、创新价值度指数；其下设置 4～6 个具体的核心指标，予以支撑。

A2.1.3　企业技术创新力评价指标计算方法

表 A2-2　　　　　　　　　　　　指标体系及权重列表

一级指标	二级指标	权重	三级指标	指标代码	指标权重
技术创新力指数	创新活跃度 A	0.3	专利申请数量	A1	0.4
			专利申请活跃度	A2	0.2
			授权专利发明人数活跃度	A3	0.1
			国外同族专利占比	A4	0.1
			专利授权率	A5	0.1
			有效专利数量	A6	0.1
	创新集中度 B	0.15	核心技术集中度	B1	0.3
			专利占有率	B2	0.3
			发明人集中度	B3	0.2
			发明专利占比	B4	0.2
	创新开放度 C	0.15	合作申请专利占比	C1	0.1
			专利许可数	C2	0.3
			专利转让数	C3	0.3
			专利质押数	C4	0.3
	创新价值度 D	0.4	高价值专利占比	D1	0.3
			专利平均被引次数	D2	0.3
			获奖专利数量	D3	0.2
			授权专利平均权利要求项数	D4	0.2

　　如上文所述，企业技术创新力评价体系（即"F"）由创新活跃度［即"F（A）"］、创新集中度［即"F（B）"］、创新开放度［即"F（C）"］、创新价值度［即"F（D）"］

4 个二级指标，专利申请数量、专利申请活跃度、授权发明人数活跃度、国外同族专利占比、专利授权率、有效专利数量、核心技术集中度、专利占有率、发明人集中度、发明专利占比、合作申请专利占比、专利许可数、专利转让数、专利质押数、高价值专利占比、专利平均被引次数、获奖专利数量、授权专利平均权利要求项数等 18 个三级指标构成，经专家根据各指标影响力大小和各指标实际值多次讨论和实证得出各二级指标和三级指标权重与计算方法，具体计算规则如下文所述：

$$F = 0.3F(A) + 0.15F(B) + 0.15F(C) + 0.4F(D)$$

$F(A) = [0.4 \times 专利申请数量 + 0.2 \times 专利申请活跃度 + 0.1 \times 授权专利发明人数活跃度 + 0.1 \times 国外同族专利占比 + 0.1 \times 专利授权率 + 0.1 \times 有效专利数量]$

$F(B) = [0.3 \times 核心技术集中度 + 0.3 \times 专利占有率 + 0.2 \times 发明人集中度 + 0.2 \times 发明专利占比]$

$F(C) = [0.1 \times 合作申请专利占比 + 0.3 \times 专利许可数 + 0.3 \times 专利转让数 + 0.3 \times 专利质押数]$

$F(D) = [0.3 \times 高价值专利占比 + 0.3 \times 专利平均被引次数 + 0.2 \times 获奖专利数量 + 0.2 \times 专授权专利平均权利要求项数]$

各指标的最终得分根据各申请人在本技术领域专利的具体指标值进行打分。

A2.2 电力传感器技术领域专利分析研究方法

A2.2.1 确定研究对象

为了全面、客观、准确地确定本报告的研究对象，首先通过查阅科技文献、技术调研等多种途径充分了解电力信息通信领域关于传感器的技术发展现状及发展方向，同时通过与行业内专家的沟通和交流，确定了本报告的研究对象及具体的研究范围为：电力信通领域传感器技术。

A2.2.2 数据检索

A2.2.2.1 制定检索策略

为了确保专利数据的完整、准确，尽量避免或者减少系统误差和人为误差，本报告采用以下检索策略：

（1）以商业专利数据库为专利检索数据库，同时以各局官网为辅助数据库。

（2）采用分类号和关键词制定传感器技术的检索策略，并进一步采用申请人和发明人对检索式进行查全率和查准率的验证。

A2.2.2.2 技术分解表

表 A2 - 3 传感器技术分解表

一 级	二 级	一 级	二 级
电力传感器通信技术	环境传感器	电力传感器通信技术	光学传感器
	电磁量传感器		光纤传感器
	局放检测		其他传感器
	机械及运动量传感器		

A2.2.3 数据清洗

通过检索式获取基础专利数据以后，需要通过阅读专利的标题、摘要等方法，将重复的以及与本报告无关的数据（噪声数据）去除，得到较为适宜的专利数据集合，以此作为本报告的数据基础。

A3 企业技术创新力排名第 1～50 名

表 A3-1 电力信通传感技术领域企业技术创新力第 1～50 名

申 请 人 名 称	综合创新指数	排　名
广东电网有限责任公司电力科学研究院	78.4	1
中国电力科学研究院有限公司	77.2	2
国网北京市电力公司	76.9	3
云南电网有限责任公司电力科学研究院	76.9	4
国网江苏省电力有限公司	75.5	5
浙江大学	74.7	6
国网湖南省电力公司	74.1	7
国网电力科学研究院有限公司	73.8	8
国网湖北省电力有限公司电力科学研究院	72.7	9
国电南瑞科技股份有限公司	72.0	10
重庆大学	71.9	11
广州供电局有限公司	71.9	12
国网山西省电力公司电力科学研究院	71.7	13
许继集团有限公司	71.6	14
上海交通大学	71.4	15
中国南方电网有限责任公司超高压输电公司检修试验中心	71.3	16
国网电力科学研究院武汉南瑞有限责任公司	70.7	17
国网山东省电力公司淄博供电公司	69.8	18
国网宁夏电力有限公司电力科学研究院	69.5	19
国网山东省电力公司阳谷县供电公司	69.3	20
ABB 技术公司	69.1	21
国网福建省电力有限公司	68.3	22
中国南方电网有限责任公司超高压输电公司广州局	67.9	23
河南省电力公司南阳供电公司	67.7	24
国网上海市电力公司	67.7	25
国网江西省电力科学研究院	67.4	26
国网浙江省电力有限公司电力科学研究院	67.2	27

申 请 人 名 称	综合创新指数	排 名
国网陕西省电力公司电力科学研究院	66.9	28
西安交通大学	66.9	29
国网甘肃省电力公司	66.5	30
国网江苏省电力有限公司电力科学研究院	66.5	31
广西电网有限责任公司电力科学研究院	66.4	32
国网天津市电力公司	66.2	33
国网浙江省电力有限公司	65.7	34
国网新疆电力有限公司电力科学研究院	65.7	35
国网安徽省电力有限公司电力科学研究院	65.6	36
国网河南省电力有限公司电力科学研究院	65.3	37
国网山东省电力公司济南供电公司	65.0	38
山西省电力公司大同供电分公司	64.9	39
广东电网有限责任公司东莞供电局	64.5	40
东南大学	64.3	41
国网山东省电力公司电力科学研究院	64.1	42
云南电网公司昆明供电局	63.5	43
国网冀北电力有限公司电力科学研究院	63.4	44
国网浙江省电力公司嘉兴供电公司	63.3	45
全球能源互联网研究院	63.3	46
云南电力试验研究院（集团）有限公司电力研究院	63.2	47
广东电网有限责任公司佛山供电局	63.1	48
国网辽宁省电力有限公司电力科学研究院	63.1	49
国网浙江省电力公司湖州供电公司	62.5	50

A4 相关事项说明

A4.1 近期数据不完整说明

2019 年以后的专利申请数据存在不完整的情况，本报告统计的专利申请总量较实际的专利申请总量少。这是由于部分专利申请在检索截止日之前尚未公开。例如，PCT 专利申请可能自申请日起 30 个月甚至更长时间之后才进入国家阶段，从而导致与之相对应的国家公布时间更晚。发明专利申请通常自申请日（有优先权的，自优先权日）起 18 个月（要求提前公布的申请除外）才能被公布。以及实用新型专利申请在授权后才能获得公布，其公布日的滞后程度取决于审查周期的长短等。

A4.2 申请人合并

表 A4-1   申 请 人 合 并

合 并 后	合 并 前
国家电网有限公司	国家电网公司
	国家电网有限公司
国网江苏省电力有限公司	江苏省电力公司
	国网江苏省电力公司
	国网江苏省电力有限公司
国网上海市电力公司	上海市电力公司
	国网上海市电力公司
云南电网有限责任公司电力科学研究院	云南电网电力科学研究院
	云南电网有限责任公司电力科学研究院
中国电力科学研究院有限公司	中国电力科学研究院
	中国电力科学研究院有限公司
华北电力大学	华北电力大学
	华北电力大学（保定）
	华北电力大学（北京）
ABB 技术公司	ABB 瑞士股份有限公司
	ABB 研究有限公司
	TOKYO ELECTRIC POWER CO
	ABB RESEARCH LTD
	ABB 服务有限公司
	ABB SCHWEIZ AG
NEC 公司	NEC CORP
	NEC CORPORATION
罗伯特·博世有限公司	BOSCH GMBH ROBERT
	ROBERT BOSCH GMBH
	罗伯特·博世有限公司
东京芝浦电气公司	东京芝浦电气公司
	OKYO SHIBAURA ELECTRIC CO
	TOKYO ELECTRIC POWER CO
富士通公司	FUJI ELECTRIC CO LTD
	FUJI TSU GENERAL LTD
	FUJITSU LIMITED

合　并　后	合　并　前
富士通公司	FUJITSU LTD
	FUJITSU TEN LTD
	富士通株式会社
佳能公司	CANON KABUSHIKI KAISHA
	CANON KK
日本电气公司	NIPPON DENSO CO
	NIPPON ELECTRIC CO
	NIPPON ELECTRIC ENG
	NIPPON SIGNAL CO LTD
	NIPPON SOKEN
	NIPPON STEEL CORP
	NIPPON TELEGRAPH & TELEPHONE
	日本電気株式会社
	日本電信電話株式会社
日本电装株式会社	DENSO CORP
	DENSO CORPORATION
	NIPPON DENSO CO
东芝公司	KABUSHIKI KAISHA TOSHIBA
	TOSHIBA CORP
	TOSHIBA KK
	株式会社東芝
日立公司	HITACHI CABLE
	HITACHI ELECTRONICS
	HITACHI INT ELECTRIC INC
	HITACHI LTD
	HITACHI, LTD.
	HITACHI MEDICAL CORP
	株式会社日立製作所
三菱电机株式会社	MITSUBISHI DENKI KABUSHIKI KAISHA
	MITSUBISHI ELECTRIC CORP
	MITSUBISHI HEAVY IND LTD
	MITSUBISHI MOTORS CORP
	三菱電機株式会社
松下电器	MATSUSHITA ELECTRIC WORKSLT
	MATSUSHITA ELECTRIC WORKSLTD

续表

合 并 后	合 并 前
西门子公司	SIEMENS AG
	Siemens Aktiengesellschaft
	SIEMENS AKTIENGESELLSCHAFT
	西门子公司
住友集团	住友电气工业株式会社
	SUMITOMO ELECTRIC INDUSTRIES
富士电气公司	FUJI ELECTRIC CO LTD
	FUJI XEROX CO LTD
	FUJITSU LTD
	FUJIKURA LTD
	FUJI PHOTO FILM CO LTD
	富士电机株式会社
英特尔公司	INTEL CORPORATION
	INTEL CORP
	INTEL IP CORP
	Intel IP Corporation
微软公司	MICROSOFT TECHNOLOGY LICENSINGLLC
	MICROSOFT CORPORATION
EDSA 微型公司	EDSA MICRO CORP
	EDSA MICRO CORPORATION
通用电气公司	GEN ELECTRIC
	GENERAL ELECTRIC COMPANY
	ゼネラル？エレクトリック？カンパニイ
	通用电气公司
	通用电器技术有限公司

A4.3 其他约定

有权专利：指已经获得授权，并截止到检索日期为止，并未放弃、保护期届满、或因未缴年费终止，依然保持专利权有效的专利。

无权专利：①授权终止专利，即指已经获得授权，并截止到检索日期为止，因放弃、保护期届满或因未缴年费终止等情况，而致使专利权终止的过期专利，这些过期专利成为公知技术；②申请终止专利，即指已经公开，并在审查过程中，主动撤回、视为撤回或被驳回生效的专利申请，这些申请后续不再具有授权的可能，并成为公知技术。

在审专利：指已经公开，进入或未进入实质审查，截止到检索日期为止，尚未获得授权，也未主动撤回、视为撤回或被驳回生效的专利申请，一般为发明专利申请，这些申请后续可能获得授权。

企业技术创新力排名主体：以专利的主申请人为计数单位，对于国家电网有限公司为主申请人的专利以该专利的第二申请人作为计数单位。

A4.4 边界说明

为了确保本报告后续涉及的分析维度的边界清晰、标准统一等，对本报告涉及的数据边界、不同属性的专利申请主体（专利申请人）的定义做出如下约定。

A4.4.1 数据边界

地域边界：七国两组织，包括中国、美国、日本、德国、法国、瑞士、英国、WO❶、和 EP❷。

时间边界：近 20 年。

A4.4.2 不同属性的申请人

全球申请人：全球范围内的申请人，不限定在某一国家或地区所有申请人。

国外申请人：排除所属国为中国的申请人，限定在除中国外的其他国家或地区的申请人。需要解释说明的是，由于中国申请人在全球范围内（包括中国）所申请的专利总量相对于国外申请人在全球范围内所申请的专利总量较多，为了凸显出在专利申请数量方面表现突出的国外申请人，因此作如上界定。

供电企业：包括国家电网有限公司和中国南方电网有限责任公司，以及隶属于国家电网有限公司和中国南方电网有限责任公司的国有独资公司包括供电局、电力公司、电网公司等。

非供电企业：从事投资、建设、运营供电企业等业务或者生产、研发供电企业产品/设备等的私有公司。需要进一步解释说明的是，由于供电企业在全球范围内（包括中国）所申请的专利总量相对于非供电企业在全球范围内所申请的专利总量较多，为了凸显出在专利申请数量方面表现突出的非供电企业，因此作如上界定。

电力科研院：隶属于国家电网有限公司或中国南方电网有限责任公司的科研机构。

---

❶ WO：世界知识产权组织（World Intellectual Property Organization，WIPO）成立于 1970 年，是联合国组织系统下的专门机构之一，总部设在日内瓦。它是一个致力于帮助确保知识产权创造者和持有人的权利在全世界范围内受到保护，从而使发明人和作家的创造力得到承认和奖赏的国际间政府组织。

❷ EP：欧洲专利局（EPO）是根据欧洲专利公约，于 1977 年 10 月 7 日正式成立的一个政府间组织。其主要职能是负责欧洲地区的专利审批工作。

附录 B
传感器企业名录

序号	公司名称	公司类型	主营产品	公司所在地
1	中国科学院微电子所	研究、设计、制造	电气量传感、状态量传感、环境量传感	北京
2	中科院长春光机所	研究、设计	电气量传感、状态量传感	吉林长春
3	清华大学	研究	电气量传感	北京
4	华北电力大学	研究	状态量传感、环境量传感	北京
5	全球能源互联网研究院	研究、设计、应用	电气量传感、状态量传感、环境量传感	北京
6	国网智能科技公司	应用	环境量传感、行为量传感	山东济南
7	北京智芯微电子科技有限公司	研究、设计、应用	状态量传感、环境量传感	北京
8	北京国网富达公司	应用	状态量传感、环境量传感	北京
9	歌尔股份有限公司	设计、制造、应用	状态量传感、环境量传感	山东潍坊
10	北京青鸟元芯微系统科技有限责任公司	制造、封装	状态量传感、环境量传感	北京
11	北京兴泰学成仪器有限公司	应用	状态量传感、环境量传感	北京
12	烟台睿创微纳技术股份有限公司	设计、制造	状态量传感、环境量传感	山东烟台
13	中科院上海微系统所	研究、设计、制造、封装、测试	状态量传感、环境量传感、行为量传感	在上海、南京、杭州、嘉兴、南通与地方合作共建了六个分支机构
14	中科院上海光机所	研究、设计	电气量传感、环境量传感	与地方共建上海先进激光技术创新中心、南京先进激光技术研究院
15	上海交通大学	研究	电气量传感、环境量传感	上海
16	江苏多维科技有限公司	设计、制造	电气量传感	江苏张家港

序号	公司名称	公司类型	主营产品	公司所在地
17	浙江维思无线网络技术有限公司	应用	状态量传感、环境量传感	浙江嘉兴
18	美新半导体（无锡）有限公司	应用	环境量传感、行为量传感	江苏无锡（公司总部：美国马萨诸塞州）
19	南瑞集团有限公司	应用	电气量传感、环境量传感	江苏南京
20	上海思源电气股份有限公司	应用	电气量传感、状态量传感	上海
21	南京英锐祺科技有限公司	应用	状态量传感	江苏南京
22	宁波理工监测科技股份有限公司	应用	状态量传感	浙江宁波
23	珠海华网科技有限责任公司	应用	状态量传感	广东珠海
24	珠海一多监测科技有限公司	应用	状态量传感、环境量传感	广东珠海
25	中盈优创资讯科技有限公司	应用	状态量传感	北京、上海、南京、广州
26	中科院西安光机所	研究、设计	电气量传感、状态量传感	陕西西安
27	重庆大学	研究	电气量传感、状态量传感	重庆
28	国网电力科学研究院武汉南瑞有限责任公司	应用	电气量传感、状态量传感	湖北武汉
29	陕西金源自动化科技有限公司	应用	状态量传感、环境量传感	陕西西安
30	河南中分仪器有限公司	应用	状态量传感	河南商丘
31	北京航天时代光电科技有限公司	制造企业	全光纤电流传感器、光学电压传感器	北京
32	浙江维思无线网络技术有限公司	制造企业	无线温度传感器、无线温湿度传感器、无线电流传感器、无线智能避雷器、数据传输基站等一系列无线传感装置	浙江嘉兴
33	南京导纳能科技有限公司	制造企业	监测装置、试验装置、传感器	江苏南京
34	珠海多创科技有限公司	制造企业	磁电传感器芯片、交直流电流/电量/漏电流/磁场/位移/倾角/振动类传感器模组、智能传感器、传感器网络产品	广东珠海

序号	公司名称	公司类型	主营产品	公司所在地
35	佳源科技有限公司	制造企业	电气状态、资产环境数据采集传输、综合能源数据采集传输等传感传输产品	江苏南京
36	珠海一多监测科技有限公司	制造企业	设备状态监测传感器（温度、油压、气体泄漏、姿态、电参量等）、红外热成像仪、环境监测传感器、移动巡检系统、智能控制终端	广东珠海
37	上海欧秒电力监测设备有限公司	制造企业	局放监测系统	上海
38	固开（上海）电气有限公司	制造企业	无线无源温度传感器	上海
39	陕西公众智能科技有限公司	制造企业	高压电缆局部放电在线监测系统、高压开关柜局部放电在线监测系统、GIS局部放电在线监测系统、接地环流局部放电在线监测系统	陕西西安
40	宁波泰丰源电气有限公司	制造企业	传感器、互感器、继电器、接插件、电子封印、连接器	浙江宁波
41	辽宁本慧机电设备制造有限公司	制造企业	智能型变压器	辽宁抚顺
42	河北锋森电气设备科技有限公司	制造企业	智能型高压开关，开关柜，互感器，避雷器，跌落式开关	河北保定
43	深圳市联祥瑞实业有限公司	制造企业	手持终端、智能标签、物联网采集器、物联网终端等	深圳
44	中国科学院上海微系统与信息技术研究所	研究机构	基础研究/制备技术研究/新型器件研究/系统技术研究	上海
45	南京溯极源电子科技有限公司	器件装置研发企业	电力光纤网的输电线路在线监测装置及系统	江苏南京
46	南通感忆达信息技术有限公司	器件装置研发企业	基于光纤的安防、能信共传装置及系统	江苏南通
47	江苏益邦电力科技有限公司	器件装置研发企业	采集终端检测装置、计量检测产品、配电线路故障指示仪等	江苏南京
48	常州帕斯菲克自动化技术股份有限公司	器件装置研发企业	温湿度控制器、电缆头温度在线监测、母线槽温度在线监测、双气体检测仪	江苏常州
49	中光华研电子科技有限公司	器件装置研发企业	设备研发、系统集成	上海
50	山东元星电子有限公司	器件装置研发企业	低压电流电压互感器、电量传感器	山东淄博
51	苏州昱业电气有限公司	器件装置研发企业	开关柜局放在线监测系统、局放巡检仪、微水密度在线监测系统、变电站综合在线监控平台	江苏苏州

序号	公司名称	公司类型	主营产品	公司所在地
52	长园深瑞监测技术有限公司	器件装置研发企业	输变电在线监测系统	江苏南京
53	武汉启亦电气有限公司	器件装置研发企业	电力设备检测及在线监测装置	湖北武汉
54	北京中电昊海科技有限公司	器件装置研发企业	低压线损态势智能感知终端（LTU）	北京
55	南方电网数字电网研究院有限公司	器件装置研发企业	微型智能电流传感器、微型智能电压传感器、多物理量集成传感器、传感中继装置	广东广州
56	山东电工电气集团有限公司	集成应用企业	智能输变配电设备及系统、变压器、开关、线缆等一次设备	山东济南
57	南京申宁达智能科技有限公司	集成应用企业	智能可穿戴设备、智能头盔、安全管控系统	江苏南京

附录 C
传感器检测机构名录

序号	单位名称	公司类型	主要检测产品	联系人	联系方式
1	中国电力科学研究院有限公司变电设备状态监测装置检测部	检测机构	主要检测产品：产品检测能力覆盖 GB、DL、国家电网有限公司企标等相关标准，检测范围包括变压器油中溶解气体、局部放电、红外成像、紫外成像、SF_6 泄漏成像、铁芯接地电流、介损/泄漏电流、光纤测温、SF_6 气体压力/湿度、分合闸线圈电流、开关机械特性等电力设备在线监测和带电检测产品性能检测、型式试验。电力行业用电流、局放、位移、温度、气体、压力等传感器性能检测、型式试验	袁帅	010 - 82812802
2	中国电力科学研究院有限公司输电设备状态监测装置检测部	检测机构	主要检测产品：输电线路状态监测装置；输电线路气象监测装置；输电线路导线温度监测装置；输电线路等值覆冰厚度监测装置；输电线路图像监控装置；输电线路视频监控装置；输电线路微风振动监测装置；输电线路导线弧垂监测装置；输电线路风偏监测装置；输电线路杆塔倾斜监测装置；输电线路导线舞动监测装置；输电线路现场污秽度监测装置；输电线路状态监测代理（CMA）；输电线路分布式故障监测装置	费香泽	010 - 58336125
3	中国电力科学研究院有限公司互感器质检站	检测机构	主要检测产品：产品检测能力覆盖 GB、IEC 等相关标准，检测范围包括 1000kV 及以下各电压等级各种类型的电流互感器、电磁式电压互感器、电容式电压互感器、电子式电压互感器、电子式电流互感器、组合互感器、直流电压互感器、直流电流互感器、一二次融合设备的性能试验、例行试验、型式试验、特殊试验和型式评价	黄华	027 - 59258107
4	中国电力科学研究院有限公司电磁兼容实验室	检测机构	主要检测能力：各类智能监测装置，包括局放、接地电流、铁芯电流、油中气体、容性设备、温度气象、视频防外破、分布式故障定位和各类电力机器人等；各类电力电子产品，主要包括 SVC、SVG、APF、三相不平衡自动调节装置、柔性直流换流阀、轨道交通电源净化装置、变频器和高频变压器等；各类电子电气产品的电磁兼容、环境、机械性能等检测	郭浩洲	027 - 59258165

序号	单位名称	公司类型	主要检测产品	联系人	联系方式
5	广东柯理智能传感器检测中心有限公司	检测机构	主要检测能力：包括温度传感器、温湿度传感器、压力传感器、红外热成像仪以及在线监测装置的电磁兼容、环境试验、基本功能检测	舒毅	0756－8580824
6	四川赛康智能科技股份有限公司	检测机构	主要检测能力：电力设备无损检测，包括：用于GISX射线检测、输电线路金具检测、变压器GIS声纹振动检测、配网10kV电缆振荡波检测、配网线路红外、超声巡检	郭玉华	028－85158894